2022'第十届中国国际预拌砂浆生产应用技术研讨会论文集

2022' The 10th China International Seminar on Production & Application Techniques of Ready-mixed Mortar

组编 中国建筑材料联合会预拌砂浆分会
北京市建设工程物资协会建筑砂浆专业委员会
德高（广州）建材有限公司

主编 郭 晞 王培铭 张泳东

中国建材工业出版社

图书在版编目（CIP）数据

2022’第十届中国国际预拌砂浆生产应用技术研讨会论文集/郭晞，王培铭，张泳东主编．--北京：中国建材工业出版社，2022.8

ISBN 978-7-5160-3547-4

Ⅰ.①2… Ⅱ.①郭… ②王… ③张… Ⅲ.①混合砂浆一学术会议一文集 Ⅳ.①TQ177.6-53

中国版本图书馆 CIP 数据核字（2022）第 130913 号

2022’第十届中国国际预拌砂浆生产应用技术研讨会论文集

2022’Dishijie Zhongguo Guoji Yubanshajiang Shengchan Yingyong Jishu Yantaohui Lunwenji

组编　中国建筑材料联合会预拌砂浆分会
　　　北京市建设工程物资协会建筑砂浆专业委员会
　　　德高（广州）建材有限公司

主编　郭 晞　王培铭　张泳东

出版发行：中国建材工业出版社
地　　址：北京市海淀区三里河路 11 号
邮　　编：100831
经　　销：全国各地新华书店
印　　刷：北京雁林吉兆印刷有限公司
开　　本：889mm×1194mm　1/16
印　　张：11.25
字　　数：300 千字
版　　次：2022 年 8 月第 1 版
印　　次：2022 年 8 月第 1 次
定　　价：268.00 元

本社网址：www.jccbs.com，微信公众号：zgjcgycbs

编委会

组编单位： 中国建筑材料联合会预拌砂浆分会

北京市建设工程物资协会建筑砂浆专业委员会

德高（广州）建材有限公司

主　　编： 郭　晞　王培铭　张泳东

副 主 编： 蔡鲁宏　黄天勇　苟洪珊　丁秀娟

目　录

一、水泥基预拌砂浆

Ⅰ. Cement-based Ready-mixed Mortar

黄原胶对普通硅酸盐水泥性能影响及机理研究

陈宇珊　李玉婷　刘来宝　张红平

西南科技大学，四川绵阳，621010

摘　要　大多数缓凝剂的调节作用随环境温度升高而下降，严重影响了固井工程、地热工程等高温作业的施工进程和安全性。现有耐高温缓凝剂多为合成高分子型，成本高、易造成污染，不符合当代“双碳”目标的发展需求。本文研究了一种普通硅酸盐水泥用天然耐高温缓凝剂——黄原胶，通过凝结时间、流动度、力学性能、X-射线衍射、流变等表征方法，研究了在20～80℃温度范围内黄原胶的黏度变化及其对水泥浆和易性和力学性能的影响。结果表明，黄原胶具有稳定的溶液表观黏度和分子结构，使其在高温下具有稳定的缓凝和增稠效果。此外，黄原胶丰富的极性官能团可通过螯合Ca^{2+}来延缓水泥水化进程，这种延迟效应几乎不会造成强度损失。黄原胶对开发用于各种特殊环境下的水泥基复合材料具有重要意义。

关键词　黄原胶；普通硅酸盐水泥；高温缓凝剂；增稠剂

Influence of Xanthan Gum Retarder on the Properties of Ordinary Portland Cement

Chen Yushan, Li Yuting, Liu Laibao, Zhang Hongping

Southwest University of Science and Technology, Mianyang, 621010, China

Abstract　The regulating effect of most retarders decreases with the increase of ambient temperature, which seriously affects the construction process and safety of high-temperature operations such as cementing engineering and geothermal engineering. At the same time, most of retarders for high-temperature environment are synthetic polymer, which are expensive and easy to cause pollution, disagree with the development of contemporary "two-carbon" goals. In this study, a natural retarder for ordinary Portland cement (OPC), xanthan gum, was reported. Through the characterization of setting time, fluidity, mechanical properties, X-ray diffraction, and rheology, it was studied the viscosity change of xanthan gum in the temperature range of 20-80℃ and its effect on work ability and mechanical properties of cement paste. The results show that the stable solution apparent viscosity and molecular structure of xanthan gum leading to the stable retardation and thickening effect at high temperature of OPC. In addition, the cement hydration process delayed by chelating Ca^{2+} via the abundant polar functional groups of xanthan gum without strength damage. Xanthan gum is of great significance to the development of cement-based composite materials for various special environments.

Keywords　xanthan gum; ordinary portland cement; high temperature retarder; thickener

0 引言

为使有限种水泥能满足复杂多变的施工环境及品质要求，外加剂凭借出色的性能调节作用已成为水泥基复合材料的第5种重要组分而被广泛应用[1-3]。缓凝剂是最常用的水泥外加剂，可用于延缓水泥水化速度，调节水泥浆的凝结时间，以保持水泥浆在特殊使用条件下（如预拌混凝土、高温作业混凝土、大体积混凝土等）的可加工时间，保证工程建筑安全、顺利施工[4-5]。然而，大多数缓凝剂的缓凝效果随环境温度的升高而严重下降，甚至失效[6-7]，这极大地影响了施工的进程和安全性，无法满足沙漠、戈壁滩、深地等高温区域作业的应用需求。因此，开发一种耐高温、不损伤强度的缓凝剂具有重要的现实意义和应用价值。

耐高温缓凝剂是支持水泥基复合材料完成高温作业的必要外加剂，现有耐高温缓凝剂包含木质素磺酸盐及其衍生物、纤维素及其衍生物、羟基羧酸盐类、无机化合物类、有机磷酸盐类、合成高分子型和复配型缓凝剂等七大类[8]。Guo等人[9]制备了AMPS/IA（2-丙烯酰胺-2-甲基丙磺酸/衣康酸）共聚物缓凝剂，具有优异的高温缓凝效果。彭志刚等人[10]采用溶液聚合原位插层法，制备了一种有机-无机复合型抗高温缓凝剂。刘鑫等人[11]制备了复配型含膦聚合物OPR-1缓凝剂，具有较高的抗高温性能。尽管耐高温缓凝剂已取得了一定的研究进展，然而，绝大多数耐高温缓凝剂单体成本高，需二次合成，易造成多次污染，与当代低碳环保的发展观不符。

综上所述，环保型耐高温型缓凝剂应具有如下特征：(1) 具有可螯合Ca^{2+}的功能性官能团（如—OH、—COOH、—NH_2等），以延缓水化产物的形核与生长；(2) 分子主链在碱性和高温环境可保持稳定；(3) 缓凝剂在完成指定功能后，自身可降解，不损坏混凝土强度，同时保持环境友好。

黄原胶（Xanthan Gum，简称XG）又称汉生胶，由D-葡萄糖、D-甘露糖和D-葡萄糖醛酸按2：2：1组成，是一种由黄单胞杆菌发酵产生的天然多糖[12]，凭借其丰富的极性官能团（—OH、—COOH）和稳定的分子结构在食品、医药、石油工业和日用化工中被广泛应用。黄原胶具有良好的水溶性，其分子链通过侧链反向缠绕主链骨架并辅以氢键连接，形成棒状双螺旋结构[13]，这种稳定的分子结构赋予黄原胶良好的耐酸碱、耐高温和耐盐特性[14]，是一种潜在的耐高温缓凝剂。本文以黄原胶为研究对象，通过凝结时间、流动度、力学性能等评价了其作为缓凝剂的基本性能，并研究了其高温缓凝机理。

1 试验部分

1.1 材料

(1) 普通硅酸盐水泥（OPC，42.5R）购自中国四川双马水泥有限公司，密度为3.04g/cm^3，水泥未使用任何外加剂。黄原胶购自西亚试剂有限公司，纯度≥99%，无须进一步纯化即可使用。

(2) 缓凝剂溶液的制备

将不同含量的黄原胶（0、0.01、0.02、0.05、0.1和0.2wt%）溶解在去离子水中，室温下匀速搅拌24h以确保黄原胶完全溶解，超声10min，即可获得稳定、均一的不同浓度的黄原胶溶液。

1.2 表征

1.2.1 凝结时间

根据ASTM C191标准测得水泥的正常稠度为0.28。将500g水泥与140g黄原胶溶液混合，在将溶液加入水泥时开始计时。凝固时间通过Vicat仪器（SS-S-403，筱原制作所，日本）进行测量，当维卡针下沉至距底板（4±1）mm时，认为已达到初凝时间；当环型针无法在水泥浆体上留下痕迹即为终凝。

1.2.2 流动度

为研究黄原胶对水泥浆和易性的影响，根据ASTM C1437标准进行了流动性测试。水泥浆的流动性是两个垂直方向最大直径的平均值，每个值重复测量三次。同时用NDJ-99旋转黏度计测试了不同黄原胶含量下的水泥浆黏度。

1.2.3　抗压强度

根据 ASTM C109M 标准测量砂浆试块的抗压强度。脱模后，将所有样品浸入（20±1)℃的饱和氢氧化钙溶液中分别固化 3d、7d、28d。利用万能力学试验机（Instron 5567）测量样品的力学强度，如图 1 所示。

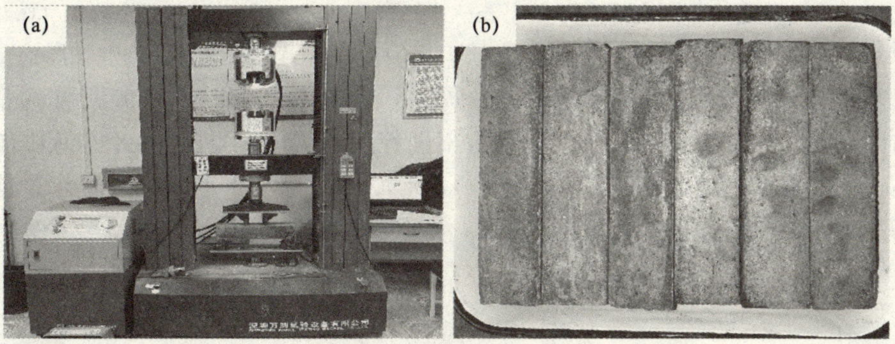

图 1　试验装置及样品

(a) 万能力学试验机装置图；(b) 力学强度样品制备

1.2.4　水化产物表征

使用 X 射线衍射仪（PANalytical，荷兰）在 30kV 和 30mA 下，在 5°和 70°之间的 2θ 操作下，检查与不同黄原胶掺量的水化产物发展。在设定龄期下取出部分水泥浆并浸入无水乙醇中 48h 以停止水化。然后，将样品在 80℃的真空烘箱中干燥并研磨成均匀的粉末。

1.2.5　黄原胶结构与黏度表征

通过傅立叶变换红外光谱仪（5700，热电分子光谱部，美国）以透射模式记录黄原胶固态光谱，使用传统 KBr 法，在 4000～400cm^{-1}范围内观察黄原胶分子结构。通过旋转流变仪（MARS Ⅱ，Thermo Fisher Scientific，德国）测试黄原胶溶液黏度随温度的变化，在振荡模式 OSC 中固定频率 0.5Hz，测量 20～80℃下黄原胶黏度的变化。

2　结果与讨论

2.1　黄原胶分子结构

FTIR 用于展示黄原胶的分子结构。如图 2 所示，3487cm^{-1}处的特征峰归属于—OH 的伸缩振动[15]。2966cm^{-1}和 2200cm^{-1}处的特征峰是由—CH_2和—CH 的伸缩振动引起的[16]。1732cm^{-1}处的峰是由于双键乙酰基的羰基（C═O）的伸缩振动。1639.4cm^{-1}和 1416.9cm^{-1}处的特征峰均归因于羧基的伸缩振动[17]。1092cm^{-1}处的吸收带被分配给伸缩振动 C—O—C 基团[18]。同时，黄原胶被报道具有优异的金属离子螯合能力（如 Ca^{2+}、Al^{3+}、Fe^{3+}等），这意味着黄原胶的缓凝机理与大多数缓凝剂相同，均可以通过钙离子螯合阻碍水化产物的形核与生长。

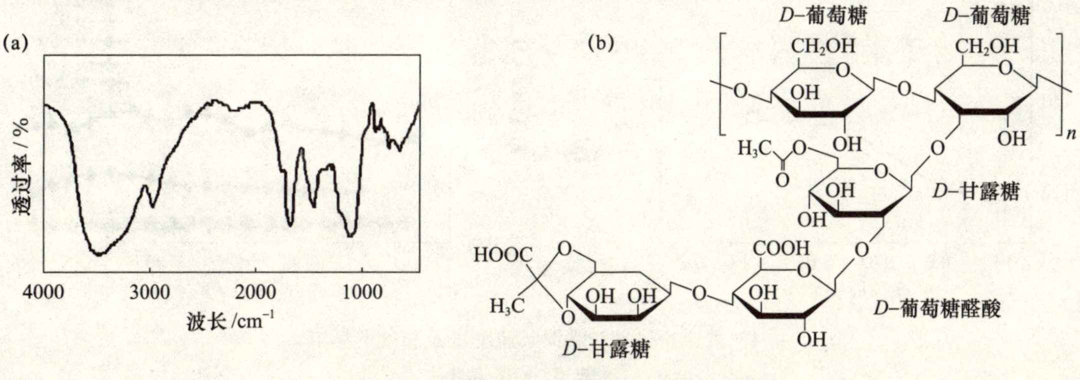

图 2　黄原胶固态红外图谱及结构式

(a) 黄原胶固态红外图谱；(b) 黄原胶结构式示意图

2.2 凝结时间

图 3 显示了在不同温度下黄原胶掺量对 OPC 凝结时间，在不同温度下，随着黄原胶添加量从 0 增加到 0.2wt%，OPC 的初凝时间和终凝时间均有不同程度的延长。从图 3（a）可以看出，随着黄原胶的加入，OPC 的初凝时间从 230min（浆料）延长至 276min（0.02wt%）、318min（0.05wt%）和 352min（0.2wt%），而终凝时间范围为 337min 至 372min（0.02wt%）、396min（0.05wt%）和 426min（0.2wt%）。此外，如图 3（b）所示，当温度升高至 80℃时，OPC 水泥初凝时间从 230min（25℃）下降至 180min（80℃），终凝时间从 337min 下降至 265min。当黄原胶掺量较小（≤0.05wt%）时，水泥的凝结时间相较于常温均有不同程度的缩短，但比之 OPC 仍具有缓凝效果；当黄原胶掺量进一步提高后（0.1wt%～0.2wt%），水泥浆在 80℃下的凝结时间与常温相差无几。这一现象说明黄原胶是一种耐高温的水泥缓凝剂，其缓凝时间与掺量呈正相关。

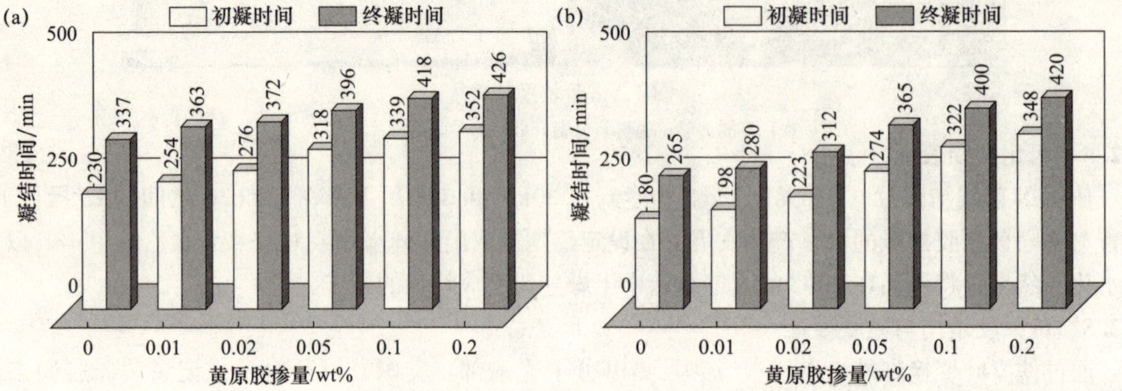

图 3　不同温度下黄原胶掺量对 OPC 凝结时间的调节作用

（a）25℃；（b）80℃

2.3 流动度

通过坍落度试验研究了黄原胶对水泥浆体和易性的影响，结果如图 4 所示。首先，黄原胶的加入小幅提升了水泥浆体的流动性。但随着黄原胶用量的增加（≥0.1wt%），水泥浆的流动性急剧下降，甚至低于纯水泥浆。这表明黄原胶对水泥流动性的影响与现有报道的可以提高水泥体系流动性的缓凝剂（如麦芽糖糊精[19]、葡萄糖酸钠[20]）不同，这种现象可以用黄原胶优异的增稠性能来说明，如图 4（a）所示。随着黄原胶掺量的增加，水泥浆黏度从 1528.4mPa·s（净浆）逐渐升高至 2759.8mPa·s（0.2wt%），黏度提高了约 80%。这是由于黄原胶具有良好的水溶性，黄原胶溶胶分子能形成超结合带状的螺旋共聚体，构成脆弱的类似胶状的网状结构，使溶液黏度显著提高。

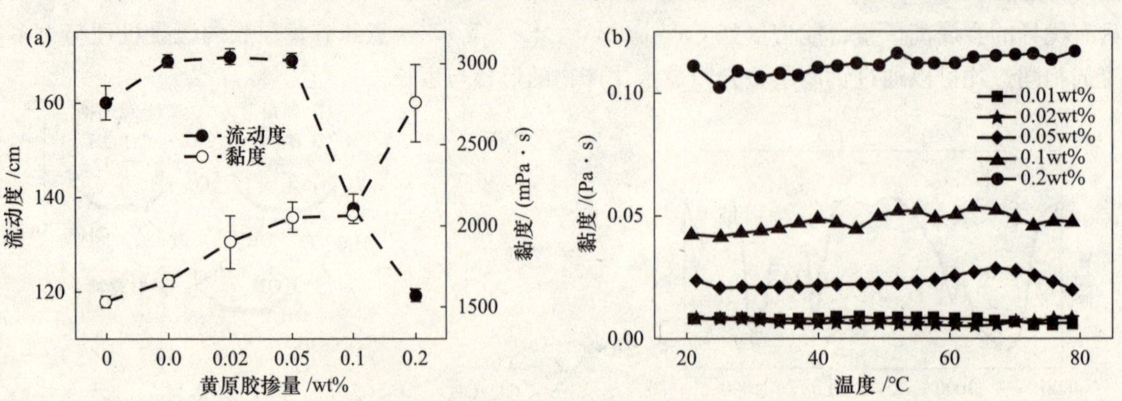

图 4　黄原胶掺量对水泥浆流动度及黏度的影响

（a）流动度；（b）黏度

图 4（b）显示了不同浓度的黄原胶溶液黏度随温度的变化。随着黄原胶溶液浓度提高，其黏度

迅速增加，从 0.00825Pa・s（0.01wt%）快速提升至 0.1106Pa・s（0.2wt%），黏度提升了近 124%，表明了黄原胶优异的增稠效果，同时也进一步解释了黄原胶掺入后导致水泥浆流动度显著下降的原因。然而，随着温度的增加（20～80℃），黄原胶的黏度并未出现较大变化，这表明即使在较小浓度下，黄原胶溶液依然具有良好的耐高温性能。同时也间接表明，黄原胶溶胶分子的网状结构在较高温度下具有良好的稳定性，这可能是黄原胶能在 80℃下依然保持其缓凝效果的原因之一。

2.4 力学性能

图 5 展示了不同掺量的黄原胶对砂浆力学性能的影响。随着黄原胶的掺入，OPC 的力学性能变化取决于其含量和砂浆龄期。如图 5 所示，砂浆的抗压强度和抗折强度均随着养护时间的增长而增加。在同一龄期下，砂浆的整体力学强度并未随着黄原胶添加量的增加出现大幅变化。这意味着，黄原胶的掺入不会对强度发展造成影响，这与现有报道的掺入后会降低水泥基复合材料力学强度的缓凝剂（如麦芽糖精、硼酸盐等）完全不同。

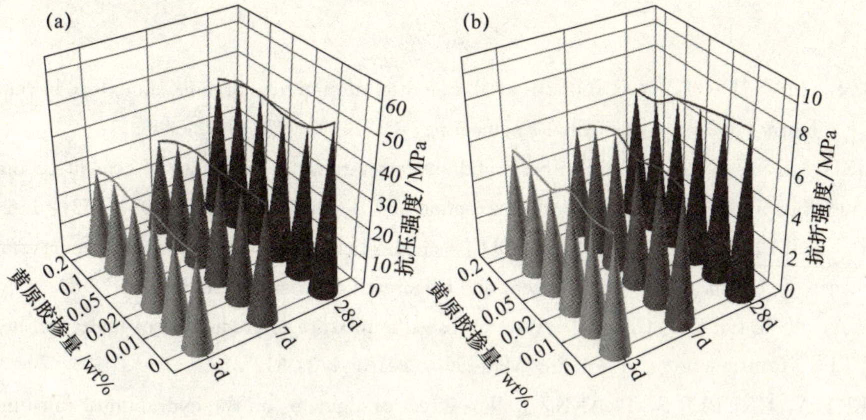

图 5　不同掺量黄原胶对 OPC 力学性能的影响

（a）抗压强度；（b）抗折强度

2.5 水化产物

为了进一步研究黄原胶在常温下的缓凝作用，XRD 被用来研究水化产物随时间的发展，这与水化过程和试样的强度密切相关。如图 6（a）所示，在水化初期可以观察到石膏的衍射峰（$2\theta=11°$），和较弱的水化产物（如 CH，$2\theta=18°$）衍射峰。随着水化反应的进行，水泥浆中石膏峰在 4h 左右消衍射峰失，而 CH 衍射峰在 2h 左右强度大幅增加，表明水化产物在此时已大量生成。然而，随着黄原胶的加入（0.2wt%），石膏峰的消失时间延长至约 12h，而 CH 的衍射峰出现时间延长至约 4h [图 6（b）]，且在 12h 时 CH 衍射峰强开始有大幅提升，这意味着 0.2wt%黄原胶掺入后，水泥浆在水化 12h 后才有大量水化产物生成。

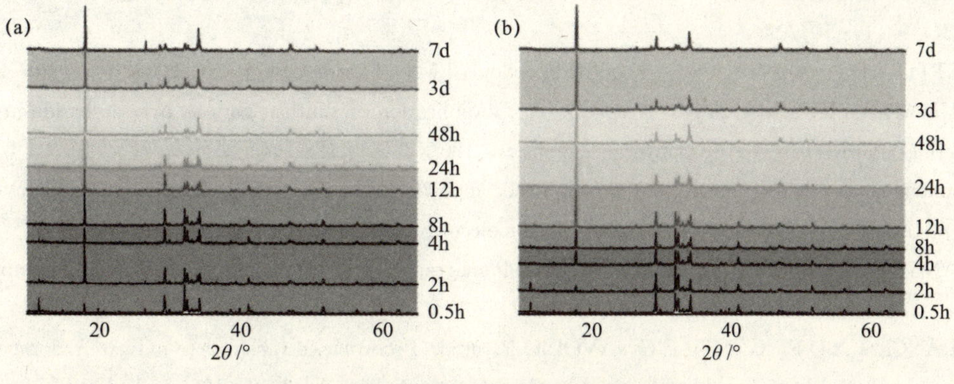

图 6　黄原胶对 OPC 水化产物发展的影响

（a）OPC；（b）OPC+0.2wt%黄原胶

水化产物与水泥的凝结时间密切相关，因为大量水化产物的生成阻碍了水和颗粒的相对运动而使水泥失去流动性发生凝固。此处发现的结果与图 3 的结果很好地对应，并证实了黄原胶的加入会阻碍水合产物的成核和生长。

3 结论

本研究系统探讨了黄原胶对普通硅酸盐水泥凝结时间、流动性、力学性能的影响，通过研究黄原胶微观结构、黏度变化、水化产物发展解释了黄原胶的缓凝机理。首先，黄原胶可通过延缓水泥水化产物（特别是 CH）的出现而延迟水化进程，其缓凝效果随着添加量的增加而提升。其次，黄原胶掺入后显著降低了水泥浆体的流动性但对强度无影响，这表明黄原胶是一种良好的、强度无损的水泥基复合材料增稠剂。最后，黄原胶溶胶分子网络具有良好的耐高温性能，这可能是其在高温下依然保持缓凝效果的原因之一。

参考文献

[1] AFROZ S，MANZUR T，BORNO I B，et al. Potential of starch as organic admixture in cementitious composites [J]. Journal of Materials in Civil Engineering，2021，33 (2)：0402-0449.

[2] LI Y，ZHU H，YANG C et al. Synthesis and super retarding performance in cement production of diethanolamine modified lignin surfactant [J]. Construction and Building Materials，2014 (52)：116-121.

[3] CAO Y，ZAVATERRI P，YOUNGBLOOD J，et al. The influence of cellulose nanocrystal additions on the performance of cement paste [J]. Cement and Concrete Composites，2015，56：73-83.

[4] HAO Z A，WWB C，QLB C，et al. A starch-based admixture for reduction of hydration heat in cement composites [J]. Construction and Building Materials，2018，173：317-322.

[5] ENGBERT A，GRUBER S，PLANK，J. The effect of alginates on the hydration of calcium aluminate cement [J]. Carbohydrate Polymers，2020，236：116038.

[6] 陈頔．共聚物类外加剂对水泥水化过程的调控及作用机理研究 [D]．天津：天津大学，2019.

[7] 卢娅．耐温油井水泥缓凝剂的合成与性能研究 [D]．成都：西南石油大学，2017.

[8] 于小荣．大温差两性离子缓凝剂的制备及在低密度水泥浆中的应用 [D]．成都：西南石油大学，2017.

[9] GUO S，BU Y，SHEN Z. The effect of synthesis conditions on the performance of large temperature difference retarder [J]. Research Journal of Applied Sciences Engineering & Technology，2013，5 (19)：4751-4756.

[10] 彭志刚，张博建，冯茜，等．聚合物插层蒙脱土复合型高温缓凝剂的制备及性能 [J]．硅酸盐学报，2018，46 (8)：1088-1094.

[11] 刘鑫，田振华，姜立坤，等．油气井水泥用含膦聚合物缓凝剂 OPR-1 的合成及性能 [J]．石油钻采工艺，2020，42 (6)：714-719.

[12] ELELLA M H A，GODA E S，GAD-ALLAH M A，et al. Xanthan gum-derived materials for applications in environment and eco-friendly materials：A review [J]. Journal of Environmental Chemical Engineering，2021，9 (1)：104702.

[13] PETTITT D J，XANTHAN G. Food hydrocolloids [M]. Florida CRC Press，2020.

[14] KUMAR A，KUMMARA M，RAO SS，et al. Application of xanthan gum as polysaccharide in tissue engineering：A review [J]. Carbohydrate Polymers，180 (2018)：128-144.

[15] Inamuddin. Xanthan gum/titanium dioxide nanocomposite for photocatalytic degradation of methyl orange dye [J]. International Journal of Biological Macromolecules，2019 (121)：1046-1053.

[16] YANG X，TANIEELA N，HOU，Y，et al. Pomegranate peel pectin can be used as an effective emulsifier [J]. Food Hydrocolloids，2018 (85)：30-38.

[17] FRANCESCA D F，GENTILE G，AVOLIO R，et al. Pectin based finishing to mitigate the impact of microplastics released by polyamide fabrics [J]. Carbohydrate polymers，2018 (198)：175-180.

[18] KANG M，OOERINOE O，LIU S，et al. Characterization of Xanthan gum-based hydrogel with Fe^{3+} ions co-

ordination and its reversible sol-gel conversion [J]. Carbohydrate polymers, 2019 (203): 139-147.

[19] LEI L, LI R, FUDDIN A et al. Influence of maltodextrin retarder on the hydration kinetics and mechanical properties of Portland cement [J]. Cement and Concrete Composites, 2020 (114): 103774.

[20] MA S, LI W, ZHANG S, et al. Influence of sodium gluconate on the performance and hydration of Portland cement [J]. Construction and Building Materials, 2015 (91): 138-144.

作者简介

陈宇珊，女，1998年生，硕士研究生，联系地址：四川省绵阳市涪城区青龙大道中段59号西南科技大学，邮编：621010，电话：17745442687。

通信作者简介

刘来宝，男，教授，联系地址：四川省绵阳市涪城区青龙大道中段59号西南科技大学，邮编：621010，邮箱：Liulaibao@swust.edu.cn，电话：13689691135。

张红平，男，副研究员，联系地址：四川省绵阳市涪城区青龙大道中段59号西南科技大学，邮编：621010，邮箱：zhp1006@126.com，电话：18181774062。

纤维素醚对ALC板用粘结砂浆性能的影响研究

万强波[1]　陈忠仕[1]　周晨[1]　黄羿[1]　龙天艳[2]

1. 江西建工集团新型材料科技有限公司，江西南昌，330508；

2. 上海市建筑科学研究院有限公司，上海，200030

摘　要　研究了不同纤维素醚掺量和黏度对蒸压加气混凝土板（以下简称ALC板）用粘结砂浆的保水性、湿密度、拉伸粘结强度和抗压强度的影响。结果表明，随着纤维素醚掺量的增大，粘结砂浆的保水率逐渐提高，湿密度、抗压强度逐渐下降，拉伸粘结强度先增大后减小。随着纤维素醚黏度的增大，粘结砂浆的保水率逐渐提高，湿密度、抗压强度、拉伸粘结强度均逐渐下降。改变纤维素醚的掺量对拌和物性能和抗压强度的影响较大，改变纤维素醚的黏度对粘结砂浆的拉伸粘结强度影响更显著。

关键词　纤维素醚；ALC板；粘结砂浆

Influence of Cellulose Ether on the Properties of Bonding Mortar for ALC Board

Wan Qiangbo[1], Chen Zhongshi[1], Zhou Chen[1], Huang Yi[1], Long Tianyan[2]

1. Jiangxi Construction Engineering Group New Material Technology Co., Ltd., Nanchang, 330508, China;

2. Shanghai Research Institute of Building Science Co., Ltd., Shanghai, 200030, China

Abstract　The effects of different cellulose ether content and viscosity on the water retention, wet density, tensile bond strength and compressive strength of bonding mortar for autoclaved aerated concrete panels (hereinafter referred to as ALC panels) were studied. The results show that with the increase of the content of cellulose ether, the water retention rate of the bonding mortar increases gradually, the wet density and compressive strength decrease gradually, and the tensile bonding strength first increases and then decreases. With the increase of the viscosity of cellulose ether, the water retention rate of the bonding mortar gradually increased, and the wet density, compressive strength and tensile bonding strength gradually decreased. Changing the content of cellulose ether has a greater effect on the properties and compressive strength of the mixture, and changing the viscosity of cellulose ether has a more significant effect on the tensile bond strength of the bonded mortar.

Keywords　cellulose ether; autoclaved aerated concrete panels; bonding mortar

0　引言

随着国家装配式建筑不断发展，ALC板由于其具有质轻、环保、防火、自保温、节能、便于安装等优越性，已成为一种应用广泛的建筑材料。在进行ALC板施工时，常采用粘结砂浆来提高

ALC板间的粘结能力和抗开裂性。然而，由于ALC板本身特有的多孔结构和吸水特性，易吸收砂浆中的水分，导致水泥固化不充分，粘结强度和抗压强度降低，严重影响墙体功能的正常发挥。研制保水性好、粘结强度高的ALC板用粘结砂浆具有重要的实用价值。

添加纤维素醚是改善粘结砂浆的保水性能、提高其施工性能的有效途径。徐春一等[1]研究发现，蒸压加气混凝土专用粘结剂的稠度、立方体抗压强度受纤维素醚用量的影响较大。翟翼翀[2]研究发现，纤维素醚的掺量是影响砂加气混凝土专用配套板缝粘结砂浆的保水率和稠度的主要因素。肖力光等[3-4]研究表明，纤维素醚有利于提高蒸压加气混凝土砌块薄灰缝砌筑砂浆保水性，但其抗折、抗压等力学性能随纤维素醚掺量的增加而显著的降低。宋涛[5]研究发现，随着纤维素醚的增加，蒸压加气混凝土砌块专用砂浆的保水率随之增加，抗压强度随之减小。现有ALC板粘结砂浆相关研究，将纤维素醚的用量对粘结砂浆的影响进行了详细分析，但纤维素醚的黏度对粘结砂浆的影响却鲜有报道。

本试验就羟丙基甲基纤维素醚掺量和黏度对ALC板用粘结砂浆的拌合物性能（保水性、湿密度）、与ALC板拉伸粘结强度、抗压强度的影响进行研究，分析纤维素醚对粘结砂浆各项性能的影响程度。

1 原材料及试验方法

1.1 原材料

水泥为上海金山南方P·O42.5水泥，基本性能见表1。骨料为粒径小于0.6mm的河砂，颗粒级配及细度模数为2.00，含泥量为1.7%。羟丙基甲基纤维素醚分别由山东一滕新材料股份有限公司（40000mPa·s）和浙江海申新材料有限公司生产（90000mPa·s、200000mPa·s）。

表1 水泥物理性能

标准稠度用水量	凝结时间		抗压强度/MPa		抗折强度/MPa	
	初凝	终凝	3d	28d	3d	28d
27.4%	3h13min	3h33min	35.0	59.3	6.6	9.8

1.2 试验方法

粘结砂浆的稠度、保水率、湿密度和抗压强度均按JGJ/T 70—2009《建筑砂浆基本性能试验方法》规定的方法进行测试。蒸压加气混凝土的拉伸粘结强度采用JC/T 985—2005《地面用水泥基自流平砂浆》规定的方法成型，其中蒸压加气混凝土基底试件的尺寸为400mm×200mm×75mm，基本性能见表2，符合JC/T 890—2017《蒸压加气混凝土墙体专用砂浆》的要求，粘结砂浆的涂抹尺寸为50mm×50mm×3mm，试件数量为每组10个，养护龄期为14d。

表2 蒸压加气混凝土基底试件物理性质

级别	干密度/（kg/m^3）	抗压强度/MPa	导热系数/［W/（m·K）］	收缩/（mm/m）	表面拉伸粘结强度/MPa
B05	550	4.5	0.14	0.583	0.45

2 试验结果与分析

试验配比及试验结果见表3。

表3 纤维素醚掺量及种类对粘结砂浆性能影响

编号	纤维素醚黏度/mPa·s			稠度/mm	保水率/%	湿密度/（kg/m^3）	拉伸粘结强度/MPa	抗压强度/MPa	
	40000	90000	200000					7d	28d
1#	0			84	87.0	1977	0.44	16.0	25.7
2#	0.5			82	94.9	1768	0.45	10.1	13.7
3#	1			85	99.2	1539	0.40	6.5	9.7

续表

编号	纤维素醚黏度/mPa·s			稠度/mm	保水率/%	湿密度/(kg/m³)	拉伸粘结强度/MPa	抗压强度/MPa	
	40000	90000	200000					7d	28d
4#		0.5		79	95.4	1732	0.23	8.6	14.7
5#			0.5	82	96.5	1650	0.17	7.3	10.0

2.1 纤维素醚对粘结砂浆拌和物性能的影响

由图1可以看出，随着纤维素醚掺量由0‰增加至0.5‰、1‰，粘结砂浆的保水率逐渐提高、湿密度逐渐下降，保水率提高幅度分别为9%、14%，湿密度下降幅度分别为11%、22%。

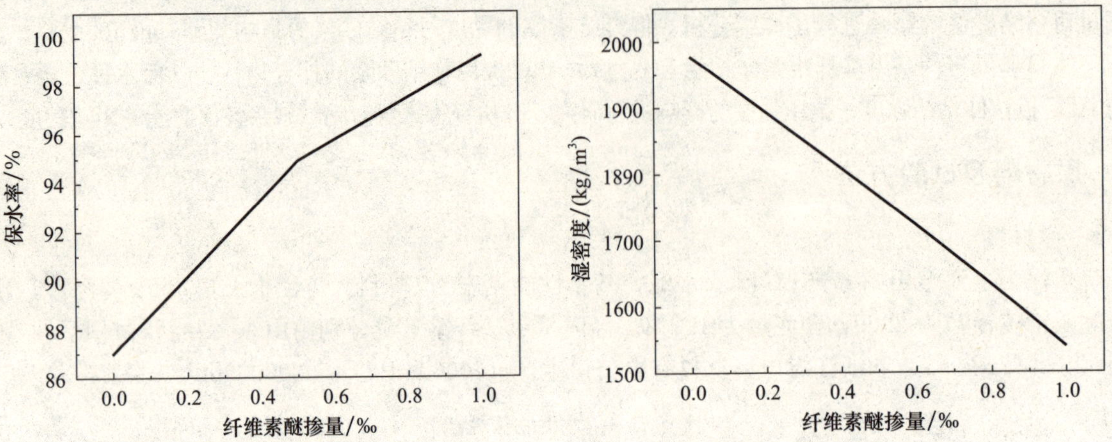

图1 纤维素醚掺量对粘结砂浆保水率和湿密度的影响

在粘结砂浆中加入纤维素醚后，一方面，纤维素醚中羟基和醚键上的氧原子会与水分子缔合成氢键，使游离水变成化合水[6]；另一方面，水分子与纤维素醚分子链间的相互扩散作用使水分子得以进入纤维素醚大分子链内部，并受到较强的约束力，因此砂浆的保水性得以提升，并且随着纤维素醚掺量的增加，可与水分子结合、约束的分子增多，因此，在试验范围内，砂浆的保水率随纤维素醚掺量的增加而提高。

由于纤维素醚同时具有亲水基团（羟基、醚基）和憎水基团（甲基、葡萄糖环），是一种表面活性剂，具有表面活性[7]，因此具有引气作用，在粘结砂浆搅拌过程中引入气泡使得孔隙率提高，导致砂浆湿密度下降，且随着掺量的提高，含气量越来越大，湿拌砂浆的密度便越来越低。

由图2可知，随着纤维素醚黏度由40000mPa·s增大至90000mPa·s、200000mPa·s，粘结砂浆的保水率逐渐增大、湿密度逐渐减小，保水率提高幅度分别为1%、2%，湿密度下降幅度分别为2%、7%。相较于纤维素醚掺量，改变纤维素醚黏度引起保水性和湿密度的变化幅度较小。

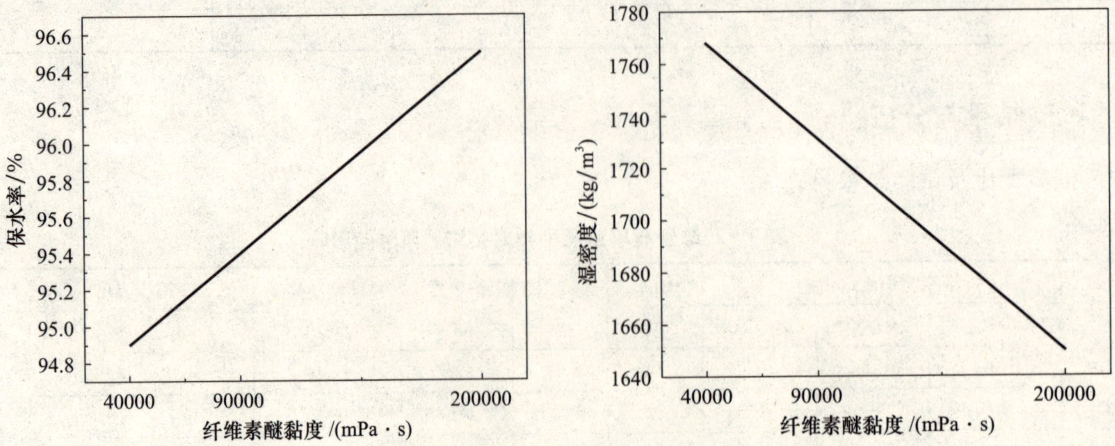

图2 纤维素醚黏度对粘结砂浆保水率和湿密度的影响

当纤维素醚黏度增大后，聚合物分子量增大，亲水基团（羟基、醚基）和憎水基团，表面活性越大，引气就越多，同时，纤维素醚黏度越大，稳气作用也越好，引气和稳气的双重作用使得粘结砂浆的密度逐步降低。

2.2 纤维素醚对粘结砂浆拉伸粘结强度的影响

由表3及图3可以看出，当纤维素醚掺量为0.5‰时，粘结砂浆的拉伸粘结强度比未掺加纤维素醚的配方略有提升，增幅为2%；掺量为0.10%时，粘结强度略有下降，降低幅度为9%。

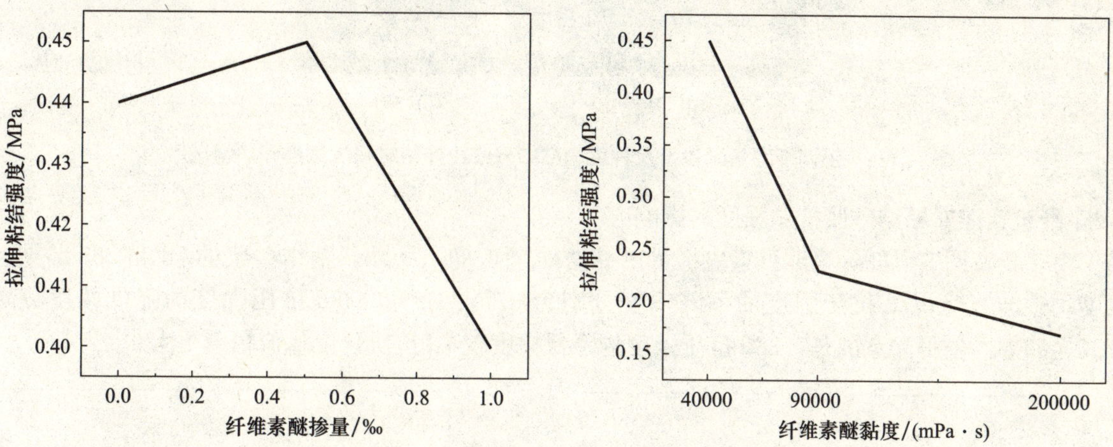

图3 纤维素醚掺量及黏度对粘结砂浆拉伸粘结强度的影响

掺加适量的纤维素醚后，纤维素醚在液相体系中与水泥水化颗粒之间形成具有封闭效应的聚合物膜，促使水泥颗粒外的聚合物膜内具有较多水分，有利于水泥的完全水化，因此提高了浆体硬化后的自身颗粒间的粘结强度；另一方面，适量的纤维素醚增强了砂浆的可塑性和柔韧性，使得砂浆与基材界面过渡区的刚性减小，降低了界面之间的滑移应力，在一定程度上增强了砂浆与基材之间的粘结效果。当纤维素醚掺量过大后，由于纤维素醚导致得含气量增大，会引起浆体结构疏松，反而对粘结强度有不利影响。

由表3及图3可知，当纤维素醚黏度由40000mPa・s增大至90000mPa・s、200000mPa・s后，粘结砂浆的拉伸粘结强度逐渐减小，且下降幅度较大，降幅分别为49%、62%。当纤维素醚黏度过高时，其与水泥颗粒之间形成大量的聚合物膜，反而不利于水泥的水化，因此使粘结强度降低。相较于纤维素醚掺量，改变纤维素醚黏度引起拉伸粘结强度的变化幅度较大。

观察拉伸粘结强度试验后试样的破坏状态，由图4（a）、（b）、（c）可以看出，当40000mPa・s黏度纤维素醚的掺量为0‰、0.5‰、1‰时，试样的破坏状态均为基材破坏，表明粘结砂浆自身的抗拉强度较其与蒸压加气混凝土的粘结力好。由图4（d）、（e）可以看出，当纤维素醚黏度由40000mPa・s增大至90000mPa・s、20000mPa・s后，试样的破坏状态为粘结砂浆内部破坏，表明增大纤维素醚后，粘结砂浆内部结构变得疏松，抵抗拉力的能力降低。

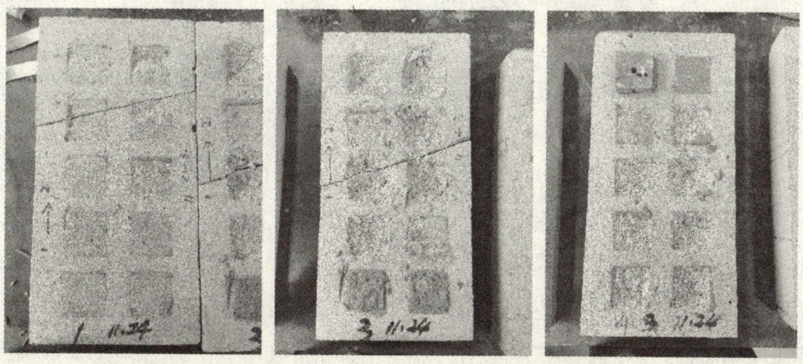

(a) 1#　　(b) 2#　　(c) 3#

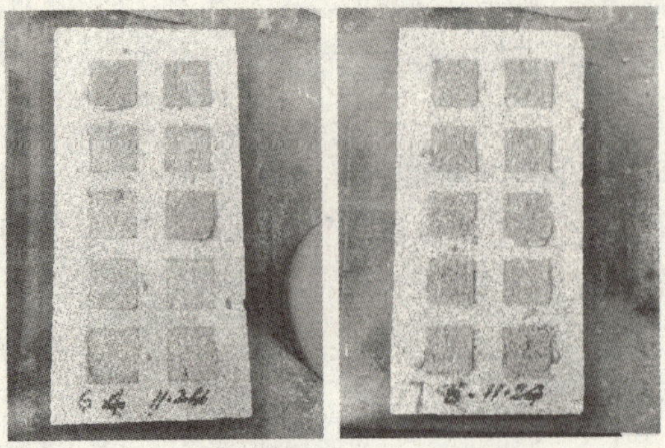

(d) 4#　　　　(e) 5#

图4　不同纤维素醚掺量及种类的粘结砂浆拉伸粘结强度试样破坏情况

2.3　纤维素醚对粘结砂浆抗压强度的影响

由表3及图5可知，当纤维素醚掺量由0增加至0.5‰、1‰，粘结砂浆的7d和28d龄期抗压强度均逐渐下降，7d抗压强度的下降幅度分别为37%、59%，28d抗压强度的降低幅度分别为47%、62%。值得注意的是，28d抗压强度的降低幅度较7d抗压强度降低幅度更大。

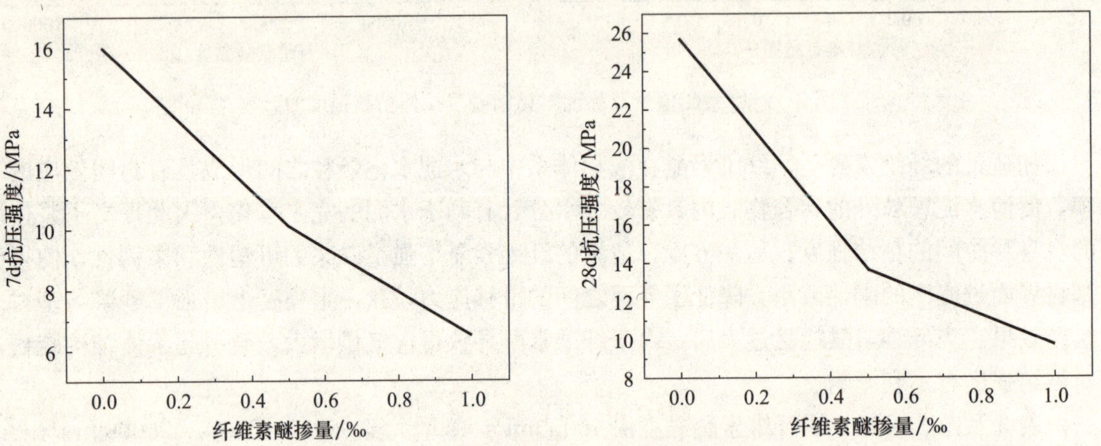

图5　纤维素醚掺量对粘结砂浆抗压强度的影响

加入纤维素醚后，粘结砂浆抗压强度降低的原因有以下三个：①当粘结砂浆中加入纤维素醚后，增加了砂浆孔隙中的柔性聚合物，这些柔性聚合物和孔隙在试块受压时，起不到刚性支撑作用，相对弱化了复合基体，从而使砂浆的抗压强度下降，纤维素醚加入越多，复合基体弱化程度越大，抗压强度进一步减小；②由于纤维素醚的保水作用，使砂浆试块成型后，水分仍大部分保留在砂浆中，实际的水灰比要比不掺者大许多，所以砂浆抗压强度会明显降低[8]；③加入纤维素醚引入的气泡膜韧性较纯水气泡的韧性高，因此气泡不易破裂，硬化后气孔变成了有害孔，增加了砂浆的含气量和硬化后的孔隙率，导致粘结砂浆的抗压强度降低，且纤维素醚掺量越大，硬化后的孔隙率也越大，抗压强度下降幅度越大。

纤维素醚对不同龄期的粘结砂浆的抗压强度影响程度不同，且纤维素醚的缓凝作用影响着粘结砂浆各龄期的抗压强度。掺入纤维素醚后，在水泥水化早期，纤维素醚分子网络结构覆盖于水泥颗粒、C-S-H凝胶、氧化钙、水化铝酸钙等粒子及未水化粒子的表面，铝酸钙水化反应的减缓，致使抗压强度大幅降低，而且纤维素醚掺量越大，缓凝作用越明显。

由表3及图6可知，当纤维素醚黏度由40000mPa·s增大至90000mPa·s、200000mPa·s后，粘结砂浆的7d和28d龄期抗压强度均逐渐下降，7d抗压强度的降低幅度分别为15%、28%，28d抗压强度的降低幅度分别为15%、27%。当纤维素醚的黏度增加后，保水效果越好，粘结砂浆实际水灰比越大，同时引入的气泡也更多，因此随着纤维素醚黏度的增大，粘结砂浆的抗压强度逐渐减小。相较于纤维素醚掺量，改变纤维素醚黏度引起拉伸粘结强度的变化幅度较小。

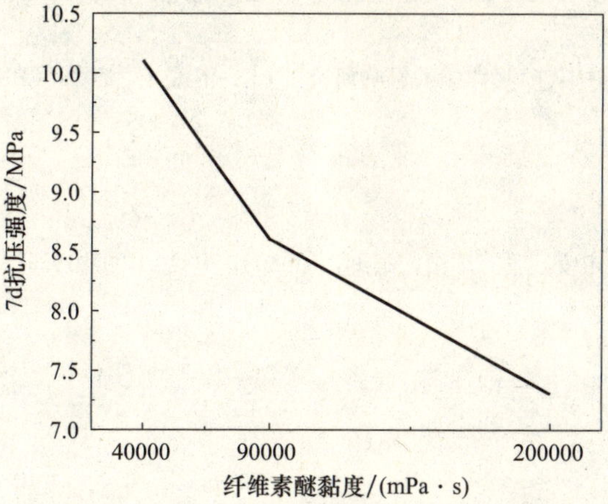

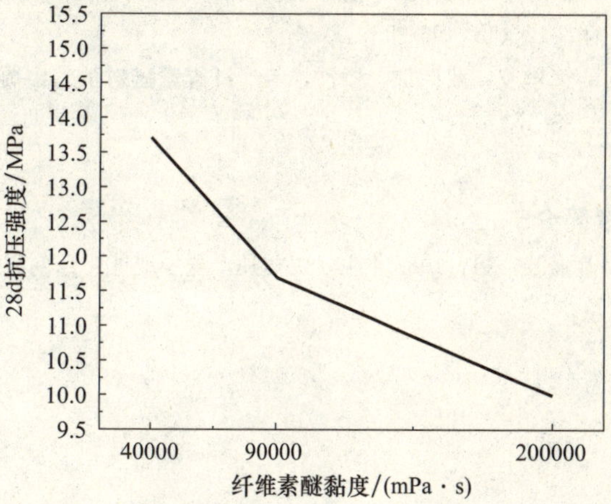

图6　纤维素醚黏度对粘结砂浆抗压强度的影响

3　结论

通过研究不同纤维素醚掺量及黏度对ALC板用粘结砂浆的拌和物性能、拉伸粘结强度（与ALC板）、抗压强度的影响，可以得出以下结论：

（1）随着纤维素醚掺量由0‰增加至0.5‰、1‰，粘结砂浆的保水率逐渐提高、湿密度逐渐下降。随着纤维素醚黏度由40000mPa・s增大至90000mPa・s、200000mPa・s，粘结砂浆的保水率逐渐增大、湿密度逐渐减小。相较于纤维素醚掺量，改变纤维素醚黏度引起保水性和湿密度的变化幅度较小。

（2）当纤维素醚掺量为0.05%时，粘结砂浆的拉伸粘结强度比未掺加纤维素醚的配方略有提升；掺量为0.10%时，粘结强度略有下降。当纤维素醚黏度由40000mPa・s增大至90000mPa・s、200000mPa・s后，粘结砂浆的拉伸粘结强度逐渐减小，且下降幅度较大。相较于纤维素醚掺量，改变纤维素醚黏度引起拉伸粘结强度的变化幅度较大。

（3）当40000mPa・s黏度纤维素醚的掺量为0‰、0.5‰、1‰时，试样的破坏状态均为基材破坏，此时粘结砂浆自身的抗拉强度较其与蒸压加气混凝土的粘结力好。当纤维素醚黏度由40000mPa・s增大至90000mPa・s、20000mPa・s后，试样的破坏状态为粘结砂浆内部破坏，表明增大纤维素醚后，粘结砂浆内部结构变得疏松，抵抗拉力的能力降低。

（4）当纤维素醚掺量由0‰增加至0.5‰、1‰，粘结砂浆的7d和28d龄期抗压强度均逐渐下降，28d抗压强度的降低幅度较7d抗压强度降低幅度更大。当纤维素醚黏度由40000mPa・s增大至90000mPa・s、200000mPa・s后，粘结砂浆的7d和28d龄期抗压强度均逐渐下降。相较于纤维素醚掺量，改变纤维素醚黏度引起拉伸粘结强度的变化幅度较小。

参考文献

［1］　徐春一，王凯乐，阎磊．蒸压加气混凝土薄灰缝砌体新型专用粘结剂性能研究［J］．沈阳建筑大学学报：自然科学版，2021，37（3）：462-469.

［2］　翟翼翀．砂加气混凝土外挂板专用配套砂浆的性能研究［D］．北京：北京建筑大学，2016.

［3］　肖力光，邢纹浩．蒸压加气混凝土砌块专用配套薄灰缝砌筑砂浆的研究与展望［J］．应用化工，2020，49（11）：4.

［4］　肖力光，邢纹浩．蒸压加气混凝土砌块薄灰缝砌筑砂浆保水性研究［J］．混凝土与水泥制品，2020（7）：4.

［5］　宋涛．蒸压加气混凝土砌块专用砂浆性能研究［J］．建材发展导向，2020，18（12）：2.

[6] 张承志，王爱勤，董芹芹，等．乳胶粉与纤维素醚对硬化水泥石干缩行为影响的差异与相互作用［C］．中国硅酸盐学会．第二届全国商品砂浆学术交流会论文集，北京，2007：163-169.

[7] 欧志华，马保国，蹇守卫．非离子型纤维素醚在新拌水泥基材料中的作用及研究进展［J］．硅酸盐通报，2012（1）：96-98.

[8] 管学茂，罗树琼，杨雷，等．纤维素醚对加气混凝土用抹灰砂浆性能的影响研究［J］．混凝土，2006（10）：35-37.

作者简介

万强波，男，1987年生，工程师，联系地址：江西省南昌市安义县万埠镇，邮编：330508，电话：19979115572。

矿物掺合料和胶粉对陶瓷砖胶粘剂性能的影响

陈楚璠　罗慧

广东龙湖科技股份有限公司，湖北武汉，430000

摘　要　研究了在确定加水量的情况下，P·O42.5水泥、偏高岭土、轻质材料和可再分散乳胶粉对陶瓷砖胶粘剂拉伸粘结强度、浸水后的拉伸粘结强度、20min晾置时间的拉伸粘结强度、热冲击后拉伸粘结强度以及横向变形的影响。其中不同种类的轻质材料分别采用玻璃微珠与漂珠。结果表明：P·O42.5水泥添加量在28%时，陶瓷砖胶粘剂综合性能最好；随着偏高岭土在水泥基瓷砖胶粘剂中添加量的提高，水泥基陶瓷砖胶粘剂的拉伸粘结强度逐渐增大；相同掺量的情况下，添加了玻璃微珠的陶瓷砖胶粘剂的各项拉伸粘结强度高于添加漂珠的陶瓷砖胶粘剂；提高胶粉掺量可以明显地提高陶瓷砖胶粘剂的各项拉伸粘结强度和柔韧性。综合考虑，与不添加可再分散乳胶粉的陶瓷砖胶粘剂相比，添加了可再分散乳胶粉在陶瓷砖胶粘剂中的各项拉伸粘结强度提高明显。

关键词　P·O42.5水泥；偏高岭土；可再分散乳胶粉；玻璃微珠；漂珠

Influences of Different Admixtures on Ceramic Tile Adhesive

Chen Chufan，Luo Hui

Guangdong Longhu Technology Co.，Ltd.，Wuhan，430000，China

Abstract　The effects of P·O 42.5 cement，metakaolin，lightweight materials and redispersible latex powder on the tensile bond strength of ceramic tile adhesive，tensile bond strength after soaking in water，tensile bond strength after 20min drying time，tensile bond strength after thermal shock and transverse deformation were studied under the condition of determining the amount of water added. Glass beads and drift beads are used for different kinds of lightweight materials. The results show that when the cement content of P·O 42.5 is 28%，the comprehensive performance of ceramic tile adhesive is the best. The tensile bond strength of cement-based ceramic tile adhesive increases with the increase of metakaolin content. The tensile bond strength of ceramic tile adhesive added with glass beads is higher than that of ceramic tile adhesive added with drift beads. The tensile bond strength and flexibility of ceramic tile adhesive can be improved obviously by increasing the amount of adhesive powder. Overall，compared with ceramic tile adhesive without redispersible latex powder，the tensile bond strength of ceramic tile adhesive with redispersible latex powder increased obviously.

Keywords　P·O42.5 cement；metakaolin；redispersible latex powder；glass beads；drift beads

0 引言

瓷砖胶粘剂是一种以水泥为主要胶凝材料经聚合物改性的胶粘剂，具有施工性好、粘结力强、应用领域广等特点，且厚薄施工皆宜，具有很好的推广使用价值。

瓷砖胶粘剂因其粘结性和耐久性好，克服了普通水泥或普通聚合物砂浆存在的饰面砖粘结不牢、空鼓、开裂、脱落、性能不稳定等弊端。它依据“有机—无机物”理论，具有无机水泥的特性，又有有机胶材料高粘结、高柔韧性的特点，是替代传统水泥和普通聚合物砂浆的现代中高档建筑最理想的粘结材料。

本试验的目的是，通过调整水泥掺量、活性掺料的变化，使胶粘剂的整体强度和综合性能得到改善和提高。为了进一步改善瓷砖胶粘剂的施工性和涂布率，对比玻璃微珠与漂珠两种轻质填料在胶粘剂中对胶粘剂粘结强度的影响。在各项拉伸粘结强度和变形值满足需求的前提下，探究不同掺量可再分散乳胶粉在胶粘剂中对拉伸粘结强度和柔韧性的影响。

1 试验部分

1.1 试验原材料

1.1.1 水泥基陶瓷砖胶粘剂

水泥：P·O 42.5 级水泥，华新水泥；矿渣：S95 级，市售；偏高岭土 HRM，BASF；砂：河砂，40～140 目；纤维素醚：马科姆 75000S，龙湖科技；可再分散乳胶粉：VINNAPAS；流变助剂：LA-01，龙湖科技；淀粉醚：CASUCOL FIX1，荷兰 AVEBE；甲酸钙，龙湖科技；木质纤维：ZZC540，德国 JRS；具有内蜂窝结构的玻璃微珠：粒径为 0.25～0.5mm，龙湖科技；漂珠，粒径为 0.2～0.5mm，市售。

1.1.2 砂浆配合比

本试验的砂浆配合比见表 1。

表 1 砂浆配合比 %

水泥	矿渣	偏高岭土	砂	微珠/漂珠	可再分散乳胶粉	纤维素醚	淀粉醚	木质纤维	触变润滑剂	早强剂
25～28	6	1.5～3	54～61	3	3～6	0.3	0.04	0.5	0.1	1

1.2 试验步骤

1.2.1 确定加水量的测试方法

将水称好放入搅拌杯中，称量 100g 瓷砖粘结剂粉料倒入杯中并计时，用调抹刀搅拌 1min，放置 5min 后搅拌 45s，将搅拌好的胶料涂抹在 PVC 板上，然后用锯齿抹刀按 60°的角度，向下梳理两次，确保梳理出来的胶料面积应比 100mm×100mm 玻璃板的面积大，此项操作在 30s 内完成后放置 2min45s，接着把玻璃板放在梳理好的胶料上，5s 内完成，随后在玻璃板上压上 2.12kg 的压块保持 30s，测定玻璃板和胶粘剂梳条之间的接触总面积，用玻璃板总面积百分比来表示。将总面积百分比在 90%～95%的加水量确定为陶瓷砖胶粘剂的加水量进行试验。

1.2.2 测试方法

试件的制备、养护及性能测试方法均按照建材行业标准 JC/T 547—2017《陶瓷砖胶粘剂》执行。

2 结果与讨论

2.1 胶凝材料用量对水泥基陶瓷砖胶粘剂的影响

不同水泥掺量对陶瓷砖胶粘剂粘结强度的影响如图 1 所示。水泥掺量越高，陶瓷砖胶粘剂的浸水强度越高。由于水泥是水硬性胶凝材料，且浸水强度测定需要在水中养护 21d，因此，水泥添加量越高，其浸水强度也会增加。

但通过图 1 中的数据也可以发现，当水泥掺量在 28％时，陶瓷砖胶粘剂的 20min 晾置拉伸粘结强度和热老化后拉伸粘结强度最高。

水泥掺量为 25％的胶粘剂晾置 20min 的拉伸粘结强度仅有 0.43MPa，未达 C1 的标准。且在水泥掺量为 30％的胶粘剂中，其热老化后的拉伸粘结强度明显比掺量为 28％的胶粘剂低了 0.28MPa。

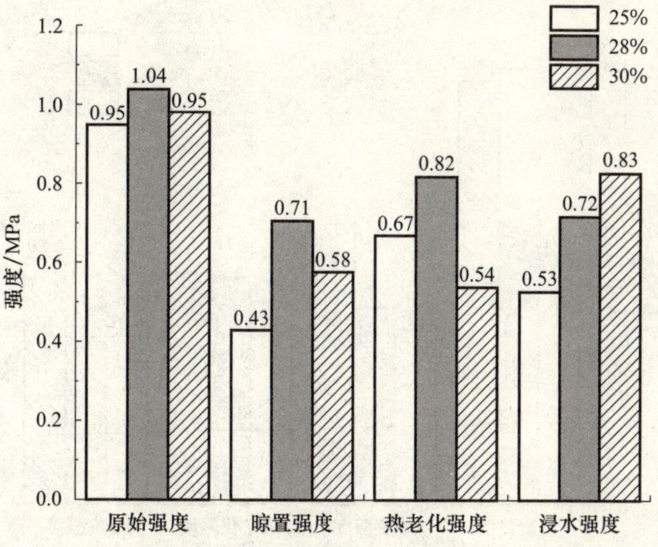

图 1　不同水泥掺量对陶瓷砖胶粘剂粘结强度的影响

2.2　玻璃微珠与漂珠对水泥基陶瓷砖胶粘剂的影响

玻璃微珠和漂珠对陶瓷砖胶粘剂粘结强度的影响如图 2 所示。其中水泥掺量为 28％，玻璃微珠和漂珠掺量为 3％。

结果看出掺入漂珠的胶粘剂的拉伸粘结强度有一定的损失。尤其是在晾置 20min 的拉伸粘结强度上，掺入漂珠的胶粘剂仅有 0.51MPa，掺入玻璃微珠的胶粘剂有 0.71MPa。

玻璃微珠与漂珠都为无机轻质材料，且基本都为球形，密度低，筒压强度高，加入瓷砖胶粘剂中可降低浆料密度[1]，提高涂布率，改善施工性，手感更轻盈。

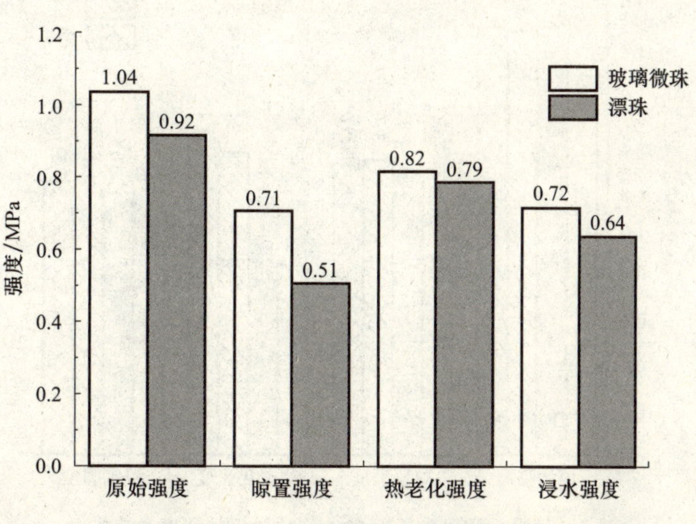

图 2　玻璃微珠和漂珠对陶瓷砖胶粘剂粘结强度的影响

2.3 不同掺量的偏高岭土对水泥基陶瓷砖胶粘剂的影响

由图 3 可以看出，偏高岭土掺量为 3%的陶瓷砖胶粘剂的原始拉伸粘结强度与浸水后拉伸粘结强度比无偏高岭土陶瓷砖胶粘剂提高了 66%，提高偏高岭土的掺量对陶瓷砖胶粘剂的原始拉伸粘结强度和浸水粘结强度有明显的提升。

偏高岭土作为活性矿物填料，其水分散性很好，在混凝土配制过程中加水搅拌时很容易解聚，实际分散度很高，且含有较多的可溶出活性 Al_2O_3[2]，可与水泥水化析出的 Ca（OH)$_2$发生二次水化反应生成水化铝酸钙，使混凝土结构的密实度增加，强度提高。

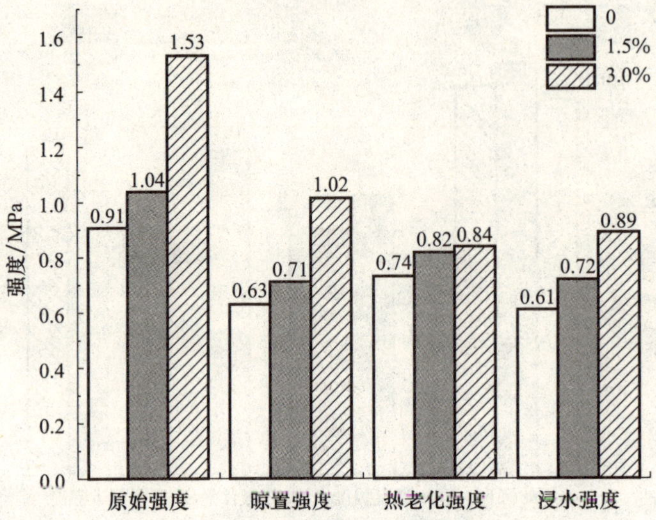

图 3　偏高岭土掺量对瓷砖胶粘剂粘结强度的影响

2.4 不同掺量的可再分散乳胶粉对水泥基陶瓷砖胶粘剂的影响

如图 4 所示，当胶粉掺量为 3%时，胶粘剂拉伸粘结强度均能达到 C1 标准（各项拉伸粘结强度≥0.5MPa)，且无处理的拉伸粘结强度和晾置 20min 后的拉伸粘结强度均已达到 C2 标准（无处理的拉伸粘结强度≥1.0MPa、晾置 20min 后的拉伸粘结强度≥0.5MPa)。当胶粉掺量为 4%时，胶粘剂拉伸粘结强度均可达 C2 标准。

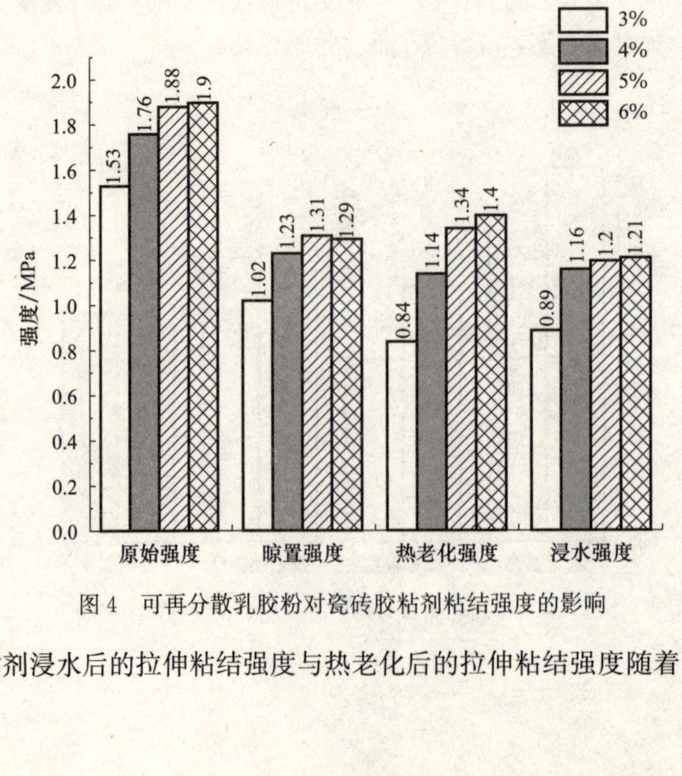

图 4　可再分散乳胶粉对瓷砖胶粘剂粘结强度的影响

水泥基瓷砖胶粘剂浸水后的拉伸粘结强度与热老化后的拉伸粘结强度随着可再分散乳胶粉用量

的增加呈现增加的趋势，其中增加趋势最明显的是热老化性能。原因是胶粉用量增加，在其他原材料用量保持不变的情况下，瓷砖胶粘剂柔性增加，高温状态下应力的变化对瓷砖胶粘剂粘结性能造成的损害减小，表现为粘结性能的提高，直接体现为热老化后的拉伸粘结强度的增加[3-4]。

不同掺量的可再分散乳胶粉对陶瓷砖胶粘剂柔韧性的影响如表 2 所示。陶瓷砖胶粘剂收缩变形值随着可再分散乳胶粉掺量的增加而增加。原因可能为可再分散乳胶粉的掺入提高了水泥基瓷砖胶粘剂的柔韧性，随着掺量的增加，陶瓷砖胶粘剂刚性降低，柔韧性增加。通过聚合物分子的扩散，乳胶颗粒在砂浆中形成不溶于水的连续膜，从而提高了对界面的粘结性和对胶粘剂本身的改性。

表 2　可再分散乳胶粉掺量对陶瓷砖胶粘剂柔韧性的影响

胶粉掺量/%	3	4	5	6
变形值/mm	2.241	2.684	2.985	3.017

3　结论

（1）综上所述，胶凝材料的添加量在 28%时，其原始拉伸粘结强度、热老化拉伸粘结强度与晾置 20min 拉伸粘结强度最高。

（2）相比于漂珠，添加了玻璃微珠的陶瓷砖胶粘剂各种拉伸粘结强度更高。

（3）偏高岭土可以使陶瓷砖胶粘剂更加密实，可明显提升陶瓷砖胶粘剂的各种拉伸粘结强度。

（4）陶瓷砖胶粘剂的各种拉伸粘结强度随着可再分散乳胶粉添加量增加而增大。综合考虑，可再分散乳胶粉的最佳添加量在 4%。

参考文献

[1]　杨玉香，邵谦，葛圣松．玻璃微珠及其应用［J］．无机硅化合物，2007（1）：15-17.

[2]　曹德光，陈益兰，欧绍权，等．烧粘土的碱胶凝性研究［J］．中国非金属矿工业导刊，2000（2）：21-22.

[3]　韩朝辉．增强型瓷砖胶粘剂性能研究［J］．新型建筑材料，2013，2（3）：12.

[4]　钟世云，徐林祥．聚合物改性砂浆瓷砖粘结剂的应用性能分析［J］．新型建筑材料，2003（12）：41-43.

作者简介

陈楚璠，女，2000 年生，联系地址：湖北省武汉市东西湖区慈惠街道盈创动力产业园 1 栋 3 单元 1 楼，邮编：430000，电话：18927372029。

瓷砖胶湿浆密度影响因素及对粘结强度的影响

徐志芳　丁天华

德高（广州）建材有限公司，广东广州，510300

摘　要　试验了两种市售C1型瓷砖胶在不同搅拌机、不同搅拌速率、不同搅拌叶、不同搅拌重量及不同试验温度下的湿浆密度，同时研究了不同湿浆密度下对其拉伸粘结强度的影响规律。结果表明，搅拌机快速搅拌时湿浆密度低；螺旋叶片的搅拌杆比双山搅拌杆湿浆密度更低；搅拌相同时间时，搅拌浆料重量大时湿浆密度也较大；温度降低时，湿浆密度降低。随着湿浆密度降低，拉伸粘结强度也随着降低，适当引气可降低湿浆密度、提高涂布率且不影响粘贴效果。

关键词　瓷砖胶；湿浆密度；拉伸粘结强度；搅拌方式；温度

The Influencing Factors of Wet Density of Ceramic Tile Adhesive and Its Influence on Tensile Bond Strength

Xu Zhifang，Ding Tianhua

Davco (Guangzhou) Co.，Ltd.，Guangzhou，510300，China

Abstract　The wet density of two commercial C1 ceramic tile adhesives at different mixers，different stirring rates，different stirring blades，different stirring weights and different test temperatures were studied in this paper. At the same time，the influence of wet paste density on the tensile bonding strength was also studied. The results showed that the wet density increased when the mixer was stirred at high speed or when the weight of the stirred material was less. The wet density of spiral blade mixing rod is lower than that of double hill mixing rod. The wet density decreased when the temperature decrease. With the decrease of wet density，the tensile bond strength decreases. Appropriate air entraining can reduce wet density and improve coverage rate without affecting the bonding effect.

Keywords　ceramic tile adhesive，wet density，tensile bond strength，mixing method，temperature

0　引言

在提倡节能降耗、转型发展的大背景下，绿色低碳已经成为建筑行业义不容辞的责任。在“碳达峰、碳中和”双碳目标要求下，“降耗增效、持续发展”已成为建筑行业的主旋律，建筑材料行业也在千方百计考虑减少碳排放，部分厂家通过技术革新减少了单位面积建筑材料耗用量，这就是一个减碳的重要行为。

在精装交付地产项目上，采用可薄贴的瓷砖胶替代传统的水泥砂浆铺贴，可有效减少瓷砖铺贴材料耗用量。优异的瓷砖胶一来可实现薄贴，二来涂布率也高，粘贴层薄、材料涂布率高，则单位面积所用材料就少，需要运输的材料就少，有效降低运输费用及材料费用，同时施工劳动强度降低，楼房的荷载也降低，具有很高的经济、环保效益。

瓷砖胶因为其组分中纤维素醚、乳胶粉等高分子聚合物的存在，一方面使水溶液的表面能降低[1]，另一方面，有机物材料吸水后膨胀，占据一定的体积，相当于增加了砂浆的内部孔洞，因此瓷砖胶自带有引气的作用，湿浆密度较低。以上这是瓷砖胶涂布率高的原因。但是不同的配方、使用的材料的不同或者其他厂家独家关键技术，不同厂家的瓷砖胶涂布率又是存在差别的，同时应用时不同的环境、搅拌方式也会对涂布率产生影响，而对于瓷砖胶的涂布率，实验室常用湿浆密度方法进行测试评估。因此，通过研究瓷砖胶湿浆密度影响因素及对粘结强度的影响，有助于为正确选择及正确应用瓷砖胶提供参考。

1 试验部分

1.1 试验原材料

选用市售两种 C1 型瓷砖胶，分别记为 A、B（对应试验编号 A1、A2……A*i* 及 B1、B2……B*i*，*i* 为试验方案编号，具体试验方案见表 1 及表 2；拌和水使用自来水。试验前，表 1 试验所涉及的所有试验材料（包括拌和水）均先在 25℃的温度下放置 24h，其他试验的试验材料则按表 2 设定的测试温度提前恒温放置 24h。

1.2 试验方法

1.2.1 搅拌步骤

将称量好的瓷砖胶干粉撒入称量好的液体中，按表 1、表 2 规定的搅拌方式先搅拌 30s，后抬起搅拌叶并在 1min 内刮下搅拌叶和搅拌桶内的浆料，然后重新放下搅拌叶再搅拌 1min（其中 A10、B10 再搅拌 3min）。

1.2.2 湿浆密度

搅拌完成的瓷砖胶浆料一次装满 1L 容量筒，使稍有富余，用捣棒由边缘向中心均匀插 25 次，插捣过程中如砂浆沉落到低于筒口，应随时添加浆料，然后将筒口多余浆料刮去，使浆料表面平整，外壁擦净，称量浆料与容量筒的总质量，减去容量筒质量，得到瓷砖胶浆料的湿浆密度；每组测试 2 次，取其算术平均值为测试浆料的湿浆密度。

1.2.3 拉伸粘结强度

按 GB/T 41059—2021《陶瓷砖胶粘剂技术要求》进行测试。

2 结果与讨论

2.1 不同搅拌方式对湿浆密度的影响

试验中，根据厂家产品说明书，瓷砖胶 A 用水量（水粉比）为 0.25，瓷砖胶 B 用水量（水粉比）为 0.24。表 1 为不同搅拌机、不同搅拌叶、不同转速及搅拌不同材料（干粉）质量下测得的瓷砖胶湿浆密度。

表 1 不同搅拌方式对湿浆密度的影响

测试编号	搅拌机	搅拌机转速/（r/min）	搅拌材料质量/kg	湿浆密度/（g/L）
A1	行星式胶砂搅拌机	自转 140±5，公转 62±5	2	1653
A2	行星式胶砂搅拌机	自转 280±10，公转 125±10	2	1445
A5	手持电动搅拌机-螺旋搅拌杆	600	5	1506
A6	手持电动搅拌机-螺旋搅拌杆	600	10	1580
A9	手持电动搅拌机-双山杆	600	5	1565
B1	行星式胶砂搅拌机	自转 140±5，公转 62±5	2	1540

续表

测试编号	搅拌机	搅拌机转速/（r/min)	搅拌材料质量/kg	湿浆密度/（g/L)
B2	行星式胶砂搅拌机	自转 280±10，公转 125±10	2	1365
B5	手持电动搅拌机-螺旋搅拌杆	600	5	1410
B6	手持电动搅拌机-螺旋搅拌杆	600	10	1495
B9	手持电动搅拌机-双山搅拌杆	600	5	1487

由表 1 中 A1、A2 及 B1、B2 湿浆密度测试结果可知，自转（280±10）r/min 同时公转（125±10）r/min 的快速搅拌方式比自转（140±5）r/min 同时公转（62±5）r/min 的慢速搅拌方式，湿浆密度降低了约 12%，湿浆密度降低的原因是快速搅拌下引气更多。理论认为，气泡的产生是气体分散于液相中形成的气-液分散体，在泡沫形成的过程中，气-液界面会急剧增加，因此体系的能量增加，在气泡形成的过程中快速搅拌方式对体系做了更多的功，充当了动力的作用。宏观上，瓷砖胶在搅拌过程中形成涡流，涡流负压吸入空气，被吸入涡流中的空气在剪切力的作用下，便被破碎形成大量气泡，此即为涡流吸气作用，当高速搅拌时这种作用更强，同时形成的气泡又被瓷砖胶组成中的纤维素醚在湿浆料中通过其亲水基和憎水基稳定住[2]。

A5、A9 及 B5、B9 结果显示，同样转速下的手持电动搅拌机，螺旋叶片的搅拌杆比双山搅拌杆湿浆密度更低，这表明螺旋叶片的搅拌杆更易引气，不同形状的搅拌叶片对瓷砖胶的湿浆密度存在着影响。

而同样是螺旋叶片的搅拌杆，单次搅拌 10kg（以干粉质量计，下同）时的浆料却比单次搅拌 5kg 时湿浆密度高，表明单次搅拌浆料量较大时引气更少。这是由于在同样搅拌时长下，搅拌量更大的浆料得到的有效搅拌强度更低，试验中手持电动搅拌机功率是 850W，按效率 100%算，其 1.5min 能做功 76.5kJ，同样的 76.5kJ 能量作用在 5kg 及 10kg 材料上，相当于 10kg 的搅拌的没那么充分。另一方面，当浆料在搅拌桶中更满，以致整个搅拌叶被掩盖在浆料中时，搅拌时从空气中捏合的空气量减少，涡流吸气作用也减弱。以上两方面的原因导致单次搅拌 10kg 时引气更少，导致湿浆密度测试结果变大。

同样条件下，瓷砖胶 A 及瓷砖胶 B 相比，瓷砖胶 B 湿浆密度低 5%～7%，也就是瓷砖胶 B 涂布率更高，实际工程应用时，同样质量的瓷砖胶材料，瓷砖胶 B 可多施工 5%～7%面积。这可能是两个产品的配方或使用的材料不同导致的。

2.2 温度对湿浆密度的影响

由表 2 结果，随着温度从低到高，瓷砖胶湿浆密度也从低到高。一方面，理论上，表面张力随温度升高而降低，表面张力降低，瓷砖胶中的纤维素醚引气能力（起泡力）增强。另一方面，根据 Gibbs 原理，体系总是趋向于较低的表面能状态，而当温度升高时，分子运动加剧，导致泡沫体系能量升高，泡沫稳定性下降。从试验结果，温度升高使泡沫稳定性下降起了主导作用，结果就是低温时搅拌的瓷砖胶浆料实际含气量更大，湿浆密度更低。这与任崴峣等[3]的研究结论也是一致的。

表 2 温度对湿浆密度的影响

测试编号	搅拌机	搅拌机转速/（r/min)	搅拌材料质量/kg	温度/℃	湿浆密度/（g/L)
A1	行星式胶砂搅拌机	自转 140±5，公转 62±5	2	25	1653
A2	行星式胶砂搅拌机	自转 280±10，公转 125±10	2	25	1445
A3	行星式胶砂搅拌机	自转 140±5，公转 62±5	2	40	1754
A4	行星式胶砂搅拌机	自转 140±5，公转 62±5	2	5	1521
A10	行星式胶砂搅拌机	自转 280±10，公转 125±10	2	5	1369
B1	行星式胶砂搅拌机	自转 140±5，公转 62±5	2	25	1540
B2	行星式胶砂搅拌机	自转 280±10，公转 125±10	2	25	1365

续表

测试编号	搅拌机	搅拌机转速/（r/min)	搅拌材料质量/kg	温度/℃	湿浆密度/（g/L)
B3	行星式胶砂搅拌机	自转 140±5，公转 62±5	2	40	1645
B4	行星式胶砂搅拌机	自转 140±5，公转 62±5	2	5	1434
B10	行星式胶砂搅拌机	自转 280±10，公转 125±10	2	5	1192

2.3 湿浆密度对拉伸粘结强度的影响

由于引气导致湿浆密度降低，瓷砖胶的密实度也必然降低，硬化体结构疏松，势必导致强度下降。本项试验通过测试不同湿浆密度下的瓷砖胶 A、瓷砖胶 B 的拉伸粘结强度对湿浆密度与拉伸粘结强度的影响进行分析。

图 1 结果显示，随着湿浆密度从低到高，瓷砖胶拉伸粘结强度随着提高，两者呈现一定的正相关关系。且湿浆密度＞1500g/L 时，对拉伸粘结强度影响趋小。湿浆密度较低时，拉伸断裂面常在瓷砖胶内部，湿浆密度较高时，拉伸断裂面就有一部分在砖背，分析认为，湿浆密度较低时瓷砖胶内部因孔洞较多连接较弱，而湿浆密度较高时与瓷砖背面的粘结力成为薄弱点。低温下快速搅拌且增长搅拌时间的极端情况下，此时的瓷砖胶 A、瓷砖胶 B 的湿浆密度都达到了极端低值，相应的拉伸粘结强度分别降低到了 0.8MPa 及 0.6MPa。通过引气来适当降低湿浆密度可以带来更大的涂布率，同时不影响粘贴效果。

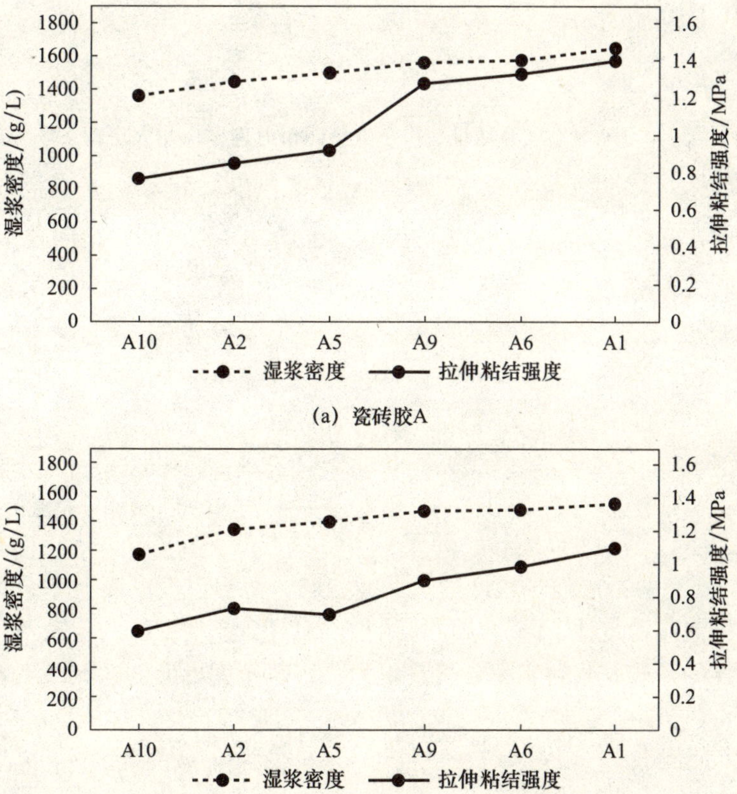

图 1　不同湿密度下瓷砖胶的拉伸粘结强度结果曲线

3　结论

通过对不同搅拌方式、不同环境温度下的瓷砖胶湿浆密度进行研究，同时对不同湿浆密度的瓷砖胶的拉伸粘结强度进行测试，得到了以下主要结论：

（1）对于同样的C1型产品，同样条件下湿浆密度存在差异，测试的产品B比产品A湿浆密度低5%～7%，同样质量的瓷砖胶材料，瓷砖胶B可多施工5%～7%面积。工程核算成本时应考虑这方面的影响。

（2）同样搅拌机下，搅拌机快速搅拌时引气量更大，湿浆密度更低；螺旋叶片的搅拌杆比双山搅拌杆湿浆密度更低；搅拌同样时间时，搅拌浆料更多时湿浆密度也较大。

（3）同样搅拌条件下，相比5℃、25℃，高温40℃时瓷砖胶的湿浆密度更高，这是由于温度高时分子运动加剧，导致泡沫体系能量升高，泡沫稳定性下降。

（4）随着湿浆密度降低，硬化体结构疏松，拉伸粘结强度也随着降低，测试的两种瓷砖胶在极端搅拌条件下的拉伸粘结强度分别为0.8MPa及0.6MPa，适当引气可降低湿浆密度、提高涂布率且不影响瓷砖粘贴效果。

参考文献

［1］ 詹镇峰，李从波，陈文钊．纤维素醚的结构特点及对砂浆性能的影响［J］．混凝土，2009，10（240）：110-112.

［2］ 陈谦，詹小刚，王剑波．搅拌条件对纤维素醚在预拌砂浆中作用的影响［J］．广州化工，2010，39（5）：77-78，121.

［3］ 任崴峣，柯国炬，何晓雁，等．基于表面张力和温度的引气剂和引气水泥砂浆性能研究［J］．硅酸盐通报，2015，2（34）：331-334.

作者简介

徐志芳，女，1981年生，工程师，联系地址：广东省广州市海珠区广州大道南788号广一电商园A7栋，邮编：510300，电话：13922799876。

瓷砖胶浸水和冻融循环后的拉伸粘结强度影响因素研究

赵伦　严兴李　王文萍　汤青青　刘京会
东方雨虹砂粉科技集团有限公司，北京，101307

摘　要　针对瓷砖胶浸水和冻融循环后的拉伸粘结强度的问题，本文通过研究水泥种类、砂子级配、胶粉种类对瓷砖胶浸水和冻融循环后的拉伸粘结强度的影响，讨论了如何提高瓷砖胶的浸水和冻融循环后的拉伸粘结强度。结果表明：当采用P·Ⅱ42.5R水泥时，瓷砖胶的浸水和冻融循环后的拉伸粘结强度均达到最大值，分别是1.78MPa和1.3MPa；当40～70目砂子与70～140目砂子的比例为1∶1时，瓷砖胶的浸水和冻融循环后的拉伸粘结强度均达到最大值，分别是1.4MPa和1.3MPa；当使用J6胶粉时，瓷砖胶的浸水和冻融循环后的拉伸粘结强度均是最高值，分别是1.62MPa和1.6MPa。

关键词　水泥种类；砂子级配；胶粉种类；瓷砖胶浸水拉伸粘结强度；瓷砖胶冻融循环拉伸粘结强度

Research on Influence Factors of Tile Adhesive in Water-immersion and Freeze-thaw Cycles

Zhao Lun, Yan Xingli, Wang Wenping, Tang Qingqing, Liu Jinghui
Oriental Yuhong Sand Powder Technology Group Co., Ltd., Beijing, 101307, China

Abstract　To address low tensile bond strength of tile adhesive in water and freeze-thaw cycles, we studied the effect of cement type, sand gradation, RDP type on the water-immersion and freeze-thaw cycle tensile bond strength of tile adhesive, and discussed how to improve the tensile bond strength of tile adhesive in water-immersion and freeze-thaw cycles. The results show that: When P·Ⅱ 42.5R cement is used, the tensile bond strength of the tile adhesive in water immersion and freeze-thaw cycles both reached the maximum value, which were 1.78MPa and 1.3MPa, respectively; when the ratio of 40-70-mesh sand to 70-140-mesh sand wasat 1∶1, the tensile bond strength of tile adhesive in water and freeze-thaw cycles both reached the maximum value, which were 1.4MPa and 1.3MPa, respectively; when J6 RDP was used, the tensile bond strength of tile adhesive in water and freeze-thaw cycles were the highest, which were 1.62MPa and 1.6MPa.

Keywords　cement type; sand gradation; RDP type; water immersion tensile bond strength of tile adhesive; freeze-thaw cycle tensile bond strength of tile adhesives

0　引言

瓷砖胶[1]又称陶瓷砖粘合剂或粘结剂、粘胶泥等多种叫法，是现代装饰装修的新型材料，替代了传统水泥黄沙，胶粘结力是水泥砂浆的数倍，能有效粘贴大型的瓷砖石材，避免掉砖[2]的风险。主要用于粘贴瓷砖、石材、陶瓷薄板等装饰材料[3]，广泛适用于内外墙面、地面、浴室、厨房等建筑的饰面装饰场所。其主要特点是粘结强度高、耐水、耐冻融、耐老化性能好及施工方便，是一种非常理想的粘结材料。针对瓷砖胶方面的研究，各个学者均有不同的见解。例如，王恒煜[4]等人通过使用水泥、可再分散乳胶粉、纤维素醚、早强剂等原材料组分研究在不同养护条件下对瓷砖胶拉伸胶粘强度的影响，结果得出随水泥用量的增加，瓷砖胶浸水处理后的拉伸胶粘强度提高，最佳掺量为40%；可再分散乳胶粉用量的增加有利于提高瓷砖胶浸水拉伸粘结强度，其最佳用量在2%～4%之间；选用中等黏度的甲基纤维素醚，施工性能良好；早强剂的加入对于提高浸水处理后的拉伸胶粘强度效果明显。冉东升[5]通过调整河沙级配，在保证产品性能的基础上降低了瓷砖胶的成本。针对瓷砖胶配方方面的研究各个学者均有所成就，与此同时，瓷砖胶的抗滑移性能评价方法方面也有所发展。像沙建芳[6]等人通过研究胶凝材料、聚合物、骨料等方面分析了各因素对瓷砖胶抗滑移性能的影响规律，得出采用最大承受重量的指标可对瓷砖胶抗滑移性能进行定量评价，可操作性强。以上研究主要是从瓷砖胶的浸水、施工性能、开放时间、抗滑移性能以及降低成本等方面来研究瓷砖胶，均取得了阶段性的成果，但是并未解决瓷砖胶浸水和冻融循环后拉伸粘结强度过低的问题。

本文主要针对瓷砖胶浸水和冻融循环后的拉伸粘结强度过低问题，通过研究水泥种类、砂子级配、胶粉种类对瓷砖胶浸水和冻融循环后的拉伸粘结强度的影响，为如何提高瓷砖胶的浸水和冻融循环后的拉伸粘结强度提供了理论基础。

1 试验

1.1 原材料

水泥采用唐山冀东生产的P·Ⅱ42.5R、P·O52.5、P·O42.5以及P·O42.5R，其化学成分见表1，物理力学性能见表2。

表1 水泥的化学组成

组成	SiO_2	Al_2O_3	Fe_2O_3	CaO	MgO	SO_3	Na_2O_{equi}	烧失量
P·Ⅱ42.5R	20.9	4.8	3.3	63.7	2.0	3.2	1.0	0.34
P·O42.5	22.0	6.5	2.6	60	3.5	3.0	1.1	0.30
P·O52.5	21.0	5.9	3.0	59.3	5.8	3.3	0.7	0.38
P·O42.5R	22.1	6.6	2.7	60.2	3.3	2.7	1.1	0.32

注：$Na_2O_{equi}=Na_2O+0.658K_2O$。

表2 水泥的物理力学性能

水泥种类	3d 抗折强度/MPa	3d 抗压强度/MPa	28d 抗折强度/MPa	28d 抗压强度/MPa
P·Ⅱ42.5R	6.7	36.4	7.9	56.6
P·O42.5	6.2	33.0	9.3	51.4
P·O52.5	6.5	39.4	7.9	63.1
P·O42.5R	6.3	33.4	7.3	54.3

试验所用砂子粒径级配范围分别为40～70目、70～140目的河砂。

试验所用胶粉型号分别是VAE1、VAE2、VAE3、VAE4、J5、J6，其中VAE1～VAE4为乙烯-醋酸乙烯的共聚物，J5的组成为醋酸乙烯酯和叔碳酸乙烯酯共聚物，J6是苯乙烯和丙烯酸共聚的胶粉。

1.2 试验方法

本试验主要针对瓷砖胶浸水处理后的拉伸粘结强度和冻融循环后的拉伸粘结强度进行研究分析。试件的制备、养护以及性能测试方法均按照JC/T 547—2017《陶瓷砖胶粘剂》的有关规定进行。试验用瓷砖为瓷砖胶检测用标准砖，其吸水率≤0.2%，未上釉，尺寸为50mm×50mm，背部无燕尾槽、无脱模剂。瓷砖胶的养护方法见表3。

表3 瓷砖胶养护方法

项目	养护方法
浸水后的拉伸粘结强度	标准试验条件养护7d+水养21d
冻融循环后的拉伸粘结强度	标准试验条件养护7d+水养21d+25次冻融循环

2 结果与讨论

2.1 水泥种类对瓷砖胶拉伸粘结强度的影响

选择一个瓷砖胶的固定配比，固定水泥以及其他材料的掺量，变化水泥的种类，看不同种类的水泥对于瓷砖胶拉伸粘结强度的影响，固定的瓷砖胶配比见表4。

表4 瓷砖胶固定配比

水泥/%	40～70目砂子/%	70～140目砂子/%	胶粉/%	活性填料/%	早强剂/%	保水剂/%
40	26.7	26.8	3	2.5	0.6	0.4

图1为P·Ⅱ42.5R、P·O52.5、P·O42.5R以及P·O42.5对瓷砖胶拉伸粘结强度的影响图。由图1可以看出瓷砖胶浸水后拉伸粘结强度曲线和冻融循环后拉伸粘结曲线均是先降低后增加的趋势，采用P·Ⅱ42.5R水泥时，浸水后拉伸粘结强度和冻融循环后拉伸粘结强度均达到最大值，分别是1.78MPa和1.3MPa。因此可以得出，相同水泥掺量下，当采用P·Ⅱ42.5R水泥时，对于瓷砖胶的浸水和冻融循环后的拉伸粘结强度的提高影响最大。

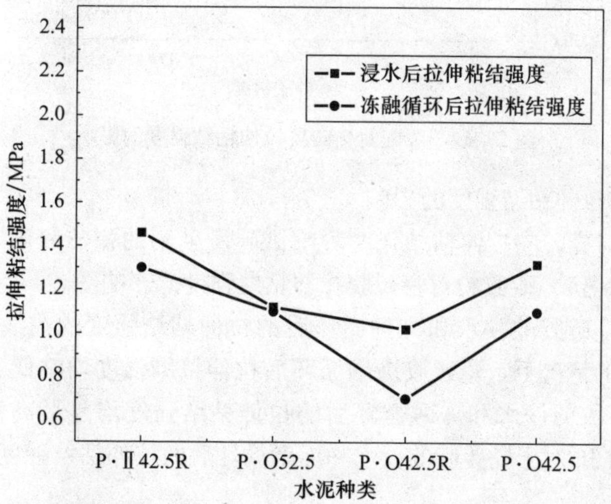

图1 水泥种类对瓷砖胶拉伸粘结强度的影响

2.2 砂子级配对瓷砖胶拉伸粘结强度的影响

表5为研究砂子级配对拉伸粘结强度采用的固定配比。表6为使用40～70目和70～140目的砂子的级配比例。图2是砂子级配对瓷砖胶的浸水后拉伸粘结强度和冻融循环后的拉伸粘结强度的影

响图。从图 2 中可以看出瓷砖胶的浸水后拉伸粘结强度和冻融循环后的拉伸粘结强度在 C 点时达到最大值，分别是 1.4MPa 和 1.3MPa。此时，40～70 目与 70～140 目砂子的比例为 1：1。

表 5　瓷砖胶固定配比

P·Ⅱ42.5R 水泥/%	砂子/%	胶粉/%	活性填料/%	早强剂/%	保水剂/%
40	53.5	3	2.5	0.6	0.4

表 6　砂子级配

砂子目数	40～70 目	70～140 目
比例 A	1	0
比例 B	2	1
比例 C	1	1
比例 D	1	2
比例 E	0	1

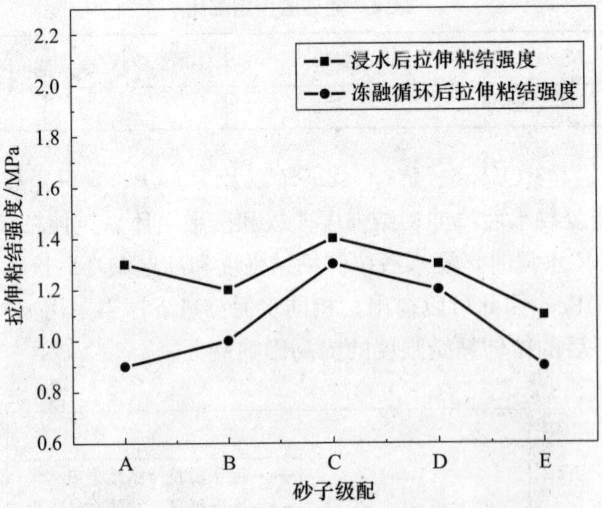

图 2　砂子级配对瓷砖胶拉伸粘结强度的影响

2.3　胶粉种类对瓷砖胶拉伸粘结强度的影响

表 7 为做胶粉种类对瓷砖胶拉伸粘结强度影响试验所采用的瓷砖胶固定配比。图 3 为 VAE1、VAE2、VAE3、VAE4、J5、J6 胶粉对瓷砖胶拉伸粘结强度的影响图。

从图 3 中可以看出瓷砖胶的浸水和冻融循环后的拉伸粘结强度的曲线变化趋势基本一致。但是，在使用同一种胶粉的情况下，瓷砖胶冻融循环后拉伸粘结强度均略低于浸水后拉伸粘结强度。当使用 J6 胶粉时，瓷砖胶的浸水和冻融循环后的拉伸粘结强度均是最高值，分别是 1.62MPa 和 1.6MPa。由此可以得出 J6 对于瓷砖胶的浸水和冻融循环后的拉伸粘结强度有积极影响，J6 是苯乙烯和丙烯酸共聚的胶粉。

表 7　瓷砖胶固定配比　　%

P·Ⅱ42.5R 水泥	40～70 目砂子	70～140 目砂子	胶粉	活性填料	早强剂	保水剂
40	26.7	26.7	3	2.5	0.6	0.4

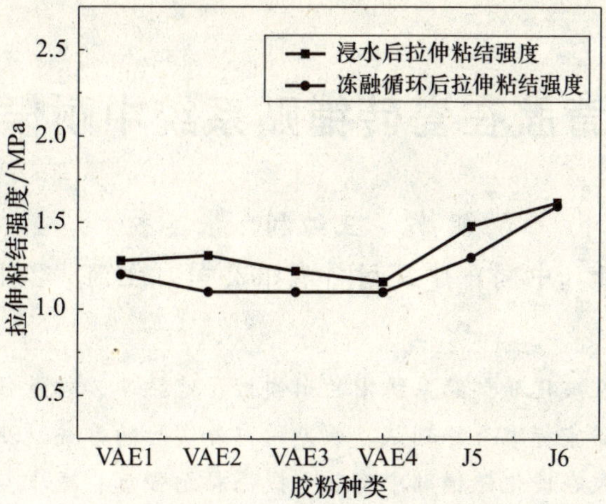

图 3　胶粉种类对瓷砖胶拉伸粘结强度的影响

3　结论

（1）通过水泥种类试验对比得出：同一水泥掺量下，当采用 P·Ⅱ42.5R 水泥时，浸水拉伸粘结强度和冻融循环拉伸粘结强度均达到最大值，分别是 1.78MPa 和 1.3MPa；

（2）通过对砂子级配试验研究，得出 40～70 目与 70～140 目砂子级配为 1∶1 时，瓷砖胶的浸水和冻融循环后的拉伸粘结强度均达到最大值，分别是 1.4MPa 和 1.3MPa；

（3）通过胶粉种类试验对比研究，得出当使用 J6 胶粉时，瓷砖胶的浸水和冻融循环后的拉伸粘结强度均是最高值，分别是 1.62MPa 和 1.6MPa。

参考文献

［1］　薛瑞田，李彩红，董丽君，等．玻化砖及其瓷砖胶制备的研究进展［J］．中国陶瓷，2020，56（06）：50-53.

［2］　江洪申．中国瓷砖胶现状及解决方案［C］//第五届全国商品砂浆学术交流会论文集，2013：41-46.

［3］　钟兰兰，袁泽辉．建筑中瓷砖胶应用发展浅析［J］．住宅产业，2011（Z1）：60-63.

［4］　王恒煜，张军，杨洪涛，等．各组分对瓷砖胶拉伸胶粘强度影响研究［J］．新型建筑材料，2015，42（10）：14-16.

［5］　冉东升．Fuller 曲线在瓷砖胶中河沙级配的选择和应用［J］．陶瓷，2020（08）：26-29.

［6］　沙建芳，徐海源，刘建忠，等．瓷砖胶抗滑移性能评价方法及提高措施研究［J］．新型建筑材料，2017，44（04）：56-59.

作者简介

赵伦，男，硕士，联系地址：北京市顺义区顺平路沙岭甲 2 号，邮编：101307，邮箱：zhaolun@yuhong.com.cn，电话：13910309965。

单组分背胶在瓷砖铺贴系统中耐候性探究

胡 乾　王纯利　张英杰

雷帝（中国）建筑材料有限公司，上海，201605

摘　要　探究单组分背胶在玻化砖铺贴系统中的耐候性、空鼓率、粘结强度及其强度保持率等。对单组分背胶铺贴系统在实验室标准条件测试、长期的户外实际的系统性测试和耐候箱环境系统性测试，结果表明：单组分背胶在玻化砖铺贴中有助于提高粘结强度、减少空鼓，并且在耐候性方面也具有较好的长期强度保持率，粘结强度保持率在73%以上。

关键词　单组分背胶；粘结强度；空鼓率；耐候性

Research on the Weather Resistance of 1k Tile Backside-glue in Tile Installation System

Hu Qian，Wang Chunli，Zhang Yingjie

Laticrete (China) Building Materials Co.，Ltd.，Shanghai，201605，China

Abstract　Exploring the application of 1k tile backside-glue in the vitrified tile installation system, such as weather resistance, hollow rate, bonding strength and strength retention rate, etc. After testing under lab standard curing condition, long term outdoor exposure and accelerated environmental chamber to simulate harsh condition, the results show that the 1k tile backside-glue helps improve the bonding strength, reducing hollowing, and has superior weather resistance in the installation of vitrified tiles. And it also has a good long-term strength retention rate in terms of weather resistance.

Keywords　1k tile backside-glue; bonding strength; hollow rate; weather resistance

0　引言

随着人们对美好生活的向往不断增加，对于居住空间的装饰材料的要求也不断提升。为了满足市场的需要，据佛山陶瓷协会数据资料显示，瓷砖技术不断更新、迭代，从陶砖，到釉面砖，再到目前的流行的玻化砖、薄板，瓷砖的吸水率越来越低[1]（小于0.5%），瓷砖的背面越来越致密、光滑，粘结难度较大。与此同时，瓷砖的尺寸也越来越大。对于这种吸水率低、背部致密瓷砖的盛行，对粘结材料也提出了新的挑战[2-3]。目前，市面上主流的瓷砖粘结材料为水泥砂浆、低等级的瓷砖胶和瓷砖背胶[4]。传统的水泥砂浆及低等级的胶粘剂已经不能满足新型瓷砖铺贴的要求，水泥砂浆很难渗入到玻化砖的表面，不能形成有效的粘结，并且胶粘结层的弹性模量与新型瓷砖的弹性模量相差较大，不能缓解系统发生形变产生的应力，造成粘结强度降低，导致玻化砖铺贴后出现大面积的空鼓、掉砖等问题，不仅影响美观，同时还增加了安全隐患及修缮成本[5-6]。

为了解决上述铺贴问题，瓷砖背胶应时而生。其中，单组分瓷砖背胶是由柔性高分子聚合物乳液及多种功能性助剂复配而成，均匀辊涂在瓷砖背面，最终形成一层聚合物膜，它能在瓷砖背面和粘结层之间架构起一层牢固的“纽带”，提升瓷砖与粘结层的粘结强度，同时缓解系统产生的应力，有效地解决了瓷砖空鼓、脱落等问题[7]。背胶应用性能备受关注，大多数研究表明背胶可提高粘结层与瓷砖间的粘结强度，但是对于这种单组分背胶的长期耐久性、粘结强度保持率等研究相对较少。本论文通过实验室标准JC/T 547—2017《陶瓷砖胶粘剂》测试、系统性的长期户外测试及模拟自然环境的气候箱测试方法，探究单组分背胶在不同胶粘剂的施工厚度、耐候性及长期户外环境下对玻化砖粘结强度、空鼓率、长期强度保持率的影响。

1 原材料与测试方法

1.1 原材料

（1）刚性防水浆料：符合JC/T 2090—2011《聚合物水泥防水浆料》Ⅰ型，抗压强度30MPa、抗折强度9MPa、横向变形3.5/mm、粘结强度1.5MPa；

（2）瓷砖胶：符合GB/T 25181—2019《预拌砂浆》室内Ⅰ型，拉拔粘结强度在0.7MPa；

（3）混凝土板：符合JC/T 547—2017《陶瓷砖胶粘剂》规定要求；

（4）玻化砖：吸水率小于0.5%，规格分别为50mm×50mm、300mm×600mm；

（5）单组分背胶：雷帝单组分背胶产品。

1.2 测试方法

（1）粘结强度的测试，参考JC/T 547—2017《陶瓷砖胶粘剂》中的养护、测试方法；

（2）背胶滚涂在玻化砖背面，实验室环境下养护24h；

（3）玻化砖的铺贴采用模拟现场厚贴法施工（20mm）；

（4）户外测试及耐候箱测试按照工地实际施工工艺，如图1所示；

（5）模拟自然环境耐候箱测试程序：①2h由室温升高到50℃；②保持50℃ 14h；③1h内由50℃降到−5℃；④上述过程中洒水1小时，水温（15±5）℃，洒水量1.0～1.5L/（m²·min），上述为1个循环，1个测试周期为20个循环。

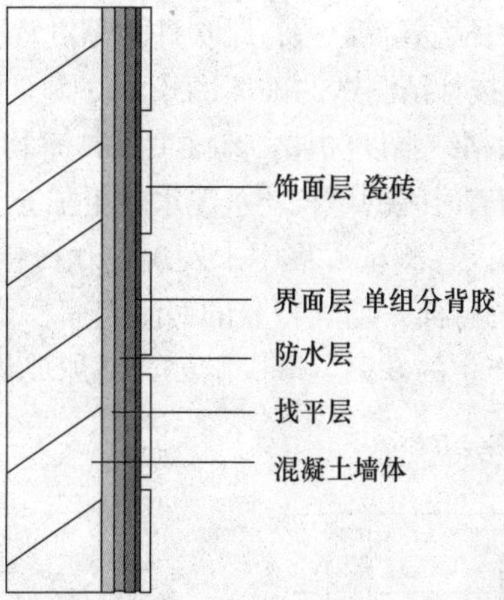

图1 室外测试、耐候箱测试成型结构

2 实验结果与讨论

2.1 实验室条件下基于标准耐候性测试

实验室条件下瓷砖铺贴系统的耐候性测试基于JC/T 547—2017《陶瓷砖胶粘剂》中的热养护、浸水养护以及冻融循环，测试瓷砖与基材的粘结力。实验结果如图2所示，在相同的实验条件下，辊涂背胶和未涂背胶的玻化砖与基层的粘结强度区别较大。总的来讲，背胶能提高瓷砖的粘结力，特别是经过冻融循环、热养护条件下的粘结力，并且使得粘结力均在 0.5MPa 以上，达到了 C1 的标准要求。

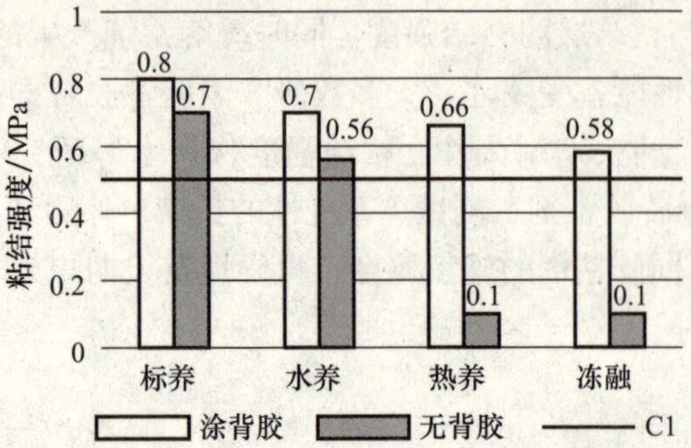

图 2　背胶对玻化砖的耐候性测试

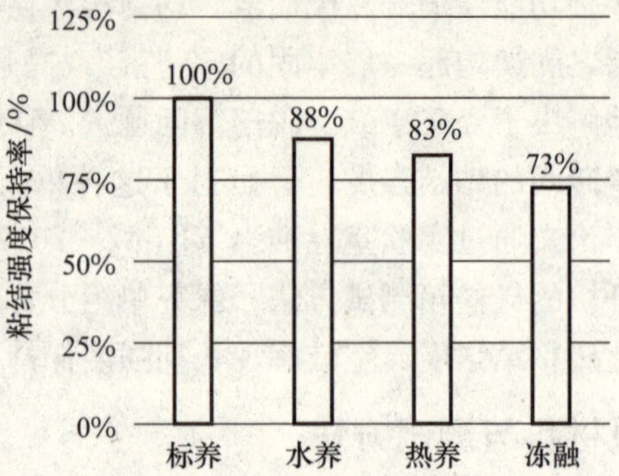

图 3　背胶在耐候性测试粘结强度保持率

玻化砖背面比较光滑致密、吸水率低，低等级的胶粘剂不能有效地渗入到防水涂料的内部，不能形成机械锚固，粘结力较弱，在标养、浸水养护中粘结力没问题，但是经过热养护、冻融循环后粘结力损失较大。主要在于粘结层、瓷砖的弹性模量不一致、引发粘结层与瓷砖之间产生应力，粘结层等级较低，没有柔韧性，不能吸收由此产生的应力。所以在标准养护、浸水养护粘结层与瓷砖的形变较小，粘结力损失较少；在热养、冻融温差变化较大的条件下，应力较大，粘结力衰减严重。背胶为一种柔性高分子聚合物膜吸附在玻化砖的背面，通过化学键、分子之间的作用力粘结玻化砖与粘结层，受外界环境变化影响较小，同时柔性的背胶膜也能吸收粘结系统产生的应力。由图 2 可以看出，辊涂背胶的玻化砖在经过浸水、热养护、冻融循环后粘结强度均在 0.5MPa 以上，并且在最苛刻的冻融循环条件下，环境温度变化较大，系统产生较大的形变，粘结强度有一定的下降，但是粘结强度保持率也高达 73%。

2.2　户外条件下对背胶耐候性测试

实验室中瓷砖铺贴系统基于 JC/T 547—2017《陶瓷砖胶粘剂》中的耐候性测试，不能很好地反映实际的应用中出现的问题，主要在于实验室标准测试试样小且分散，很难模拟由瓷砖尺寸、温度变化及基层形变和应力变化而产生的问题。因此，在户外做大面积的满铺测试是有必要的，试样成型结构如图 1 所示。在 3 个月的测试中，实验结果如图 4、图 5 所示：不同的环境对粘结力有一定的影响，实验室环境相对比较温和，而室外的环境昼夜温差、风吹日晒等对背胶的粘结力产生了一定的影响，拉拔粘结强度均在 0.8MPa 以上，拉拔粘结测试的破坏形式，从图 6 也可以看出，主要发生在玻化砖与背胶之间。从耐候性来讲，长期的粘结强度测试，其强度保持率均大于 100%，粘结力没有衰减，反而出现了稍微的增加。主要在于随着时间的延长，水泥水化更加充分，粘结层更加致密，与背胶的界面更加紧密，粘结强度小幅度提高。在测试过程中未发现玻化砖空鼓，主要是因为在背胶中含有功能性助剂，能够充分润湿玻化砖的背面，增加背胶的润湿表面积，同时还能使粘结剂均匀满铺在玻化砖的背胶上，避免铺贴不均匀产生的缺陷，减少空鼓，增加玻化砖的粘结强度。

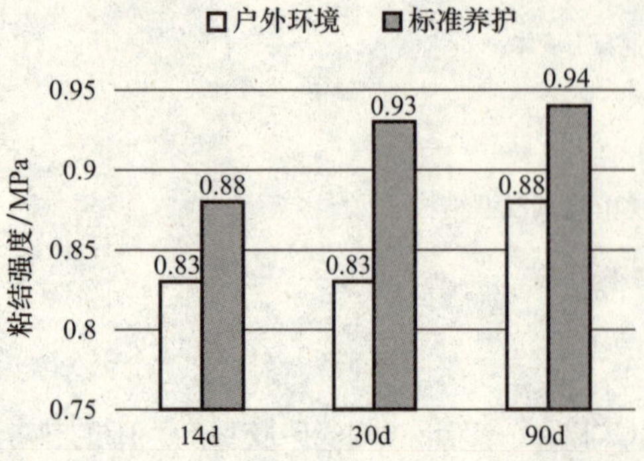

图 4　户外不同时期环境对背胶粘结的影响

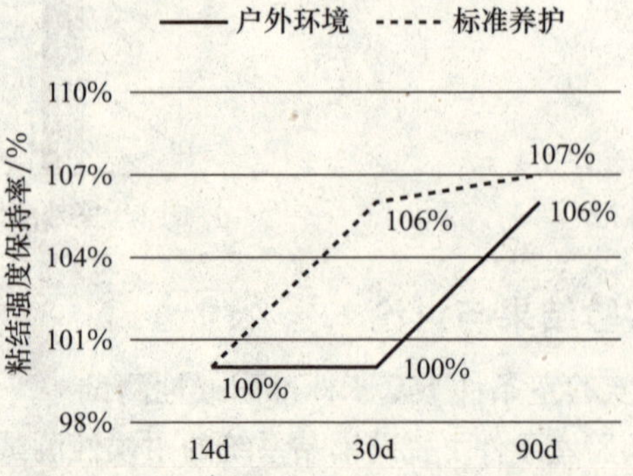

图 5　户外不同时期环境对背胶粘结的影响

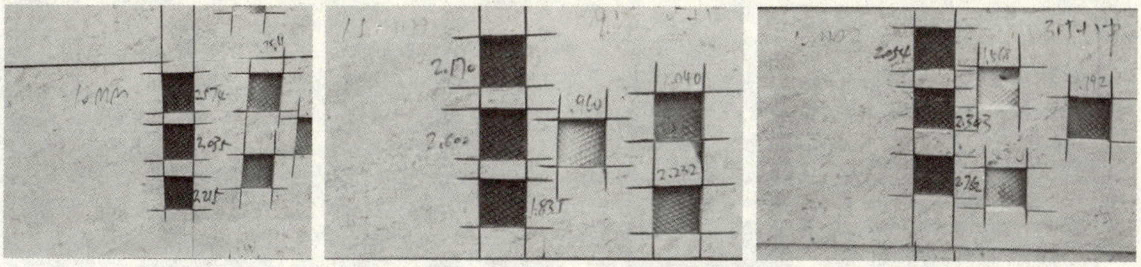

(a) 14d拉拔粘结测试　　(b) 30d（左）& 90d（右）拉拔粘结测试

图6　背胶系统在室外14d、30d、90d的拉拔粘结测试

2.3　模拟自然环境变化的耐候箱对背胶耐候性的影响

实验室测试标准、室外测试均有其局限，室外测试周期较长、环境变化相对比较温和，在较短的时间不能反映出使用过程中潜在的风险。所以，为了找出在实际使用过程中有可能出现的问题，采用模拟加速自然环境的变化的耐候箱对背胶系统进行养护，测试其空鼓率、粘结强度。将铺贴系统在实验墙上成型、养护。耐候测试墙面铺贴16块玻化砖（300mm×600mm），用来模拟瓷砖铺贴完毕后由于温度和湿度变化对系统稳定性的影响。铺贴系统及铺贴工艺和室外测试铺贴工艺、铺贴结构一致如图1，最后将实验墙放进耐候箱中，按照如下程序养护：①2h由室温升高到50℃；②保持50℃14h；③1h内由50℃降到－5℃；④上述过程中洒水1h，水温（15±5)℃，洒水量1.0～1.5L/（m^2·min)，上述为1个循环，1个测试周期为20个循环。

图7为实验墙体在耐候箱中养护1个测试周期（20个循环）后的照片，测试结果见表1，由表1可以得出，除左上第一块玻化砖在铺贴中造成的一个点空鼓之外，其余部位未发现玻化砖空鼓，且测试拉拔粘结强度在0.8MPa，拉拔粘结破坏形成主要发生在背胶与玻化砖之间的破坏，背胶部分留在玻化砖上、部分留在胶粘结上。图8为第二个测试周期结束后，测试结果见表1：玻化砖的空鼓率、拉拔粘结强度、拉拔粘结破坏形式和第一次测试周期结果一致，并且在之前出现的一个空鼓点，再经过一次测试周期，并没有扩展。主要在于背胶能够充分润湿玻化砖的背面和粘结层，使得铺贴更加紧密、密实，为玻化砖的粘结提供了较高的粘结强度。并且其拉拔粘结强度在0.82MPa，粘结强度没有衰减。所以，综上所述，再一次验证了单组分背胶在解决玻化砖空鼓、脱落，提高粘结强度方面效果显著，并且经过一系列的系统验证单组分背胶在耐候性方面也有卓越的表现，未发现粘结强度大幅度衰减，并且和实际的应用中表现出的性能相一致。

图7　背胶系统在耐候箱中第一次循环

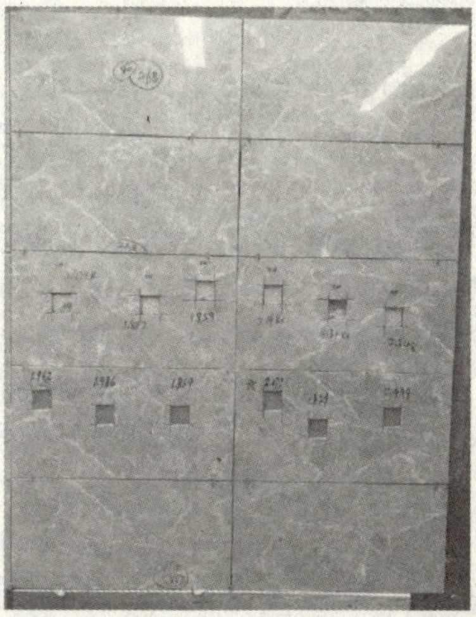

图8　背胶系统在耐候箱中第二次循环

图 9　循环后拉拔测试的破坏形式

表 1　背胶在耐候性中测试结果

测试项目	第一次循环结束	第二次循环结束
空鼓率	几乎无空鼓	几乎无空鼓、且空鼓无扩展
拉伸粘结强度/MPa	0.80	0.82
拉伸粘结破坏形式	玻化砖与背胶	玻化砖与背胶

3　结论

单组分背胶在玻化砖铺贴系统中，经过一系列耐候性测试，由于单组分背胶特殊的材质，为玻化砖铺贴提高了粘结强度、减少空鼓，且耐候性表现出如下的特点：

（1）在标准的实验室条件下，单组分背胶能够提高玻化砖在浸水养护、热养护、冻融循环条件下的粘结强度，拉拔粘结强度在 0.5MPa 以上，达到了胶粘剂 C1 等级的标准要求，并保持了较高的强度保持率，粘结强度保持率在 73%以上；

（2）单组分背胶在户外测试表现，玻化砖粘结强度在 0.8MPa 以上，并随着时间的延长，粘结强度小幅度的增加，与实验室测试的结果保持一致，粘结强度保持率高达 100%；

（3）单组分背胶在耐候箱中测试表现，经过两次测试周期，粘结强度高达 0.8MPa，并且粘结强度未随测试周期的增加而衰减，大面积的玻化砖未发现空鼓，即使在测试前出现的一个点的空鼓，空鼓也不会扩展，具有较好的耐候性，且粘结强度保持率高达 100%。

参考文献

[1]　江红申．中国瓷砖胶现状及解决方案［C］//中国硅酸盐学会房材分会．第五届全国商品砂浆学术交流会论文集，南京，2013：41-46.

[2]　刘晴．高性能瓷砖粘结砂浆的制备和应用研究［D］．广东：华南理工大学，2018.

[3]　王恒煜，张军，杨洪涛，等．各组分对瓷砖胶拉伸胶粘强度影响研究［J］．新型建筑材料，2015，42（10）：14-16.

[4]　李政兴，黎长珍，汪焕彬，等．瓷砖背胶的研究及应用［J］．广东建材，2017，33（10）：28-30.

[5]　李桂燕，亓恒华，王冬梅，等．陶瓷饰面砖背胶的研究应用［J］．中国建材，2019（07）：137-139.

[6]　谢超．对墙面玻化砖脱落的分析与解决［J］．科技视界，2015（01）：157-167.

[7]　李光球，陈晓龙，郭一锋．瓷砖背胶在瓷砖铺贴系统中的应用研究［J］．新型建筑材料，2016，43（09）：69-72.

作者简介

胡乾，男，1989 年生，研发工程师，联系地址：上海市松江区新浜工业园区浩海路 309 号，邮编：201605，电话：13127739871。

水泥基瓷砖胶粘剂标准的分析对比

何曙光　董峰亮　孙园园
西卡德高（上海）建材有限公司，上海，200436

摘　要　分析对比了水泥基瓷砖胶粘剂所涉及的五个国内外标准的异同点。针对水泥基胶粘剂测试项，各标准的主要差异为，混凝土板基材处理方式、拉伸粘结强度测试用陶瓷砖的技术指标等两项要求。而五个标准中技术指标要求均一致。由于存在这些异同点，造成试验数据无法完全统一。为了实现水泥基瓷砖胶粘剂在国内的更科学的检验和推广，基于国内混凝土板基材及拉伸粘结强度测试用陶瓷砖现状，GB/T 41059—2021《陶瓷砖胶粘剂技术要求》标准提出了混凝土板两种养护方式及拉伸粘结强度测试砖粗糙度、光泽度细化指标。

关键词　含水率；表面吸水量；粗糙度；镜向光泽度

Analysis and Comparison of Cement-based Tile Adhesive Standards

He Shuguang，Dong Fengliang，Sun Yuanyuan
Sika Davco（Shanghai）Building Materials Co.，LTD.，Shanghai，200436

Abstract　The similarities and differences of five domestic and foreign standards related to cement-based tile adhesive were analyzed and compared. For the test items of cement-based adhesive，the main differences between the standards are two requirements：the treatment method of concrete slab substrate and the technical indicators of ceramic tiles for tensile bond strength test. The technical index requirements in the five standards are consistent. Because of these similarities and differences，the experimental data can not be completely unified. In order to realize the more scientific inspection and promotion of cement-based tile adhesive in China，based on the current situation of domestic concrete slab substrate and ceramic tiles for tensile bond strength test，GB/T 41059—2021 standard puts forward two curing methods for concrete slabs and refinement indexes of roughness and gloss of tensile bond strength test tiles.

Keywords　water content；surface water absorption；roughness；specular gloss

0　引言

目前国内外水泥基瓷砖胶粘剂相关的标准有许多，其中常见的国际标准有 ISO 13007，欧洲标准有 EN12004，国家标准有 GB/T 41059—2021《陶瓷砖胶粘剂技术要求》，GB/T 12594.1—2008《建筑胶粘剂试验方法 第 1 部分：陶瓷砖胶粘剂试验方法》，行业标准有 JC/T 547—2017《陶瓷砖胶粘剂》等，这些标准的存在极大规范了行业生产，并有效推动了行业发展和进步。这些标准之间存在一定相互支撑，但同时也有引用论述的差异，这种差异，一定程度上造成了行业内检测的数据分歧，对水泥基瓷砖胶粘剂产品乃至砂浆行业发展造成一定的困扰。本文基于以上5个版本的标准做了深度的分析和对比，找出了标准中表述的混凝土板基材处理方式、拉伸粘结强度测试用陶瓷砖的技术指标的两项重点差异所带来的检测数据的不统一性。

目前国内瓷砖胶粘剂产品常用的行业标准JC/T 547—2017《陶瓷砖胶粘剂》，在2017年10月1日开始正式实施，GB/T 41059—2021《陶瓷砖胶粘剂技术要求》标准于2021年12月发布，2022年7月1日正式实施。本文重点对这两项标准进行了分析对比。

1 国内瓷砖胶标准与国外标准的对应情况

不同瓷砖胶标准之间的关系见表1。

表1 不同瓷砖胶标准之间的关系

标准类型	术语、定义、技术要求	试验方法
国际标准	ISO 13007—1：2014 陶瓷砖填缝剂和胶粘剂 第1部分：胶粘剂术语、定义和技术要求	ISO 13007—2：2013 陶瓷砖填缝剂和胶粘剂 第2部分：胶粘剂的试验方法
欧洲标准	BS EN12004—1：2017 瓷砖粘合剂 第1部分：瓷砖胶粘剂性能要求、评估和验证、分类和标记	BS EN 12004—2：2017 瓷砖粘合剂 第2部分：试验方法
国家标准	GB/T 41059—2021 陶瓷砖胶粘剂技术要求	GB/T 12954.1—2008 建筑胶粘剂试验方法 第1部分：陶瓷砖胶粘剂试验方法
行业标准	JC/T 547—2017 陶瓷砖胶粘剂	

分析表1可知，两项国际国外标准分别对应术语、定义及技术要求部分及试验方法部分，国内也形成了两项国家标准分别与之对应，而行业标准JC/T 547—2017则综合了术语、定义、技术要求及试验方法。

从标准制定来源的角度，国内的三个标准都是修改采用ISO 13007标准，而ISO 13007标准则是以BS EN12004标准为基础制定的。

2 各标准对混凝土板基材及测试用砖的差异

2.1 混凝土板基材要求

各标准对混凝土板基材的要求见表2。

表2 各标准对混凝土板基材的要求

标准代码	尺寸/mm	含水率/%	4h表面吸水量/cm³	粘结强度/（N/mm²）
ISO 13007—2	厚度（40±5）	<3	0.5～1.5	≥1.5
EN 12004—2	厚度≥35	<3	0.5～1.5	≥1.5
GB/T 12954.1—2008	厚度（40±5）	<3	0.5～1.5	≥1.5
GB/T 41059—2021	厚度（40±5）	<3	0.5～1.5	≥1.5
JC/T 547—2017	400×400×40 400×200×40	<3	0.5～1.5	≥1.5

从上表所知，五个标准对混凝土板的含水率、表面吸水量、粘结强度等指标要求都是一致的，但在尺寸上一些差异。其中JC/T 547—2017标准对混凝土板的长宽厚做出了明确规定，而其他四个标准则只对厚度提出了要求。

2.2 混凝土板基材养护方式

混凝土板基材的养护见表3。

表3 混凝土板基材的养护

标准代码	生产制造过程中的养护条件	测试使用前的养护条件
ISO 13007—2	标准养护24h加浸水养护（20±2）℃ 6d加至少3个月干燥通风垂直分隔养护	标准养护24h
EN 12004	标准养护24h加浸水养护（20±2）℃ 6d加至少3个月干燥通风垂直分隔养护	标准养护24h
GB/T 12954.1—2008	标准养护24h加浸水养护（20±2）℃ 6d加21d标准养护	标准养护24h
GB/T 41059—2021	标准养护24h加浸水养护（20±2）℃6d加至少3个月干燥通风垂直分隔养护	1. 热老化后粘结强度试验用混凝土板在105℃下放置24h加标准养护24h。 2. 其他粘结强度试验用混凝土板应达到4h表面吸水量在0.5～1.5cm³指标后方可进行测试。当试验结果出现争议时，以放置3个月时间以上的混凝土板基材的结果为准
JC/T 547—2017	标准养护24h加浸水养护（20±2）℃6d加至少3个月干燥通风垂直分隔养护加标准养护24h	标准条件下放置养护3个月或者在105℃下放置5h，然后标准养护24h，当试验结果有争议时，以放置3个月以上时间的混凝土板测试结果为准

从表3可知，混凝土板在生产过程中的养护方式除GB/T 12954.1—2008之外，其他都是标准养护24h加浸水养护（20±2）℃6d加至少3个月干燥通风垂直分隔养护，总体来说差异不大。

而针对实验室测试前，混凝土板的养护出现了较大差异，两个国外标准及GB/T 12954.1—2008标准均只要求标准养护24h，而GB/T 41059—2021及JC/T 547—2017两个国内标准，都提出了要对混凝土板进行加热处理的方式，同时处理方式也有所差异，其中JC/T 547标准的加速处理方式是针对不同测试指标，对混凝土板都是进行统一加热处理，而GB/T 41059—2021标准则针对不同测试指标进行不同处理方式，这是因为国内混凝土板的现状是在3个月养护期内，混凝土板难以同时满足表面吸水量及含水率指标要求，而瓷砖胶粘剂热老化粘结强度与混凝土板含水率有较大相关性，混凝土板表面吸水量则与20min晾置时间的粘结强度有较大线性相关性，JC/T 547—2017的统一加热5h的处理方式既不能保证混凝土板含水率一定小于3%，同时混凝土板表面吸水量却又超过了1.5cm³的要求，对热老化粘结强度及晾置时间测试结果的稳定性均产生了较大影响。

2.3 测试用陶瓷砖

水泥基瓷砖胶粘剂测试主要用三种类型的砖，分别是拉伸粘结强度测试用陶瓷砖，晾置时间测试用陶瓷砖及抗滑移测试用陶瓷砖，其中各标准中对晾置时间及抗滑移用陶瓷砖要求基本相同，而差异较大的是拉伸粘结强度测试用陶瓷砖，见表4。

表4 拉伸粘结强度测试用陶瓷砖要求

标准代码	类型	吸水率/%	表面尺寸/(mm×mm)	粘结面的要求
ISO 13007—2	ISO 13006标准BIa类干压砖	≤0.5	(50±1) × (50±1)	未上釉、平整、哑光的粘结面
EN 12004	EN 14411，Group BIa类干压砖	≤0.5	(50±1) × (50±1)	未上釉、平整、哑光的粘结面
GB/T 12954.1—2008	GB/T 4100—2006标准的BIa类干压砖	≤0.2	(50±1) × (50±1)	无釉
GB/T 41059—2021	GB/T 4100—2015标准的BIa类干压砖	≤0.5	(50±1) × (50±1)	未上釉、平整、哑光的粘结面60°几何条件的镜向光泽度为(2±0.1)光泽单位。粘结面的粗糙度：*Ra*为6～10μm，*Rsm*为200～330μm
JC/T 547—2017	GB/T 4100—2015标准的AIa类挤压陶瓷砖	0.1～0.5	(50±1) × (50±1)	未上釉、平整的粘结面

从表 4 对比可知，两个国外标准对砖的要求完成一致，而三个国内标准则产生了较大差异。其中 JC/T 547—2017 标准要求的砖的类型是 GB/T 4100—2015 标准的 AIa 类挤压陶瓷砖，这是与 ISO 要求是不一致的，其他标准要求的是 BIa 类干压砖，同时限定了吸水率的下限。

GB/T 12954.1—2008 标准降低了砖吸水率上限，同时对粘结面的要求只有一个无釉要求，形容不够全面。

GB/T 41059—2021 对砖的要求在保持与国外标准一致的同时，对砖的粘结面提出具体量化的指标，也给出了相应的测试方法。这是因为浸水养护及冻融粘结强度与砖表面的粗糙度有线性相关性，吸水率指标不能完全反映粘结面的粗糙度。这对选择标准测试用砖有了明确的指标，同时保证了测试结果的稳定性。

3 其他指标要求

针对表 5 水泥基瓷砖胶的技术要求及表 6 水泥基瓷砖胶的技术要求——特殊性能的要求，五个标准是完全一致的。

表 5 水泥基瓷砖胶的技术要求

性 能	C1 普通型水泥基瓷砖胶	C2 增强型水泥基瓷砖胶
拉伸粘结强度/MPa	≥0.5	≥1.0
浸水后拉伸粘结强度/MPa	≥0.5	≥1.0
热老化后拉伸粘结强度/MPa	≥0.5	≥1.0
冻融循环后拉伸粘结强度/MPa	≥0.5	≥1.0
晾置时间≥20min，拉伸粘结强度/MPa	≥0.5	≥0.5

表 6 水泥基瓷砖胶的技术要求——特殊性能

分类	性 能	要 求
T	滑移	≤0.5mm
F	6h 后拉伸粘结强度	≥0.5N/mm^2
	晾置时间≥10min 时，拉伸粘结强度	≥0.5N/mm^2
S	柔性胶粘剂-S1	≥2.5mm，<5mm
	高柔性胶粘剂-S2	≥5mm
E	加长晾置时间≥30min 时，拉伸粘结强度	≥0.5N/mm^2
P	普通型粘结剂-P1	≥0.5N/mm^2
	增强型粘结剂-P2	≥1N/mm^2

4 结论

（1）国内的瓷砖胶粘剂行业标准及国家标准与国外标准形成了对应关系。

（2）针对水泥基瓷砖胶粘剂，各标准之间主要差异在于测试用混凝土板基材处理方式及拉伸粘结强度测试用陶瓷砖的要求，而对于瓷砖胶粘剂材料技术要求均一致。

（3）基于国内混凝土板基材制作水平现状及拉伸粘结强度测试用陶瓷砖现状，GB 41059—2021 标准提出了切合实际的处理方式及细化指标。

作者简介

何曙光，男，1978 年生，本科，研发工程师，联系地址：上海静安区江场三路 252 号市北工业园区 20B 号楼，邮编：200436，邮箱：shuguang. he@davco. cn，电话：021-80171833-8203。

不同瓷砖铺贴方案的安全性研究

方晓华
西卡德高（上海）建材有限公司，上海，200436

摘　要　本文通过在实验室真实模拟不同的贴砖方案系统，并以高低温循环模式模拟加速其耐受龄期，对比瓷砖铺贴安全性的变化过程。根据试验结果表明，瓷砖铺贴的安全性受多种因素影响，如基层抹灰厚度、防水种类、铺贴厚度、瓷砖胶的柔性、瓷砖背胶等。

关键词　薄贴工艺；瓷砖胶；瓷砖背胶；高低温循环；空鼓率

Study on the Safety of Different Tiling Scheme

Fang Xiaohua
Sika Davco（Shanghai）Building Materials Co.，LTD.，Shanghai，200436

Abstract　This paper aims to compare the safety change process of different tiling scheme by using high and low temperature cycle mode to simulate the acceleration of its tolerance age in laboratory. According to the experimental results，the safety of tiling is affected by a variety of factors，such as the thickness of the base plaster，waterproof type，the thickness of the adhesive，the flexibility of ceramic tile adhesive，tile back glue，etc.

Keywords　thin bed method；ceramic tile adhesive；tile back glue；high and low temperature cycle；hollow rate

0　引言

目前的国内瓷砖市场，有两大明显的变化趋势正在快速转变：①瓷砖吸水率由高到低的转变，吸水率的降低，使得瓷砖硬度更高，质量更好；②瓷砖尺寸由小到大的转变，尺寸的变大，使得瓷砖铺贴后效果更加美观与大气[1]。所以国内室内瓷砖铺贴也随之发生改变，越来越多的地砖（低吸水率玻化砖）上墙铺贴，更大尺寸的大板、岩板上墙铺贴[2]，铺贴安全性面临了巨大的挑战，在传统贴砖工艺方法下产生越来越多的安全性质量问题：空鼓严重、脱落掉砖等[3]。为此本文以不同瓷砖铺贴方案的角度去对比后期安全性的差异，得到了最优最安全的瓷砖铺贴方案推荐。

1　试验材料、设备及方法

1.1　试验材料

防水材料：刚性防水采用市售 K11 通用型防水浆料，执行标准 JC/T 2090—2011《聚合物水泥防水浆料》Ⅰ型；柔性防水采用市售 K11 柔韧型防水浆料，执行标准 GB/T 23445—2009《聚合物水泥防水涂料》Ⅱ型。

瓷砖胶：C1型瓷砖胶，市售；C2S1型瓷砖胶，市售，执行标准均为JC/T 547—2017《陶瓷砖胶粘剂》。

瓷砖背胶：单组分背胶，市售，执行标准为企业标准；双组分背胶，市售，执行标准为JC/T 907—2018《混凝土界面处理剂》。

瓷砖：300mm×600mm玻化砖，市售，吸水率≤0.2%；900mm×1800mm大板砖，市售，吸水率≤0.2%。

1.2 试验设备

外墙外保温用耐候性检测设备（图1），试件规格：试验墙体2面（图2），长3000mm，宽2100mm；设备空气温度控制范围：−25～75℃；测试精度：0.5%。

图1 耐候性检测设备

图2 实验墙体

1.3 试验方法

试验方法以目前主流的厨卫贴砖系统为基础：抹灰—防水—瓷砖胶—（背胶）—瓷砖，在试验墙体上模拟真实贴砖，如图3铺贴300mm×600mm玻化砖和图4铺贴900mm×1800mm大板的完成效果，并在耐候性检测设备上通过高低温循环加速其耐受龄期后，测试其空鼓情况与最终的切割拉拔强度，具体方法见表1。

图3 铺贴300×600玻化砖

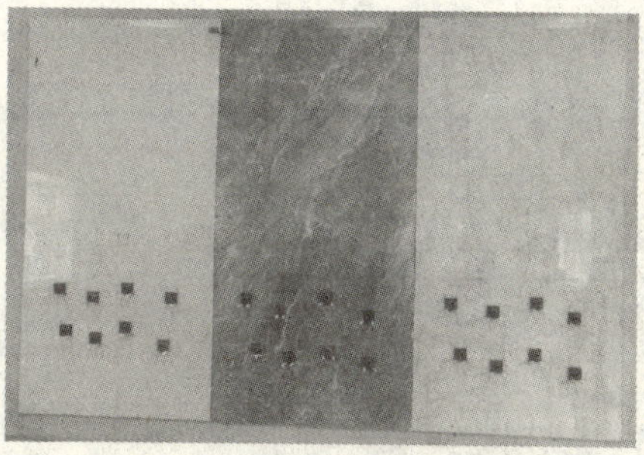

图4 铺贴900×1800大板

表1 试验流程、方案和要求

序号	施工流程	施工方案	具体要求
1	基层处理	1. C1瓷砖胶薄抹灰找平（3mm） 2. C1瓷砖胶厚抹灰找平（15mm）	完成后养护7d
2	防水处理	涂刷2遍防水涂料	完成后养护2d
3	瓷砖处理	1. 无背胶 2. 单组分背胶 3. 双组分背胶	1. 无要求 2. 贴砖前滚涂，待干燥透明 3. 贴砖前1d滚涂
4	贴砖工艺	1. 厚贴工艺（20mm） 2. 薄贴工艺（8mm）	充分揉压，确保100%满浆

续表

序号	施工流程	施工方案	具体要求
5	砖型与铺贴面积	1. 300mm×600mm 玻化砖 2. 900mm×1800mm 大板砖	1. 10 块 1.8m² 2. 1 块 1.62m²
6	室内养护	23℃	养护 28d
7	测算初始空鼓率	空鼓锤测试，画出空鼓区域	以面积占比来计算空鼓率
8	高低温循环	1.5h 升温至 50℃，保持 14h，1.5h 降温至 0℃，保持 7h 为一个循环	循环 20 次/40 次
9	测算循环后空鼓率	空鼓锤测试，画出空鼓区域	以面积占比来计算空鼓率
10	测试切割拉拔强度	在无空鼓区域切割测试拉拔强度	—

在实际贴砖的贴砖案例中需要考虑铺贴满浆率对产生空鼓的影响，因满浆率低则必然会造成后期空鼓，故本文中试验为更加客观地评估不同瓷砖铺贴方案对后期安全性的影响，减少一些因人为的不正确施工带来的影响因素，在试验时均为同一位师傅进行贴砖作业，每一块瓷砖的铺贴均尽量揉压以确保 100%满浆。以此做到忽略人为施工影响，只考虑铺贴方案差异带来的后期安全性结果差异。

2 结果与讨论

2.1 瓷砖胶厚贴工艺贴砖，在不同基层处理上的后期安全性的差异

厚贴工艺下不同基层处理的测试结果见表 2。

表 2 厚贴工艺下不同基层处理的测试结果

基层处理	薄抹灰（3mm）	厚抹灰（15mm）	薄抹灰（3mm）	薄抹灰（3mm）
防水处理	无处理	无处理	防水（通用型）	防水（柔韧型）
背胶	无背胶			
瓷砖胶	C1 瓷砖胶			
贴砖工艺	厚贴（20mm）			
300mm×600mm 玻化砖	10 块	10 块	10 块	10 块
初始空鼓率/%	1	1	1	2
20 次循环空鼓率/%	15	25	15	60
切割拉拔强度/MPa	0.60	0.26	0.30	0.02

由表 2 可以看出，当采用目前常用的厚贴贴砖工艺施工时，在基材情况不同的情况下，铺贴后期的安全性能存在一定差异，通过经过 20 次高低温循环的耐受性测试后的空鼓率情况和最终的切割拉拔测试结果可以得到以下结论：

（1）基层的抹灰找平层厚度对后期空鼓率的增长有一定影响，抹灰层厚的更容易产生空鼓。

（2）基层同样采用薄层抹灰，对比无防水涂层、刚性防水涂层和柔性防水涂层对后期空鼓率产生的影响，发现采用柔性防水涂料基层的空鼓率最大达到 60%，基本失去粘结强度。刚性防水涂料与无防水涂料处理的空鼓率发展情况相似为 15%，但测试切割拉拔强度发现，刚性防水涂料的切割拉拔强度更低，说明防水涂料不可避免的会对瓷砖胶的粘结强度有一定负面影响。

基层抹灰厚度决定体系稳定性，抹灰越厚，体系越不稳定。防水涂层的刚柔性也决定体系稳定性，刚性防水涂层对空鼓率影响不大，柔性防水涂层会加剧空鼓率的扩大；粘结强度均会因为有防

水涂层而下降，柔性防水涂层的体系因空鼓率更高而粘结强度更低。这个结论印证了实际贴砖应用中柔性防水涂层更容易产生掉砖空鼓现象[4]。

2.2 厚贴与薄贴工艺贴砖，在刚性与柔性防水基层上的后期安全性的差异

厚/薄贴砖工艺分别在刚/柔性防水基层上的测试结果见表3。

表3 厚/薄贴砖工艺分别在刚/柔性防水基层上的测试结果

基层处理	薄抹灰（3mm）			
防水处理	防水（通用型）		防水（柔韧型）	
背胶	无背胶		无背胶	
瓷砖胶	C1瓷砖胶		C1瓷砖胶	
贴砖工艺	厚贴（20mm）	薄贴（8mm）	厚贴（20mm）	薄贴（8mm）
300mm×600mm玻化砖	10块	10块	10块	10块
初始空鼓率/%	2	0	5	0
20次循环空鼓率/%	20	5	65	5
切割拉拔强度/MPa	0.26	0.51	0	0.32

由表3可以看出，当同样采用薄层抹灰找平处理后，对比刚性防水涂层与柔性防水涂层基面上，分别采用厚贴贴砖工艺与薄贴贴砖工艺，在经过20次高低温循环的耐受性测试后的空鼓率情况和最终的切割拉拔测试结果可以得到以下结论：

（1）当同样采用厚贴工艺（20mm）分别在刚性防水涂层和柔性防水涂层上贴砖，得到的结果与2.1中结果基本一致，说明这种模拟试验具有可重现性，并可以获得较为可靠的结论。

（2）对比厚贴与薄贴工艺，明显发现采用薄贴工艺贴砖，其后期空鼓率的发展速度缓慢，可以大大提高铺贴的安全性。

（3）切割拉拔强度结果上，受空鼓率发展的影响，空鼓率越高，粘结强度越低，刚性防水涂层的切割拉拔强度高于柔性防水涂层。

2.3 对比柔性瓷砖胶和增加背胶的贴砖方案，对提升后期安全性的帮助

柔性瓷砖胶与背胶方案下的测试结果见表4。

表4 柔性瓷砖胶与背胶方案下的测试结果

基层处理	薄抹灰（3mm）			
防水处理	防水（通用型）			
背胶处理	无背胶	无背胶	单组分	双组分
瓷砖胶	C2S1瓷砖胶	C1瓷砖胶	C1瓷砖胶	C1瓷砖胶
贴砖工艺	厚贴（20mm）	厚贴（20mm）	厚贴（20mm）	厚贴（20mm）
300mm×600mm玻化砖	10块	10块	10块	10块
初始空鼓率/%	1	1	1	1
20次循环空鼓率/%	1	18	1	1
40次循环空鼓率/%	1	40	1	2
切割拉拔强度/MPa	0.33	0.05	0.60	1.24

由表4可以看出，当同样采用薄层抹灰找平、刚性防水涂层基面，对比两种性能等级瓷砖胶（C2S1与C1）厚贴工艺贴砖以及不同砖背背胶处理后，采用C1级瓷砖胶厚贴砖工艺，在经过20次和40次高低温循环的耐受性测试后的空鼓率情况和最终的切割拉拔测试结果可以得到以下结论：

（1）采用C2S1级柔性瓷砖胶，可以明显抑制后期空鼓的产生，即使经过40次高低温循环也没有空鼓的产生。

（2）当铺贴方案中加入单组分或双组分背胶对玻化砖背进行处理后，同样可以明显抑制后期空鼓的产生，即使经过40次高低温循环都没有空鼓的产生。而没有背胶处理的方案，随着高低温循环次数的增多，空鼓率快速增长。

（3）切割拉拔强度结果上，双组分背胶处理的强度结果高于单组分背胶处理的强度结果高于无背胶处理的C2S1柔性瓷砖胶强度结果。

2.4 采用柔性瓷砖胶与背胶的贴砖方案，在大板铺贴中的应用效果

柔性瓷砖胶与背胶方案在大板铺贴中的测试结果见表5。

表5 柔性瓷砖胶与背胶方案在大板铺贴中的测试结果

基层处理	薄抹灰（3mm）					
防水处理	防水（通用型）					
背胶处理	无背胶	单组分	双组分	无背胶	单组分	双组分
瓷砖胶	C2S1			C1		
贴砖工艺	薄贴（10mm）			薄贴（10mm）		
900×1800大板砖	1块	1块	1块	1块	1块	1块
初始空鼓率/%	2	3	2	5	5	6
20次循环空鼓率/%	2	3	2	12	5	6
40次循环空鼓率/%	3	3	3	23	7	8
切割拉拔强度/MPa	0.52	0.64	0.98	0.08	0.40	0.76

由表5可以看出，当同样采用薄层抹灰找平、刚性防水涂层基面，对比两种性能等级瓷砖胶（C2S1与C1），分别采用不同砖背背胶处理，薄贴工艺铺贴900×1800大板砖，在经过20次和40次高低温循环的耐受性测试后的空鼓率情况和最终的切割拉拔测试结果可以得到以下结论：

（1）C2S1级柔性瓷砖胶与C1级瓷砖胶薄贴工艺铺贴大板（无背胶处理）效果对比，C2S1级柔性瓷砖胶在经过20次、40次高低温循环后没有空鼓的产生，而C1级瓷砖胶的空鼓率随高低温循环次数增加而增大，因而C2S1级柔性瓷砖胶更适合用于铺贴超大尺寸大板砖。

（2）当采用单组分背胶与双组分背胶时，不论C2S1级柔性瓷砖胶还是C1级瓷砖胶，经过20次、40次高低温循环后，均能有效抑制空鼓的产生与增长，为后期铺贴安全性上提供非常明显的帮助。不同点在于采用C2S1级柔性瓷砖胶加背胶铺贴方案，初始空鼓率更低，说明C2S1瓷砖胶施工更易获得高满浆率，并且后期切割拉拔强度均高于普通瓷砖胶C1加背胶的铺贴方案，同样的双组分背胶的切割拉拔强度高于单组分背胶。

3 结论

本文通过采用耐候性测试试验设备箱，以高低温循环的方式对模拟实际墙面铺贴的瓷砖进行耐受性的验证测试，通过多组测试，测试结果重现性高，结论基本一致，说明该方法具有一定表征瓷砖铺贴系统后期安全性的意义。

通过试验结果得到，基层抹灰层厚、防水涂层的刚柔性、瓷砖胶层的粘贴厚度、瓷砖胶的型号等级（柔性）、有无背胶处理均对铺贴体系的安全性有影响。其中在基层系统中，抹灰层过厚、防水涂料偏柔性会更容易导致空鼓产生与后期增长；铺贴工艺上，薄贴工艺相较于厚贴工艺，因瓷砖胶粘结层厚度更薄，表现出更好的体系稳定性，其空鼓的产生与增长远远小于厚贴工艺。而如果选择更高性能的柔性瓷砖胶产品或是采用瓷砖胶加单/双组分背胶的工艺，则可以更有效地抑制空鼓的产生，即使经过40次的高低温耐受循环，也没有出现明显空鼓。在大板铺贴中，采用C2S1柔性瓷砖胶相比于C1瓷砖胶更易实现大板的铺贴满浆，同时如果再增加背胶进行铺贴，可以实现更高的切割拉拔强度，可以进一步保证铺贴后期的安全性。

参考文献

［1］ 仉秋红．墙面瓷砖脱落原因分析及解决方法探讨［J］．内蒙古科技与经济，2017（6）：146.

［2］ 尹虹．2020瓷砖行业发展趋势深度刨析［J］．陶瓷，2020（5）：9-11.

［3］ 冯黎喆．室内涉水区域饰面砖铺贴系统质量控制探讨［J］．工程质量，2019，37（1）：59-64.

［4］ 黄斌，王之杰，冯晓燕．室内墙面瓷砖空鼓的原因分析及解决措施探讨［J］．工程质量，2022，40（3）：87-90.

作者简介

方晓华，男，1990年生，工程师，联系地址：上海市静安区江场三路252号20B，邮编：200436，电话：15821998768。

钢筋连接用套筒灌浆料的研究

宋素亚　李倩　张长帮　王彦博　袁剑
唐山盾石干粉建材有限责任公司，河北唐山，063000

摘　要　近年随着装配式建筑发展，钢筋套筒连接用灌浆料应用越来越普遍，作为装配式各建筑构件的连接用材料，对整个建筑的安全稳定性起着至关重要作用。本文研究了各种原材料对套筒灌浆料性能的影响，确定了最佳配合比。研究表明采用胶凝材料三元复合体系可以制备不同凝结时间的具有早强、高强性能的灌浆料；高品质矿物掺合料可有改善灌浆料和易性和离析性，并且提高强度；聚羧酸减水剂对灌浆料的流动性、浆体稳定性及强度影响明显，不同品种作用区别较大；缓凝剂对调整灌浆料的凝结时间作用不明显；消泡剂起到快速消泡作用，提高砂浆致密度，保证砂浆充实灌注饱满度；塑性膨胀剂可以在塑性阶段产生快速膨胀，维持灌浆料体积稳定。制备出的套筒灌浆料性能达到JG/T 408—2019《钢筋连接用套筒灌浆料》要求，初始流动度达到340mm，30min流动度为320mm，1d抗压强度35MPa、3d抗压强度60MPa、28d抗压强度90MPa；3h竖向膨胀率≥0.02%、24h～3h竖向膨胀率为0.02%～0.5%；泌水率为0%。

关键词　钢筋连接用套筒灌浆料；三元复合体系；流动度；竖向膨胀；抗压强度

Study on Cementitious Grout for Sleeve of Rebar Splicing

Song Suya，Li Qian，Zhang Changbang，Wang Yanbo，Yuan Jian
Tangshan Dunshi Dry Powder Building Materials Co.，Ltd.，
Tangshan，063000，China

Abstract　In recent years，with the development of prefabricated buildings，the application of grouting material for reinforcement sleeve connection is more and more common. As the connection material of prefabricated building components，it plays a vital role in the safety and stability of the whole building. This paper studies the influence of various raw materials on the performance of sleeve grouting material，and determines the best mix proportion. The research shows that the grouting materials with early strength and high strength can be prepared by using the ternary composite system of cementitious materials；High quality mineral admixtures can improve the work ability and segregation of grouting materials，and improve the strength；Polycarboxylate superplasticizer has obvious influence on the fluidity，slurry stability and strength of grouting materials，and the effects of different varieties are quite different；Retarder has no obvious effect on adjusting the setting time of grouting material；Defoamer can quickly defoamer，improve the density of mortar and ensure the fullness of mortar filling；Plastic expansion agent can produce rapid expansion in the plastic stage and maintain the volume stability of grouting material. The properties of the prepared sleeve grouting material meet the requirements of JG/T 408—2019《cementitious grout for sleeve of rebar splicing》，with an initial fluidity of 340mm，a fluidity of

320mm in 30min, a 1d compressive strength of 35MPa, a 3d compressive strength of 60MPa and a 28d compressive strength of 90MPa; 3h vertical expansion rate ≥ 0.02%, 24h-3h vertical expansion rate is 0.02%-0.5%; The bleeding rate was 0%.

Keywords sleeve grouting material for reinforcement connection; ternary system; fluidity; vertical expansion; compressive strength

0 引言

随着经济建设的快速发展，空气污染、气候恶化、资源能源匮乏等问题突出，绿色环保、可持续发展等问题成为国家最关注的话题。禁止现场搅拌、加快建筑速度，缩短建筑周期、提高建筑质量成为建筑业高质量发展的要求。装配式建筑是各种建筑结构构件在专业工厂预制完成后运输到现场由施工工人在现场采用连接件拼接和组装而成的建筑方式，具有污染小、能耗低、质量可靠、施工速度快、建筑周期短、减少建筑材料浪费等特点，成为建筑行业转型发展的方向。

国外装配式住宅的发展时间长，技术成熟。目前加拿大、德国、英国、日本以及新加坡等国的装配式建筑占总建筑比例的80%以上。我国装配式建筑的发展开始于20世纪五六十年代，八十年代后开始形成规模化。进入新世纪后至今，我国装配式建筑在构件设计、生产以及施工等方面都有较大突破，已成为当今及未来建筑发展的大方向[1]。

装配式建筑的承重结构是通过节点将整个建筑物进行连接，因此建筑节点连接是否可靠是建筑物稳定的关键，已被证实节点采用钢筋套筒连接件是安全可靠的，而将套筒与钢筋连接起来的灌浆料性能决定整个建筑结构的稳定性[2]。所以，研制高品质的套筒灌浆料产品必将推动装配式建筑形式的发展，对经济社会产生积极影响。

1 原材料

试验原材料：试验涉及三种胶凝材料，其中CE1比表面积430m^2/kg，主要成分为硅酸三钙、硅酸二钙，3d抗压强度35MPa，28d抗压强度55MPa；CE2比表面积400m^2/kg，主要成分为硅酸三钙、铝酸三钙，1d抗压强度30MPa，28d抗压强度50MPa；CE3的主要成分为硫酸钙，2d抗压强度8MPa；两种人工砂，粒径为20～40目及40～70目，不同细度矿物掺合料，多种外加剂。

2 试验方法

按照JG/T 408—2019《钢筋连接用套筒灌浆料》进行各项性能测试试验。

3 试验内容

试验方案设计原则：试验过程中保持细粉（胶凝材料与矿物掺合料）掺加量与人工砂掺加量之和不变，细粉增多或减少时由砂子掺加量调整配平，被考察原材料添加量变化时，其他外加剂用量保持不变。试验基础配合比根据经验而定，包含试验研究的所有组成成分（缓凝剂除外）。

3.1 胶凝材料对套筒灌浆料性能的影响规律

胶凝材料是影响套筒灌浆料性能的主要因素之一，是其强度的决定性基础因素，不同胶凝材料类型的水化特性差别较大，因此复合胶凝体系因其复配比例不同，会表现出不同的特性，尤其是工作性能、体积稳定性、力学性能[3]。本文主要研究了不同复配比例的复合胶凝体系对套筒灌浆料工作性能、力学性能的影响，试验结果如下：

表1 胶凝材料 CE1 对套筒灌浆料性能的影响

CE1 掺加量/%	加水量/%	流动度/mm		抗压强度/MPa		
		初始	30min	1d	3d	28d
35	11	350	295	35.9	61.1	88.4
40	11	350	290	39.6	65.2	92.6
45	11.5	355	290	43.8	69.4	96.5

通过以上结果可以看出，随着 CE1 用量的增加，灌浆料逐渐黏稠，泌水程度降低，流动度损失变大，强度增加。这是因为随着 CE1 用量的增加，胶砂比逐渐增大，水化进程加快，水化产物增加，导致凝结时间缩短。从灌浆料强度数据可以看出，当胶凝材料 CE1 用量在 40%～45%之间时，强度与标准要求的 85MPa 相比有一定的富余指标，从而确定其参考用量为 40%。

表2 胶凝材料 CE2 掺量对套筒灌浆料性能的影响

CE2 掺加量/%	加水量/%	流动度/mm		抗压强度/MPa		
		初始	30min	1d	3d	28d
3	12	350	330	49.6	65.2	92.6
5	12	350	327	53.1	66.8	91.5
7	12	350	320	52.7	64.9	91.0
9	12	347	315	50	63.4	90.7
11	12	345	310	45.7	60.7	89.7

随着 CE2 用量增加，加水量不变，初始流动度相同，但 30min 流动度损失增加，各龄期强度逐渐增大后减小；从 3%增加到 5%时 1d、3d 强度先增大后减小，28d 强度逐渐减小，但总体变化幅度不大。原因是 CE2 加入后，体系水化反应加快，生成更多的水化产物，使得早期强度增加，但随着 CE2 掺加量进一步增加，硬化体结构越来越疏松，导致强度降低。随着养护时间的延长，后期主要是 CE1 的水化，其水化产物逐渐填充前期水化产物结构中的疏松空隙，水化产物结构逐渐密实，硬化体强度增加，表现为随 CE2 掺量增加后期强度下降幅度减少的趋势。综合分析确定 CE2 用量为 5%。

表3 胶凝材料 CE3 掺量对套筒灌浆料性能的影响规律

CE3 掺量/%	加水量/%	流动度/mm		抗压强度/MPa		
		初始	30min	1d	2d	3d
0.5	12	352	295	43.3	65.7	94.9
1	12	350	290	44.1	66.8	95.5
2	12	355	290	45.5	67.8	96.8
3	12.5	351	285	43.6	65.3	95.7
4	12.5	352	280	42.1	64.2	93.5

随着胶凝材料 CE3 的增加，灌浆料初始流动度不变，30min 流动度损失稍有增大，浆体初始黏稠度增加，流动速度减慢，对套筒灌注饱满度有利。随着 CE3 掺量的加入，灌浆料强度逐渐增加后降低。CE3 可减缓 CE1、CE2 中 C_3A 的水化，减缓体系凝结时间并优化水化体系结构，此外，作为矿物掺合料的激发剂与矿物掺合料反应生产更多的水化产物，提高硬化体强度，但过多的 CE3 加入后，一方面 CE3 本身水化导致体系凝结时间缩短，另一方面生成过多的具有膨胀性能的钙矾石，产生膨胀破坏，恶化硬化体的结构，导致硬化体强度降低。在以上配合比中，CE3 的加入量对整个体系的影响是比较小的，不会因为其加入量不合理出现严重的施工性和强度的影响。综合考虑初步确定 CE3 掺量为 2%。

3.2　集料级配对套筒灌浆料性能的影响规律

集料用量及颗粒级配影响套筒灌浆料的流动度及强度。试验保持集料总量不变，研究粗粒径集料加量对套筒灌浆料性能的影响。试验采用粗细两种不同粒径的人工砂搭配试验，以确定两种砂的合理搭配比例（见表4）。

表4　人工砂级配对套筒灌浆料性能的影响规律

粗砂掺量/%	加水量/%	流动度/mm		抗压强度/MPa		
		初始	30min	1d	2d	3d
5	12	350	280	40.7	63.4	89.1
10	12	355	290	42.5	64.8	91.5
15	12	360	295	43.8	65.9	93.7
25	11.5	355	300	43.5	64.7	92.1
35	11	360	300	44.0	65.3	93.3

从表4可以看出，随着骨料粒径的加粗，灌浆料需水量降低，出现流动度先增加后降低，强度先增大后减小再增大的趋势。主要原因是当粗砂用量少时，灌浆料颗粒组成较细，需要更多水辅助流动，随着颗粒增粗，粗细砂形成连续级配，流动时协同能力增加，砂浆流动度增大；随着颗粒的进一步增大，砂浆中细颗粒组分不足，粗颗粒之间缺少了细砂的润滑性，流动度降低并伴随着砂浆连贯性差及轻微泌水；随着颗粒度进一步增大，浆体内部比表面积大大减小，细粉包裹需求减少，填充于颗粒缝隙中起到润滑作用，浆体流动性又逐渐增强，但浆体离析沉淀可能性增加。而30min流动度随着初始流动度的增大而增大，随着初始流动度的减小而减小。抗压强度也呈现相同趋势，这与颗粒级配影响到浆体致密度有关，当颗粒之间协同能力好时砂浆的强度较高。

当套筒灌浆料粒径较粗时，施工阻力较大，容易造成施工堵管等情况，因此选择较细的颗粒组成。试验数据表明，当粗砂用量为15%时，流动度好，强度较高，确定粗砂掺加量为15%。

3.3　聚羧酸减水剂品种与掺量对套筒灌浆料性能的影响

减水剂具有减水增强的作用，是套筒灌浆料具备高流动性、高强度的关键添加剂，而不同厂家减水剂在减水率、增强、泌水性、凝结性能等方面均有不同。本试验测试了不同厂家的减水剂，确定了减水剂的品种和掺加量，见表5。

表5　聚羧酸减水剂品种及掺量对套筒灌浆料性能的影响

序号	减水剂品种				加水量/%	流动度/mm		抗压强度/MPa		
	P1	P2	P3	P4		初始	30min	1d	3d	28d
FL-1	0.3				12	310	280	36.9	66.9	91.1
FL-2	0.5				12	320	310	35.9	66.4	89.1
FL-3	0.6				12	355	340	34.5	64.2	84.5
FL-4		0.3			12	350	280	42.1	68.8	92.5
FL-5		0.5			12	360	315	43	69.5	93.6
FL-6		0.6			12	370	330	41	67.2	90.3
FL-7			0.3		12	300	270	37.7	65.8	87.5
FL-8			0.5		12	325	280	38.7	67.8	88.1
FL-9				0.3	12	315	265	38.5	67.2	88.5
FL-10				0.5	12	330	275	39.5	68.2	89.6

从以上数据可以得出，随着减水剂的增加，初始流动度和30min流动度均增大，其中P2减水

剂初始流动度最好，P1 30min 流动度损失最小。随着减水剂用量的增加，除 P1 减水剂强度降低外，其他减水剂的强度均增加，其中 P2 各龄期强度最高，P1 减水剂 1d、3d 强度较低，28d 强度与其他减水剂持平，因此首选 P1、P2 减水剂，见表 6。当 P1、P2 减水剂用量增加到 0.6%时砂浆均出现不同程度的泌水、强度降低现象。因此减水剂的总量确定为 5%。取长补短，考虑到 P2 减水剂各龄期强度较好，P1 减水剂流动度损失较小的特点，拟通过两种减水剂复配获得良好综合效果。

表 6　聚羧酸减水剂对套筒灌浆料性能的影响

序号	减水剂品种		加水量/%	流动度/mm		抗压强度/MPa		
	P1/%	P2/%		初始	30min	1d	3d	28d
FL-11	0.1	0.4	11.5	355	310	43.7	67.9	95.6
FL-12	0.2	0.3	11.5	350	325	43.5	66.1	94.8
FL-13	0.3	0.2	11.5	345	320	43.1	65.7	93.6

从表 6 中可以看出，复配后砂浆的和易性变好，流动度稍有减小，30min 流动度损失明显减小，而强度有明显增加。随着 P1 比例增加，灌浆料流动度逐渐降低，30min 流动度损失减少，强度稍有降低，满足标准要求，而在 P1、P2 掺加量分别为 0.2%、0.3%时，砂浆 30min 时流动度最好，综合分析，确定 P1、P2 用量分别为 0.2%和 0.3%。

3.4　缓凝剂品种与掺量对套筒灌浆料性能的影响

为了寻求更多的调整灌浆料流动性的方法，本试验拟利用缓凝剂减缓水化进程来改善套筒灌浆料的 30min 流动度损失，见表 7。

表 7　缓凝剂品种及掺量对套筒灌浆料性能的影响

缓凝剂品种	掺量%	初始流动度/mm	30min 流动度/mm	泌水状态
	0	350	290	不泌水
HN1	0.05	355	285	不泌水
HN2	0.05	355	280	不泌水
HN3	0.05	350	290	稍有泌水
HN1	0.1	360	290	稍有泌水
HN2	0.1	361	285	稍有泌水
HN3	0.1	365	330	泌水严重

HN1、HN2、HN3 对套筒灌浆料的缓凝效果均不明显，而且还引起砂浆泌水，因此流动度保持率试验利用缓凝型减水剂来实现。

3.5　矿物掺合料对灌浆料性能的影响规律

矿物掺合料加入可以起到降低砂浆的离析和沉降，改善砂浆的和易性，增加砂浆强度等作用。本文试验了 KW1、KW2、KW3 三种矿物掺合料对灌浆料性能的影响，见表 8。

表 8　矿物掺合料对套筒灌浆料性能的影响

矿物掺合料品种	掺量/%	流动度/mm		抗压强度/MPa			泌水状态
		初始	30min	1d	3d	28d	
	0	350	320	43.0	66.5	94.5	稍泌水
KW1	2	360	330	45.5	68.8	97.2	不泌水
KW2	2	345	315	44.9	65.9	95.5	稍泌水
KW3	2	355	330	41.6	64.7	93.8	稍泌水

续表

矿物掺合料品种	掺量/%	流动度/mm		抗压强度/MPa			泌水状态
		初始	30min	1d	3d	28d	
KW1	1	355	325	44.3	67.4	95.8	稍泌水
KW1	3	330	305	45.2	69.7	98.6	不泌水、稍黏稠

从以上结论可以得出，随着KW1的加入，砂浆的流动度逐渐增加后降低，砂浆逐渐黏稠，泌水状态明显好转，加量为2%时流动度最大且无离析，砂浆的强度随着KW1加量的增加逐渐增大。KW2、KW3泌水状态无明显改善作用，并且导致砂浆强度降低，KW3降低幅度更大。与胶凝材料相比，KW1粒径很细，可以增加砂浆的黏稠度，可填充胶凝材料和骨料空隙，减少水填充空隙的数量，同时KW1比表面积较大，需要较多的水来包裹，当其减水性与水对其的包裹性达到一个平衡时，砂浆级配连续性最好，密实度最高，颗粒之间滚动协同性最好，砂浆的流动度最高，无多余填充水溢出，泌水率降低。但当KW1加量超过平衡值时，过多的水用于KW1表面的包裹，砂浆的流动度变小，而其的火山灰活性使得砂浆的凝结时间缩短，强度增加。KW2的比表面积与胶凝材料相近，本身结构致密高，拌和需水量低，对泌水改善性能差；KW3的滚珠效应可增加砂浆的流动性，由于粒径大，填充胶凝材料颗粒间隙作用不明显，对泌水性无明显改善作用。KW2和KW3取代胶凝材料，其本身强度低于胶凝材料强度而导致砂浆强度降低。综合分析，确定矿物掺合料选用KW1，掺量为2%。

3.6 消泡剂品种与掺量对套筒灌浆料性能的影响

在灌浆料搅拌过程中空气被浆体包裹而形成大量气泡，不仅降低灌浆料本身强度，还影响灌浆料在套筒空腔内灌注的饱满度，从而影响钢筋套筒连接的整体强度[4]。消泡剂是一种表面活性剂，可以降低气泡的表面张力，使气泡快速迁徙到浆料表面并破裂，提高浆料的致密度，增加砂浆强度。本试验测试了不同厂家消泡剂的消泡能力，见表9。

表9 消泡剂品种与掺量对套筒灌浆料性能的影响

消泡剂品种	消泡剂掺量/%	流动度/mm		抗压强度/MPa			浆料表观状态
		初始	30min	1d	3d	28d	
X1	0.05	355	315	44.1	72.0	97.6	气泡较多
X1	0.07	353	325	44.3	72.7	98.4	气泡较多
X1	0.09	355	330	45.3	73.7	99.6	气泡较少
X2	0.05	365	330	45.3	74.2	98.4	气泡少
X2	0.07	360	335	45.5	74.9	102.2	气泡更少
X2	0.09	360	332	45.6	75.1	99.5	气泡最少

从表9可以看出，不同品种消泡剂对灌浆料消泡效果、流动状态、强度均有不同程度影响，随着消泡剂用量增加，砂浆的消泡效果逐渐变好，X2的消泡效果好于X1；随X1掺量的增加，砂浆流动度和强度逐渐增加，当用量达到0.09%时，流动度、强度增加不明显。随X2用量增加，砂浆的流动度和强度均先增加后降低，原因是当加入消泡剂X2后，砂浆表面张力降低，导致砂浆黏度稍有降低，流动性变好，当消泡X2过多时，砂浆内部气泡快速减少，减弱了气泡的滚珠效应，导致流动性变差。随着消泡剂X2的加入，砂浆内部气泡减少，强度增加，但当砂浆气泡含量很少时，砂浆内部无足量气孔来消弱破裂应力传导而致使强度降低。试验确定选用X2消泡剂，加量0.07%。

3.7 塑性膨胀剂品种与掺量对套筒灌浆料性能的影响

胶凝材料在硬化过程中产生体积收缩，将影响灌浆料与套筒的紧密握裹，因此需要加入膨胀剂，在灌浆料凝结过程中产生膨胀补偿收缩，提供膨胀性能。

不同厂家塑性膨胀剂的膨胀速度和膨胀率、膨胀进程不同，用量不同，膨胀效果也不同。随着塑性膨胀剂用量的增加，膨胀率明显增大。塑性膨胀剂 SP1 膨胀率比 SP2 高，3h 内膨胀率较大，24h 内还维持较好膨胀性，膨胀发展进程合理。塑性膨胀剂的膨胀率较大，为避免掺量波动导致膨胀率出现大幅波动，选用较少加量 0.03%，见表 10。

表 10　消泡剂品种与掺量对套筒灌浆料性能的影响

塑性膨胀剂品种	掺量/%	3h 竖向膨胀率/%	24h～3h 竖向膨胀率/%
SP1	0.03	0.7	0.08
SP1	0.05	1.5	0.12
SP2	0.03	0.4	0.02
SP2	0.05	0.9	0.05

3.8　全项检测

按照以上试验确定的各种原材料品种和加量进行试配，检测结果见表 11。

表 11　套筒灌浆料性能

检测项目	套筒灌浆料	JG/T 408—2019 指标
初始流动度/mm	350	≥300
30min 流动度/mm	330	≥260
3h 竖向膨胀率/%	0.73	0.02～2
24h～3h 竖向膨胀率/%	0.06	0.02～0.5
1d 抗压强度/MPa	43	≥35
3d 抗压强度/MPa	76	≥60
28d 抗压强度/MPa	98	≥85
泌水率/%	0	0

从以上数据可以看出，灌浆料各项指标均达到 JG/T 408—2019 标准指标。

4　结论

(1) 胶凝材料三元复合体系中，CE1 在其中起到保证总体强度的作用，CE2 起到提高早期强度的作用，CE3 起到调整改善 CE1、CE2 复合硬化体结构，提高早期强度及改善流动体状态的作用；

(2) 不同厂家减水剂对套筒灌浆料流动度和强度影响不同，通过不同类型的减水剂搭配使用，可达到既减少流动度损失又获得高的早后期强度的目的；

(3) 本文研究了不同类型的矿物掺合料对套筒灌浆料泌水性和强度的影响，试验表明通过选用合适矿物掺合料可以起到改善泌水性及提高强度作用，但加量必须合适，加量过多会降低流动性及影响凝结时间；

(4) 不同厂家消泡剂消泡能力不同，消泡剂的加入影响灌浆料流动性和强度，一般情况下，随着消泡剂用量的增加，灌浆料流动度和强度增加，当加量过大时，强度降低；

(5) 塑性膨胀剂在套筒灌浆料塑性阶段和硬化过程中均产生膨胀，不同厂家的塑性膨胀剂的膨胀进程不同，应选用膨胀进程合理的膨胀剂。

参考文献

[1]　蒋勤俭．国内外装配式混凝土建筑发展综述［J］．建筑技术，2010，41 (12)：1074-1076.

[2]　孙小巍，胡曼曼，黄帅，等．钢筋连接用套筒灌浆料组成因素对其性能影响的研究［J］．混凝土，2021

(7)：6.

［3］ 杨国刚，陈冬冬，黎超，等．低温早强型钢筋连接用套筒灌浆料的研制与性能研究［J］．低温建筑技术，2018，40（9）：4.

［4］ 姜锦锦．钢筋连接用套筒灌浆料的研制［J］．住宅与房地产，2018，498（13）：141-142.

作者简介

宋素亚，女，1975 年生，工程师，联系地址：河北省唐山市丰润区王官营镇，邮编：064009，电话：13582919690。

预拌水泥基盾构注浆料的研究与应用

高 辉[1] 沈平邦[1] 林 瑞[2] 张鸿毓[2]
1. 天津市建筑科学研究院有限公司，天津，300193
2. 天津市建筑工程质量检测中心有限公司，天津，301700

摘 要 盾构注浆料的性能指标对注浆效果影响很大。本文研究了水泥、膨润土、外加剂及细骨料对注浆料强度、流动度、泌水率及表观密度的影响，配制出适合天津地铁 10 号线盾构隧道同步注浆施工的最优配合比注浆料。研究结果表明：随着注浆料水泥掺量的增加，其抗压强度逐渐增加；随着注浆料膨润土掺量的增加，其流动度及泌水率逐渐降低；随着注浆料中外加剂掺量的增加，其流动度及 3h 流动度逐渐增加，其表观密度及 28d 抗压强度逐渐降低；用相同细度模数的机制砂代替河砂，注浆料表观密度增大，流动度及强度降低。

关键词 盾构注浆料；配合比；性能

Research and Application of Ready-mixed Cement Based Shield-driving Grouting Material

Gao Hui[1], Shen Pingbang[1], Lin Rui[2], Zhang Hongyu[2]
1. Tianjin Research Institute of Building Science Co., Ltd., Tianjin, 300193, China
2. Tianjin Construction Engineering Quality Inspection Center Co., Ltd., Tianjin, 301700, China

Abstract Performance indicators of shield-driving grouting material contribute great impact on the grouting effect. This paper study on the effects of cement, bentonite, admixtures and fine aggregate on compressive strength, flowability, bleeding rate and density of shield-driving grouting material. Then the best mix proportion for shield-driving grouting material was obtained. The results show that the compressive strength of shield-driving grouting material can be increased by increasing the content of cement. The flowability and bleeding rate can be reduced by increasing the content of bentonite, and with the increase of the admixtures content, the flowability and 3h flowability are increased, the density and compressive strength are decreased. Instead of river sand with manufactured sand of the same fineness modulus, the density is increased, the flowability and compressive strength are decreased.

Keywords shield-driving grouting material; mix proportion; performance

0 引言

目前，全国已有 44 座城市批复建设城市轨道交通线路，总投资 2.4 万亿元，规划建设线路总长度也将超过运营线路总里程。随着我国城镇化水平的不断提高与城市人口规模上升，全国轨道交通建设将进入新的高峰期。

盾构法施工在地铁隧道等暗挖工程中得到广泛应用，在盾构法施工中，盾构注浆是一项必不可少的施工程序[1-5]。盾构管片拼装好后，为防止盾构管片周围土体的松动，同时加强土体对盾构管片衬砌结构的包裹作用，避免管片结构因缺少抗力作用出现局部应力集中的现象，需在管片与土体间的间隙灌入盾构注浆料进行填充。等待注浆料固结硬化后，注浆料起到填充壁后空隙并能提供一定的承载能力来稳定管片衬砌的作用，从而提高盾构隧道在施工过程中的稳定性及地表环境的安全性[6-9]。

目前常用的盾构注浆料均由施工单位现场拌制，为了进一步推进建筑业技术进步和施工方式转变，提高城市文明绿色施工程度，盾构注浆料由现场拌制转化为预拌生产将是必然趋势[10-11]。与现场搅拌注浆料相比，预拌盾构注浆料具有较多优势：预拌盾构注浆料的生产有科学的实验室试配，严格的性能检验，精确的计量设备，大规模自动化生产，全程电脑控制，搅拌均匀度高，质量稳定可靠；在施工中使用预拌盾构注浆料，不需要水泥、砂的运输，也不需要原材料堆放场地，施工场地占用小，噪声小、粉尘排放量小，减少了对道路和周边环境的污染，有利于文明绿色施工；不存在水泥、砂遗漏问题，也没有现场搅拌的损耗，材料和成品的损耗、浪费将大大减少。因此，本文对预拌水泥基盾构注浆料进行研究，并将其成功应用到天津市地铁 10 号线一期工程中。

1 试验原材料与方法

1.1 原材料

水泥：天津地区常用的振兴 P·O 42.5 水泥；粉煤灰：天津海得润滋生产的Ⅱ级粉煤灰；膨润土：细度为 200 目的钠基膨润土；河砂：细度模数 1.3；外加剂：液体，具有减水、引气、保塑等作用。

1.2 试验方法

（1）流动度试验：参照 GB/T 50448—2015《水泥基灌浆材料应用技术规范》的有关规定进行。

（2）泌水率试验：参照按 JTS/T 236—2019《水运工程混凝土试验检测技术规范》中 10.20 节灌浆用新拌水泥（砂）浆膨胀和泌水试验中泌水试验的有关规定进行。

（3）表观密度试验：参照 JGJ/T 70—2019《建筑砂浆基本性能试验方法标准》的有关规定进行。

（4）抗压强度试验：参考 JGJ/T 70—2019《建筑砂浆基本性能试验方法标准》的有关规定进行。

2 试验结果及分析

2.1 水泥掺量对注浆料强度的影响

为了满足盾构法同步注浆工艺要求，注浆料应尽可能早地获得高于地层的早期强度，而水泥掺量是影响注浆料强度的关键因素，因此配制不同水泥掺量的注浆料，具体配合比见表 1。

如图 1 所示，随着注浆料水泥掺量增加，其抗压强度逐渐增加。水泥掺量由 25%增加到 37%时，注浆料 3d、7d 及 28d 抗压强度分别增加了 183%、138%及 85%。

表 1 注浆料配合比

材料用量/（kg/m³）					水胶比
水泥	粉煤灰	膨润土	细河砂	外加剂	
130	330	60	900	10.5	0.71
140	320	60	900	10.5	0.71
150	310	60	900	10.5	0.71
190	270	60	900	10.5	0.71

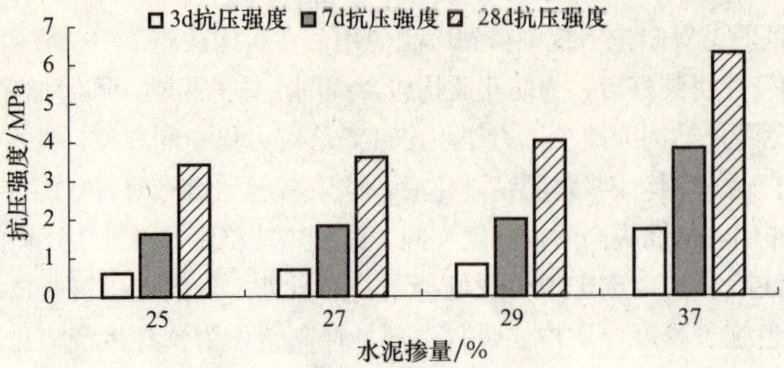

图1　水泥掺量对注浆料强度的影响

2.2　膨润土掺量对注浆料性能的影响

配制不同膨润土掺量的注浆料，具体配合比见表2，研究膨润土掺量对注浆料性能的影响。

如图2所示，虽然注浆料的水胶比逐渐增大，但随着膨润土掺量的增加，其流动度及泌水率逐渐降低。分析其原因：膨润土为类似蒙脱石的硅酸盐，为溶胀材料，可吸附8～15倍于自身体积的水量，体积膨胀可达数倍至30倍，因此，随着膨润土掺量的增加，注浆料的流动度降低。此外，膨润土可以减缓浆液的材料分离，进而降低注浆料的泌水率。

表2　不同膨润土掺量注浆料配合比

材料用量/（kg/m³）					水胶比
水泥	粉煤灰	膨润土	细河砂	外加剂	
170	330	40	770	0	0.69
170	330	45	770	0	0.71
170	250	55	770	0	0.76

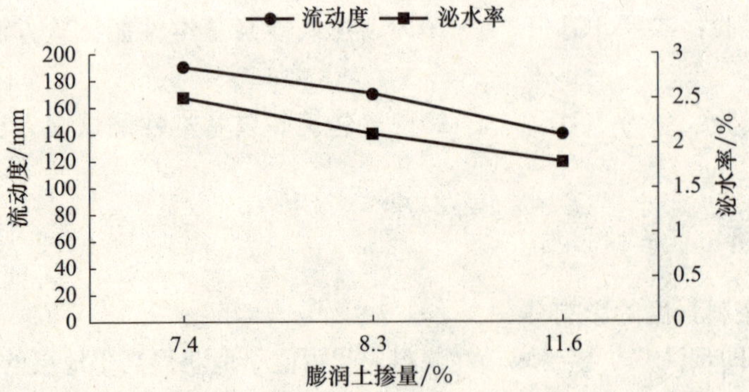

图2　膨润土掺量对注浆料性能的影响

2.3　外加剂掺量对注浆料性能的影响

配制不同外加剂掺量的注浆料，具体配合比见表3，研究外加剂掺量对注浆料性能的影响。

表3　不同外加剂掺量注浆料配合比

材料用量/（kg/m³）					水胶比
水泥	粉煤灰	膨润土	细河砂	外加剂	
170	290	60	900	9.0	0.67
170	290	60	900	10.5	0.67
170	290	60	900	15.7	0.67

如图3所示，由于外加剂具有减水、保塑性能，随着注浆料中外加剂掺量的增加，其流动度及3h流动度逐渐增加；如图4所示，由于外加剂具有引气性能，随着注浆料中外加剂掺量的增加，其表观密度及28d抗压强度逐渐降低。

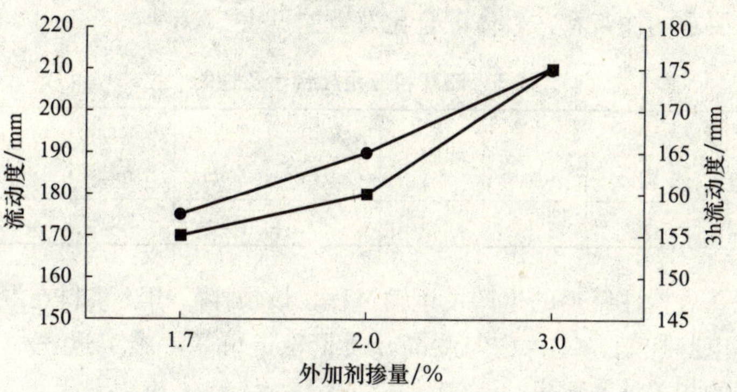

图3　外加剂掺量对注浆料工作性能的影响

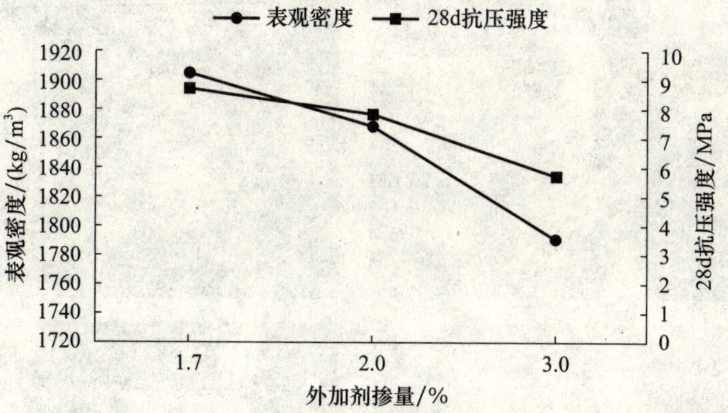

图4　外加剂掺量对注浆料表观密度及强度的影响

2.4　细骨料对注浆料性能的影响

试验中，用相同细度模数的机制砂代替河砂，研究机制砂对注浆料性能的影响。由于机制砂的密度比河砂大，因此相较于河砂，机制砂配制的注浆料表观密度大；机制砂棱角分明，在新拌注浆料中易机械咬合，产生较大内摩擦力，导致注浆料的流动度降低；相较于河砂，机制砂的总级配不合理，骨料与浆料间的填充不充分，进而导致注浆料的强度降低，见表4。

表4　注浆料配合比及性能

材料用量/（kg/m³）					水胶比	表观密度/（kg/m³）	流动度/mm	28d抗压强度/MPa
水泥	粉煤灰	膨润土	细骨料	外加剂				
170	330	40	770（河砂）	0	0.69	1896	190	7.7
170	330	40	770（机制砂）	0	0.69	1953	175	6.6

2.5　天津地铁应用

天津地铁10号线一期工程柳林路站（不含）—环宇道站（不含），共1区间。区间线路自柳林路站出发，沿规划沙柳路东西两侧敷设，穿越天津市精神卫生中心、航道处柳林基地、下穿规划台儿庄路、海河、海河东路后，最后到达环宇道路，左线区间长1093.331m，右线区间长1031.102m。区间采用盾构法施工，区间纵断面为V字形坡，线路最大纵坡28‰，最小纵坡3‰，区间结构顶部覆土厚度为10.8～21.1m，下穿海河段覆土最小埋深为9.4m。拟采用直径6.41m盾构机掘进。由于存在穿海河的工程作业，该地层含水量丰富，渗透系数大，自稳性差、承载能力低，盾构掘进过程中，易出现涌水等施工风险。在此地层环境下进行盾构同步注浆施工，存在盾构注浆料不易凝结、注浆量大、注浆强度低、注浆填充效果差等问题。通过优化配合比，配制出满足盾构法同步注浆工艺要求的注浆料，具体配合比及性能见表5。

表5　注浆料应用配合比及性能

材料用量/（kg/m³）					水胶比	表观密度/（kg/m³）	流动度/mm	2h流动度/mm	泌水率/%	3d抗压强度/MPa	28d抗压强度/MPa
水泥	粉煤灰	膨润土	河砂	外加剂							
160	300	60	900	10.5	0.67	1847	180	165	2.8	0.8	4.6

图5为预拌水泥基盾构注浆料的生产及运输过程，该预拌盾构注浆料在混凝土搅拌站实现大规模自动化生产，全程电脑控制，搅拌均匀度高，质量稳定可靠，施工过程中减少了二次灌浆的可能，满足了施工单位的相关技术要求。

图5　盾构注浆料生产及运输

3　结论

通过对预拌水泥基盾构注浆料的研究及应用，得到以下结论：

（1）随着注浆料中水泥掺量的增加，其抗压强度逐渐增加。水泥掺量由25%增加到37%时，注浆料3d、7d及28d抗压强度分别增加了183%、138%及85%。

（2）随着注浆料中膨润土掺量的增加，其流动度及泌水率逐渐降低。

（3）随着注浆料中外加剂掺量的增加，其流动度及3h流动度逐渐增加；其表观密度及28d抗压强度逐渐降低。

（4）用相同细度模数的机制砂代替河砂，注浆料表观密度增大，流动度及强度降低。

（5）通过天津地铁 10 号线的现场应用，证明注浆料性能稳定可靠，满足施工要求。

参考文献

[1] 路明鉴．盾构隧道新型浆液试验与应用研究［J］．水电与新能源，2011，(4)：58-61.

[2] 郭兆清，沈银斌．盾构法同步注浆材料的试验研究［J］．工程与建设，2015，29 (4)：519-521.

[3] 王丽丽，张程浩，梁旭，等．预拌盾构同步注浆料配合比设计及性能研究［J］．建筑技术，2021，52 (9)：1135-1138.

[4] 张程浩，李茂山，陈科，等．预拌盾构注浆料的试验研究［J］．建筑技术，2017，48 (10)：1048-1051.

[5] 陈金平，王娇，甄聪，等．盾构法同步注浆材料的试验研究综述［J］．粉煤灰综合利用，2018 (1)：75-80.

[6] 杨晓华，俞永华．水泥-水玻璃双液注浆在黄土隧道施工中的应用［J］．中国公路学报，2004，17 (2)：68-72.

[7] 朱先发，宋普涛，杜峰，等．富水砂层高性能盾构同步注浆材料的配制及现场注浆性能研究［J］．新型建筑材料，2021，48 (3)：98-101.

[8] 焦兴飞，毕文静，刘鸿飞，等．新型同步注浆材料对盾构掘进影响试验研究［J］．市政技术，2019，37 (3)：157-159.

[9] 李欢欢．消石灰基同步注浆干混砂浆在地铁盾构施工中的研究与应用［J］．施工技术，2020，47 (11)：49-51.

[10] 李欢欢，焦磊，肖晓春，等．绿色高性能同步注浆干混砂浆的研究与应用［J］．隧道与轨道交通，2020 (2)：46-52.

[11] 肖群芳，魏然，白宇，等．干粉盾构同步注浆料的生产与应用［J］．新型建筑材料，2021，48 (11)：28-30.

作者简介

高辉，女，1981 年生，工学博士，高级工程师，从事建材功能材料研究，联系地址：天津市南开区灵隐道兴泰里 30 号，邮编：gh-online@163. com，电话：18222073301。

石墨烯/水泥基复合材料的制备与性能研究

戴丽聪[1]　步晖涵[2]　唐 超[3]

1. 常州市众华建材科技有限公司，江苏常州，213003；

2. 江苏荣顺园科技有限公司，江苏镇江，212121；

3. 徐州磐通建筑科技有限公司，江苏徐州，221114

摘　要　本文通过超声波分散作用制备氧化石墨烯纳米分散液，并将其加入水泥基复合材料中，测试复合材料的流动度、凝结时间以及力学性能，研究氧化石墨烯对水泥复合材料工作性能和力学性能的影响。结果表明，氧化石墨烯能够促使水泥水化更加全面、更加分散，提高流动度和改善凝结时间，并且形成规整有序的微观结构，从而具有减少水泥中孔隙和裂缝、提高水泥强度和韧性的效果。结果还表明，将石墨烯制成试剂后加入水泥中能够明显提高其强度，还原性石墨烯有助于提高水泥基的平均15%早期抗折强度和28%的28d抗折强度，而早期抗压不明显，28d的抗压强度普遍提高45%；氧化石墨烯（DBS）有助于提高水泥基的平均15%早期抗折强度和30%的28d抗折强度，而抗压早期比较平衡，基本没有多大影响，但是28d抗压强度普遍提高了50%。

关键词　石墨烯；还原石墨烯；氧化石墨烯；水泥基复合材料

Preparation and Properties of Graphene/ Cement-based Composites

Dai Licong[1], Bu Huihan[2], Tang Chao[3]

1. Changzhou Zhonghua Building Materials Technology Co., Ltd., Changzhou, 213003, China

2. Jiangsu Rongshunyuan Technology Co., Ltd., Zhenjiang, 212121, China

3. Xuzhou Pantong Construction Technology Co., Ltd., Xuzhou, 221114, China

Abstract　Graphene is the most ideal two-dimensional nano material at present. In recent years, it has been widely used because of its unique structure and excellent properties such as conductivity, heat conduction and light transmission. Graphene / polymer composites have also been used as a model of successful application of graphene. Graphene oxide is a compound prepared from graphene by redox method. The structure and properties of graphene oxide are very similar to graphene. In this paper, graphene oxide nano dispersion was prepared by ultrasonic dispersion and added into cement-based composites. The fluidity, setting time and mechanical properties of the composites were tested, and the effect of graphene oxide on the working and mechanical properties of cement-based composites was studied. The results show that graphene oxide can promote the hydration of cement to be more comprehensive and dispersed, and form a regular and orderly microstructure, which can reduce pores and cracks in cement and improve the strength and toughness of cement.

Keywords　graphene; reduced graphene; graphene oxide; cement based composites

0 引言

我国的石墨储备、质量、产量及出口均居世界首位，为石墨烯的研究开发提供了丰富的资源。石墨烯自被发现以来，就是科研界的宠儿，人们对它的研究从未停止，诸如在超级电容、能量储存等方面的应用已被发现，但是大规模生产方面还没有可行的工艺，在可控功能化处理以改善其在聚合物中的分散性方面还有待解决[1]。石墨烯的特殊结构决定了它的特殊性质，从分子层面上来看，石墨烯中碳原子的许多性质和苯环上的碳原子很相似，但石墨烯是由很多六元环组成，它边缘的氢原子对分子贡献远小于苯环，因此很多性质又不同。从宏观来看，石墨烯就是单层石墨，它的边缘性质与石墨有相似之处，石墨烯因此具有一部分稠环芳烃和石墨的化学性质，石墨烯骨架周围具有的丰富电子云导致它可轻易地进行 π-π 堆积，形成多层的石墨结构，石墨烯的优良物理性质就是根据这样的特殊结构而获得的[2]。

氧化石墨烯是石墨烯的衍生物之一，是石墨烯经过氧化还原法制备的一种化合物，氧化石墨烯的结构和性质跟石墨烯有很大程度的相似。只是在石墨烯的表面含有羧基、环氧基等基团。这些含氧官能团的存在让氧化石墨烯片层与片层间摆脱了 π-π 范德华力，片层间的距离因此变大，使得氧化石墨烯具有亲水性及与无机材料和聚合物复合的性质[5]。经过研究，当氧化石墨烯的层间距从 0.335nm 增大到 1nm，它能以单片的形式分散在水溶液中，形成稳定的胶体溶液。将氧化石墨烯上的官能团进行化学修饰后，氧化石墨烯能很好地分散于有机溶剂中。此外，氧化石墨烯保留了石墨烯优异的力学性能、电学性能和超大的比表面积，因此氧化石墨烯也具有很高的研究价值[3]。目前，氧化石墨烯最主要的应用是表面功能化和复合材料领域；还原性石墨烯是对氧化石墨烯的（CO）进行化学、加还原液等方法改性的石墨烯。石墨烯具有强度大、韧性好、比表面积大等特点，氧化石墨烯的主要力学性能与石墨烯基本一致，并且氧化石墨烯结构中含有羟基、羧基、环氧基等亲水性基团，对无机非金属材料具有非常好的增强增韧作用。

水泥基材是全世界最大宗的建材之一，水泥基材料结构是目前世界上最为常用的一种结构形式，目前国际上混凝土的发展方向是高性能、绿色、长寿命，对混凝土的性能提出了更高的要求，传统的方法是在水泥基材料中加入高效减水剂、活性矿物粉料或者高性能化学纤维、钢纤维等，此方法的主要问题是仅仅在水泥基材中加入一些物质来改善混凝土的某些性能，但没有改善水泥的微观结构。通过改变水泥的微观结构来改善混凝土的性能，延长混凝土的使用寿命，是一种新的研究思路[5]。氧化石墨烯拥有很高的力学强度，可作为水泥基复合材料的理想材料。氧化石墨烯本身就具有增强的作用，而且含有大量的功能性基团，具有调控水泥水化晶体产物的物质基础[4]。

本文主要研究氧化石墨烯对水泥性能的增强作用，探讨不同类型、不同掺量的石墨烯溶剂对水泥基材料流动度、凝结时间和强度的影响。

1 石墨烯的分散研究

1.1 试验原料的配制

1.1.1 试验原料

直接液相超声剥离法是一种操作方便、绿色环保的方法，该方法能在很大程度上保留石墨烯与改性分子的固有性质，提高其分散性，操作步骤简单、多样化。试验原料见表 1，试验仪器见表 2。

表 1 石墨烯分散液试验原料

试验原料	厂家
还原性石墨烯	常州第六元素材料科技有限公司
氧化性石墨烯	常州第六元素材料科技有限公司
十二烷基苯磺酸钠	西陇科学股份有限公司
蒸馏水	—
标准砂	厦门艾思欧标准砂有限公司

1.1.2　配制步骤

表 2　石墨烯分散液试验仪器

试验仪器	厂家
超声波震荡清洗器	昆山市超声仪器有限公司
磁力加热搅拌机	金坛市白塔新宝仪器厂
烧杯	江苏姜堰市康达实验器材厂
天平	梅勒特托利多（上海）有限公司
称量纸	江苏姜堰市康达实验器材厂

（1）还原性石墨烯试剂的配制

称取所需还原性石墨烯，量取 50mL 的蒸馏水，将称好的石墨烯放入烧杯中，用磁力加热搅拌机搅拌 10min 左右，接着取下放入超声波震荡清洗器，超声波震荡大约 30min 后即可获得配好的还原性石墨烯试剂。

（2）氧化性石墨烯试剂的配制

将配方所需石墨烯含量称好，用准备好的烧杯统一量取 50mL 的蒸馏水，将称好的石墨烯倒入烧杯，并将其放置磁力加热搅拌机上，搅拌约 10min，然后取下，将其在放入超声波震荡清洗器中，超声波震荡 30min 左右，即可得到氧化性石墨烯试剂。

（3）加表面活性剂的氧化性石墨烯试剂的配制

加表面活性剂的氧化性石墨烯简称为氧化性石墨烯（DBS）。用准备好的烧杯统一量取 50mL 的蒸馏水，将称好的石墨烯倒入烧杯，并在其中加入活性表面剂十二烷基苯磺酸钠，并将其放在磁力加热搅拌机中，搅拌约 10min 后，将其在放入超声波震荡清洗器中，超声波震荡 30min 左右，将震荡好的试剂取下即可得到充分分散的石墨烯试剂。

1.2　结果与分析

对三种石墨烯试剂的微观形貌和静置后的外观进行对比，如图 1、图 2 所示。

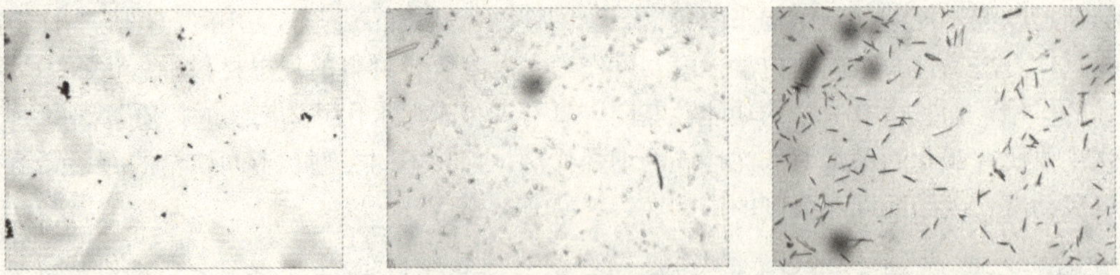

(a) 还原性石墨烯　　(b) 氧化性石墨烯　　(c) 氧化性石墨烯（DBS）

图 1　石墨烯在水溶液中的分散情况（金相显微镜）

(a) 三种石墨烯静置2h　　(b) 三种石墨烯静置3h　　(c) 三种石墨烯静置8h

备注：1-氧化性石墨烯，2-DBS，3-还原性石墨烯

图 2　石墨烯分散液

从图1三张金相显微镜所拍照片来看，第三张照片里的石墨烯试剂能够很好地散布在水中，而第一张里面的石墨烯试剂明显有着团聚现象，石墨烯不能很好地在水中分散，而第二张也同样如此，分散效果不如第三张的好。

从图2的三张图片来看，石墨烯分散液在静置后的若干小时，还原性石墨烯试剂和氧化性石墨烯试剂出现了分层现象，特别是氧化性石墨烯（DBS）分层比较明显，这说明石墨烯试剂即使经过磁力加热搅拌器以及在超声波清洗振荡器中震荡也并不能够很好地分散在水中，而氧化性石墨烯（DBS）能够很好地分散在水中。

2　石墨烯/水泥基复合材料的制备

首先，将水倒入搅拌机里，再加入水泥，将搅拌锅固定在相应位置，开始搅拌，低速搅拌30s后，加入石墨烯溶剂，再均匀加入标准砂，直到加完，开始高速搅拌30s。脱模时要非常小心，可用塑料锤或橡胶榔头或专门的脱模器。对于24h龄期的应在破型前20min内脱模；对于24h以上龄期的，应在成型后20～24h之间脱模。

3　不同类型和不同掺量的石墨烯对水泥复合材料性能的影响

3.1　流动度结果分析

不同掺量的不同类型石墨烯对水泥复合材料的流动度试验结果见表3和图3。

表3　复合材料流动度试验结果

掺量/%	还原性石墨烯/mm	氧化性石墨烯/mm	氧化性石墨烯（DBS）/mm
0	197.0	197.0	197.0
0.01	214.5	201.0	209.9
0.02	195.0	198.0	214.0
0.03	192.0	202.0	198.1
0.04	193.7	170.6	195.4
0.05	198.7	145.9	203.4

注：掺量指的是石墨烯试剂的掺量，下同。

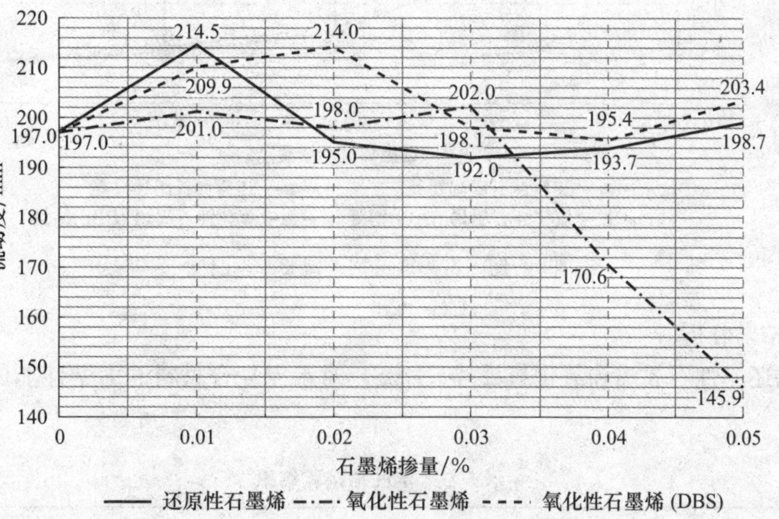

图3　三种石墨烯试剂流动度折线图

如表3和图3所示，外在条件如温度、湿度相同，当加入还原性石墨烯时，水泥基复合材料的流动度随掺量先升高，再减小，而后又升高，这说明了在加入还原性石墨烯后，水泥基复合材料的流动性能得到提升；当加入 0.01%～0.03% 氧化性石墨烯时，对水泥基复合材料的流动性有所改善，但当掺量大于 0.03% 时，则大大降低了水泥基复合材料的流动性；当加入 0.02% 的氧化性石墨烯（DBS）时对水泥基复合材料的流动性改善最为明显，当氧化性石墨烯加入量大于 0.02% 时，则其流动度又降低，这说明应适当选择石墨烯试剂的掺入量，才能更好地提高和改善水泥基复合材料的流动性。

3.2 凝结时间测试结果分析

不同掺量的不同类型石墨烯对水泥复合材料的凝结时间试验结果见表 4 和图 4。从前文试验来看，两种氧化性石墨烯，对水泥复合材料性能影响更有利的是加了表面活性剂的试剂，所以下面的试验均选用还原性石墨烯试剂与氧化性石墨烯（DBS）试剂。

通过表 4 可知，石墨烯含量越高，水泥基复合材料的凝结速度越快，总体来看，石墨烯试剂对水泥基复合材料的凝结时间有加速作用，可以通过向水泥基复合材料添加石墨烯来缩短水泥的凝结时间。

表 4 凝结时间试验结果

掺量/%	还原性石墨烯		氧化性石墨烯（DBS）	
	初凝/min	终凝/min	初凝/min	终凝/min
0.01	240	340	250	347
0.02	140	275	145	283
0.03	70	220	75	225
0.04	50	180	56	188
0.05	41	145	43	149

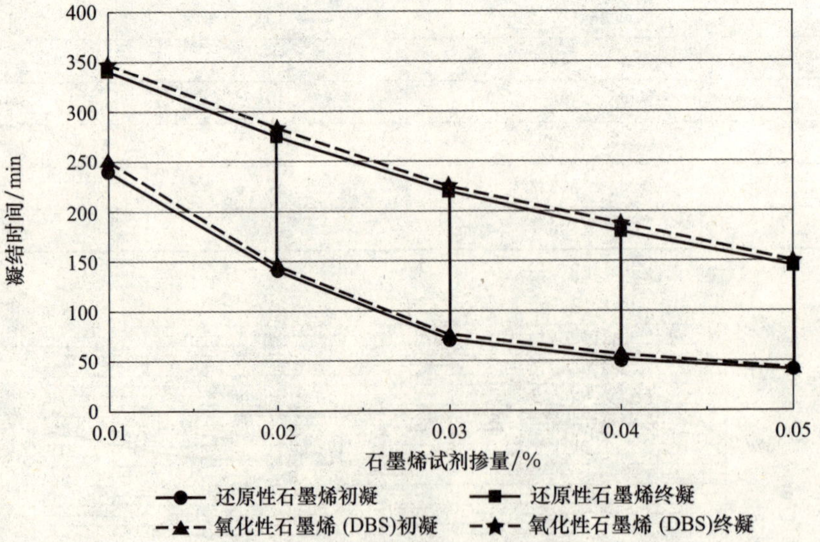

图 4 加入石墨烯试剂水泥浆凝结时间

3.3 力学性能结果分析

不同掺量的还原性石墨烯和氧化石墨烯（DBS）对水泥复合材料的力学性能试验结果见表 5 和图 5、图 6。

表 5 力学性能试验结果

掺量/%	还原性石墨烯				氧化石墨烯（DBS）			
	抗折强度/MPa		抗压强度/MPa		抗折强度/MPa		抗压强度/MPa	
	3d	28d	3d	28d	3d	28d	3d	28d
0	3.5	3.9	27.5	46.9	3.5	3.9	27.5	46.9

续表

掺量/%	还原性石墨烯				氧化石墨烯（DBS）			
	抗折强度/MPa		抗压强度/MPa		抗折强度/MPa		抗压强度/MPa	
	3d	28d	3d	28d	3d	28d	3d	28d
0.01	3.8	4.0	28.2	55.5	3.5	5.1	25.6	68.8
0.02	3.9	4.2	24.3	45.5	3.6	5.5	27.5	71.6
0.03	4.0	5.2	26.5	71.4	3.8	5.6	26.4	74.0
0.04	4.1	5.5	25.9	78.7	3.8	5.9	27.3	74.5
0.05	4.2	5.7	25.7	85.2	4.0	5.9	28.7	75.0

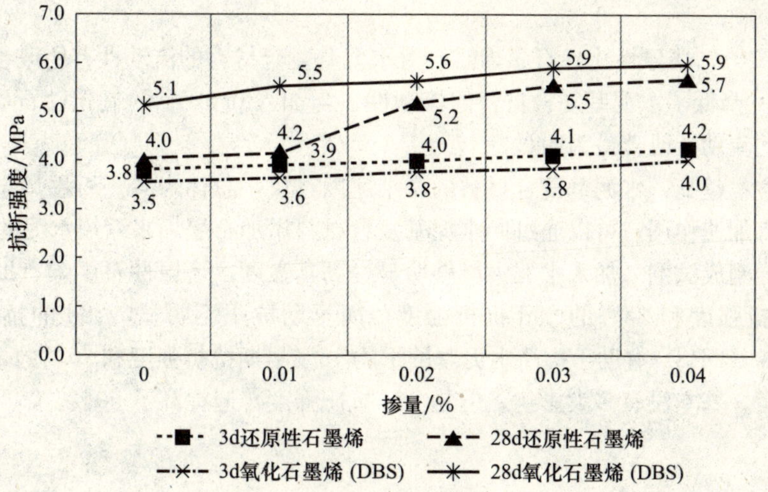

图 5　抗折强度曲线图

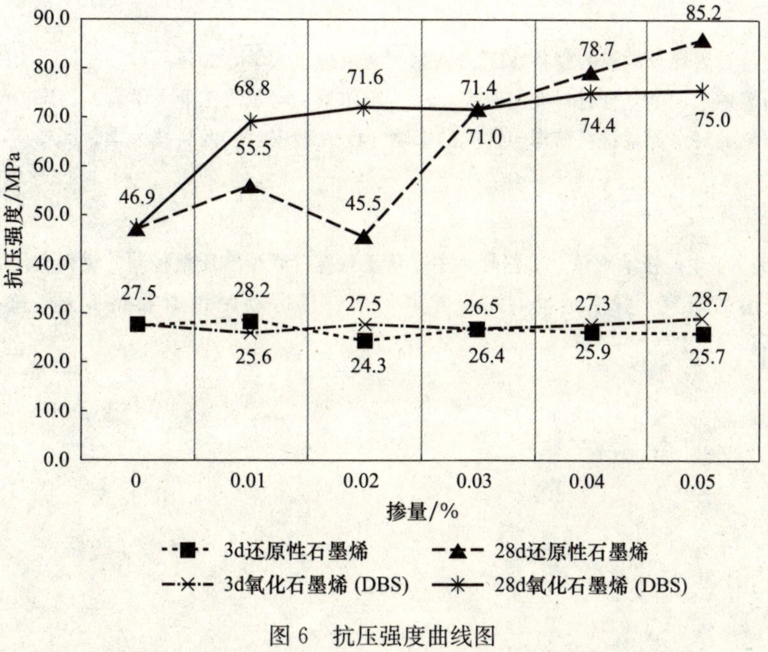

图 6　抗压强度曲线图

表 5 为两种石墨烯分散液在加入水泥基复合材料后，与试块充分填充，其抗折抗压情况。通过试验，从图 5、图 6 看出，我们将两种不同分量的石墨烯加入水泥基复合材料中，将其制成水泥试块，养护后对其进行了 3d 和 28d 的抗折抗压强度测试，由结果可知，不管是还原性石墨烯还是氧

化性石墨烯（DBS）的加入，都对水泥试块的抗折、抗压强度有着明显的提升，而最大可提升50%的抗压强度。试验对石墨烯含量进行了严格的控制，而试验结果告诉我们将石墨烯制成试剂后加入水泥中能够明显提高他的强度，还原性石墨烯有助于提高水泥基的平均15%早期抗折强度和28%的28d抗折强度，而早期抗压不明显，28d的抗压强度普遍提高45%；氧化石墨烯（DBS）有助于提高水泥基的平均15%早期抗折强度和30%的28d抗折强度，而抗压早期比较平衡，基本没有多大影响，但是28d抗压强度普遍提高了50%。

4 结论

在试验中，通过前期对石墨烯的分散有了一定的研究基础后，将石墨烯用于制备石墨烯/水泥基复合材料，取得了很好的效果。在加入石墨烯分散液后，水泥的相关性能得到了很大的提升，具体结论如下：

（1）当加入0.01%还原性化性石墨烯时，对水泥基复合材料的流动性有所改善，但当掺量大于0.03%时，则大大降低了水泥基复合材料的流动性；当加入0.02%的氧化性石墨烯（DBS）时对水泥基复合材料的流动性改善最为明显。

（2）石墨烯含量越高，水泥基复合材料的凝结速度越快，总体来看，石墨烯试剂对水泥基复合材料的凝结时间有加速作用，可以通过向水泥基复合材料添加石墨烯来缩短水泥的凝结时间；

（3）将石墨烯制成试剂后加入水泥中能够明显提高其强度，还原性石墨烯有助于提高水泥基的平均15%早期抗折强度和28%的28d抗折强度，而早期抗压不明显，28d的抗压强度普遍提高45%；氧化石墨烯（DBS）有助于提高水泥基的平均15%早期抗折强度和30%的28d抗折强度，而抗压早期比较平衡，基本没有多大影响，但是28d抗压强度普遍提高了50%。

参考文献

[1] 徐超，陈胜，汪信．基于石墨烯的材料化学进展［J］．应用化学，2011，28（1）：1-9.

[2] 欧阳春平，曾祥斌，郑一泉，等．石墨烯制备、改性及其聚合物复合材料研究进展［J］．化学工程师，2014（6）：43-47.

[3] 唐晶晶．高质量石墨烯分散液的制备［D］．南京：南京理工大学，2013.

[4] 杜涛．氧化石墨烯水泥基复合材料性能研究［D］．哈尔滨：哈尔滨工业大学，2014.

[5] 孙婷．氧化石墨烯对水泥基材料结构与性能的影响［D］．西安：陕西科技大学，2015.

作者简介

戴丽聪，男，1985年生，技术副总，工程师，主要从事预拌砂浆生产质量控制、材料应用和管理，固体废弃物在预拌砂浆生产应用的研究，联系地址：江苏省常州市钟楼区新闸镇新福路8号，邮编：213131，电话：13861279605、13186667771。

净植乳液在内墙耐水腻子中的应用研究

程 双

宝辰联合（廊坊）科技有限公司，河北廊坊，065000

摘　要　内墙耐水型腻子作为乳胶漆施工前的关键材料，对后续施工进度、效果呈现等均起到决定性的作用。本文通过测试不同梯度添加量的净植506A苯丙乳液在内墙耐水腻子膏产品中的性能，针对性地解决传统型内墙耐水腻子层高碱性带来的问题。同时因为506A自身具有柔性，在合理设计配方及添加量时，腻子层具备优秀的柔韧性，对于后期基材产生的收缩应力具有一定的缓冲作用。

关键词　耐水腻子；弱碱性；柔韧性

Study on the Application of Purified Emulsion in Water-resistant Putty for Interior Wall

Cheng Shuang

Bosson Union（LangFang）Technology Co.，LTD.，Langfang，065000，China

Abstract　As the key material before the construction of emulsion paint，the water-resistant putty of interior wall plays a decisive role in the following construction progress and effect. In this paper，the performance of 506A styrene-acrylic emulsion with different gradient addition amount in water-resistant putty paste for interior wall was tested，and the problem of high Ph of traditional water-resistant putty layer for interior wall was solved. At the same time，because 506A has its own flexible type，the putty layer has excellent flexible type when the formula is designed and the amount of putty is added，which can effectively alleviate the small crack caused by external stress.

Keywords　water resistant putty；neutral；flexibility

0　引言

腻子是涂料施工的重要材料，其质量的好坏直接影响着整个涂料工程的质量。近年来，由于高档涂料的迅速发展，墙面腻子的质量和环保性也逐步受到重视[1]。常见建筑腻子都有两种形态，一种是粉状，一种是膏状，耐水腻子也不例外。相比之下，膏状腻子使用方便，性能更易得到保证[2]。本文针对常规内墙水泥基耐水腻子柔韧性差、碱性强等缺点，设计一款耐水性好、柔韧性佳的中性环保型膏状内墙腻子。

1　试验部分

1.1　试验原料

（1）白水泥：江西银杉白水泥有限公司P·W32.5级白水泥，3d抗压强度为24.0MPa，28d抗压强度为38.0MPa。

（2）可再分散乳胶粉：北京宝辰联合科技股份有限公司5025E型号，T_g为0℃，灰分(13±2)%。

（3）苯丙乳液：宝辰联合（廊坊）科技有限公司净植506A型号，T_g<5℃，固含（48±1)%。

（4）甲基羟丙基纤维素：赫克力士化工（南京）有限公司HK75000S型号，黏度75000mPa·s。

（5）聚乙烯醇：上海影佳实业发展有限公司PVA2488型号。

（6）消泡剂：索尔维（镇江）化学品有限公司681F型号。

（7）防腐剂：上海毕特生物科技有限公司BM1型号。

（8）丙二醇、偏高岭土、凹凸棒土、重钙：工业级，市售。

1.2 耐水腻子的制备

试验配方

表1为符合JG/T 298—2010《建筑室内用腻子》中N型标准的水泥基内墙耐水腻子配方，作为本试验中的对比样。表2为非水泥基内墙耐水腻子膏配方，作为本试验中的研究样。

表1　水泥基内墙耐水腻子1号配合比

原材料	数量/%
白水泥	20.00
重钙	77.60
偏高岭土	1.50
可再分散乳胶粉	0.50
HPMC	0.40

表2　非水泥基内墙耐水腻子2号配合比

项目	数量/%
PG	0.6
PVA	0.2
681F	0.2
凹凸棒土	0.3
HPMC	0.25
重钙	67
净植506A	2
BM1	0.25
水	适量

1.3 测定与表征

依照JG/T 298—2010操作方法，在要求规格的无石棉纤维水泥平板、砂浆块或马口铁板上，将腻子填充在相应尺寸及厚度的型框中，用钢制刮板（或刮刀）用力反复压批，确保腻子层密实、表面平整、无残留气泡，除施工性外所有试板均为一次成型。按照GB/T 9278《涂料试样状态调节和试验的温湿度》规定的标准环境：温度（23±2)℃，相对湿度（50±5)%，放置规定的时间后，进行表3中相关性能测试。

表 3　JG/T 298—2010《建筑室内用腻子》室内用腻子的物理性能技术指标

项目			技术指标[a]		
			一般型（Y）	柔韧型（R）	耐水型（N）
容器中状态			无结块，均匀		
低温贮存稳定性[b]			三次循环不变质		
施工性			刮涂无障碍		
干燥时间（表干）/h	单道施工厚度/mm	<2	≤2		
		≥2	≤5		
初期干燥抗裂性（3h）			无裂纹		
打磨性			手工可打磨		
耐水性			—	4h 无起泡、开裂及明显掉粉	48h 无起泡、开裂及明显掉粉
粘结强度/MPa	标准状态		>0.30	>0.40	>0.50
	浸水后		—	—	>0.30
柔韧性			—	直径 100mm，无裂纹	—

[a] 在报告中给出 pH 实测值。

[b] 液态组成或膏状组成需测量此项指标。

2　试验结果与讨论

2.1　关键指标测试

测定对比样 1 号和研究样 2 号的粘结强度和 pH 值，结果如图 1 和图 2 所示。

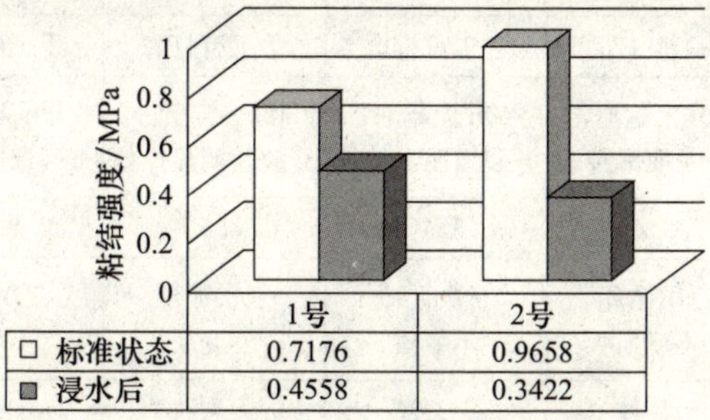

图 1　耐水腻子不同状态下的粘结强度

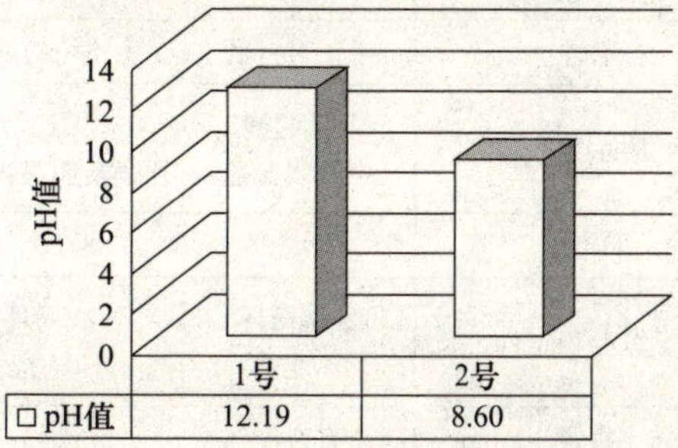

图 2　耐水腻子的 pH 值

1 号和 2 号腻子的粘结强度均能够通过内墙耐水腻子标准，符合技术要求。其中 1 号的 pH 值 12.19 远高于 10，对后续施工的涂料成膜质量以及色浆都会有一定的负面影响，依照涂料的施工规范，需要养护至基材 pH 值<10 才能进行涂料施工，或者施涂抗碱底漆来避免可能出现的泛碱、发花等弊病；而 2 号腻子的 pH 值 8.60 远低于 10，呈弱碱性，有利于缩短后续工期，减少人工费用。

2.2　其他常规指标测试

从表 4 看出，1 号和 2 号腻子的常规性能均能够通过内墙耐水腻子标准，符合技术要求。

表 4　常规性能指标测试表

检测项目	耐水型（N）	1 号	2 号
初期干燥抗裂性（3h）	无裂纹	无裂纹	无裂纹
打磨性	手工可打磨	手工可打磨	手工可打磨
耐水性	48h 无起泡、开裂及明显掉粉	48h 无起泡、开裂及明显掉粉	48h 无起泡、开裂及明显掉粉
低温储存稳定性	三次循环不变质	三次循环不变质	三次循环不变质

2.3　净植506A添加量对腻子层柔韧性的影响

调整2号腻子中净植506A苯内乳液的添加量，从2%～10%设置梯度，保持其他条件不变，制成3号、4号、5号和6号试验样品，与1号、2号进行横向对比，在马口铁上制膜，养护7d后，进行柔韧性测试，见表5。

表5　不同比例506A对柔韧性的影响情况

编号	1号	2号	3号	4号	5号	6号
506A加量/%	—	2	4	6	8	10
腻子膜柔韧性（100mm）	开裂	无裂纹	无裂纹	无裂纹	无裂纹	无裂纹
腻子膜柔韧性（50mm）	开裂	开裂	轻微开裂	无裂纹	无裂纹	无裂纹

由表5可以看出，2号同时能够满足耐水型腻子和柔韧型腻子的要求。当506A添加至6%时，马口铁测试柔韧性通过50mm绕棒不开裂。T_g表征了高分子链段运动能力，和高分子链的柔性有关。高分子链的柔性越好，T_g值越低；高分子链的刚性越好，T_g值越高。净植506A的T_g值<5℃，在常温下高分子链呈柔性状态，对于后期基材产生的收缩应力具有一定的缓冲作用。而常规水泥基耐水腻子属于脆性材料，当马口铁板沿着铁柱进行弯折试验时，水泥基腻子层会因无法承受应力开裂的影响而随之开裂。

2.4　理化性能全面测试

依据JG/T 298—2010中室内用腻子的物理性能技术指标，测评1号～6号试样汇总物理性能，见表6。

表6　物理性能汇总

检测项目		1号	2号	3号	4号	5号	6号
初期干燥抗裂性（3h）		无裂纹	无裂纹	无裂纹	无裂纹	无裂纹	无裂纹
粘结强度/MPa	标准状态	0.7176	0.9658	1.1302	1.3001	1.6185	1.7763
	浸水后	0.4558	0.3422	0.4768	0.9854	1.2364	1.3345
打磨性		手工可打磨	手工可打磨	手工可打磨	手工可打磨	手工可打磨	手工可打磨
耐水性		4h无起泡、开裂及明显掉粉	48h无起泡、开裂及明显掉粉	48h无起泡、开裂及明显掉粉	48h无起泡、开裂及明显掉粉	48h无起泡、开裂及明显掉粉	48h无起泡、开裂及明显掉粉
pH值		12.19	8.60	8.59	8.57	8.56	8.55
低温贮存稳定性		三次循环不变质	三次循环不变质	三次循环不变质	三次循环不变质	三次循环不变质	三次循环不变质
腻子膜柔韧性	直径100mm	有裂纹	无裂纹	无裂纹	无裂纹	无裂纹	无裂纹
	直径50mm	有裂纹	有裂纹	有裂纹	无裂纹	无裂纹	无裂纹

在腻子膏配方中，当乳液含量达到2%时，可通过100mm柔韧性测试而不产生裂纹；当乳液含量达到6%时，可通过50mm柔韧性测试而不产生裂纹。

2.5　施工对比

将1号～6号进行施工对比，考察现场施工气味、施工感受、打磨性及施工24h后的pH值差异，见表7。

表7　施工实操对比

检测项目	1号	2号	3号	4号	5号	6号
施工气味（满分5分，数值越高，气味越低）	1分，碱味	4分，几乎无味	4分，几乎无味	4分，几乎无味	4分，几乎无味	4分，几乎无味
批刮手感	轻松	轻松	轻松	轻松	轻松	轻松
打磨性	良好	良好	良好	良好	良好	良好
24hpH值（试纸）	11	8	8	8	8	8

由表7可以得知，内墙水泥基耐水腻子在养护1d后，pH值并未达到后续施工要求，水泥基或者灰钙基耐水腻子在未完全水合固化前呈碱性，碱性会随其固化过程逐渐递减，需要更长的养护时间；而本试验中用到的腻子膏方案本身为弱碱性，作为凝结材料的苯丙乳液pH值为7±1，施工后随着水分挥发开始凝结粘连产生作用，2号～6号腻子膏在腻子层干燥后24h即可快速进入下一步施工，有效缩短施工周期。本试验中乳液最主要的作用在于作为成膜物质，包裹在无机物粉体表面，依靠其成膜后自身的耐水性和柔性实现腻子层的耐水和柔韧性能。该苯丙乳液成膜温度低于5℃，能够在室温下良好成膜，不需要额外添加助溶剂，是高环保性的保证。另外，乳液生产过程中不使用氨水作为pH值调节剂，因此腻子膏施工后在弱碱性条件下无氨释放，气味极低。

3 结语

(1) 内墙水泥基耐水腻子因自身特性，在一定时期内pH值偏高，对于后续施工有一定的影响，而506A耐水腻子膏配方在施工前后均为弱碱性，需要的养护周期更短，和乳胶漆尤其是色漆的兼容性好，有利于室内最终效果的呈现。

(2) 苯丙乳液在添加量2%时，同时达到内墙腻子耐水性和柔韧性的标准，更有利于内墙最终装饰效果的持久性，消费者受益。

(3) 苯丙乳液在添加量达到6%时，腻子柔韧性测试50mm绕棒不开裂，对于后期基材产生的收缩应力具有一定的缓冲作用。

(4) 腻子膏即开即用，施工简便，避免了不同人员施工时无法保证质量的问题。

参考文献

[1] 张朝辉，王沁芳，张菁燕，等．内墙膏状腻子的研制［J］．化学建材，2009，25（3）：35-36.
[2] 吴军，杨永强．内墙耐水腻子膏的研制［J］．中国涂料，2012，27（12）：52-54.

作者简介

程双，女，1985年生，联系地址：河北省廊坊市经济开发区友谊路462号，邮编：065000，电话：15075671528。

基于生命周期理论的预拌砂浆绿色产品指标分析与讨论

张 晋　孙志强　陈华龙　李保金　田 源　袁俣铖

北京国建联信认证中心有限公司，北京，100831

摘　要　生命周期评价是绿色产品认证的理论基础。本文从典型预拌砂浆产品的生命周期评价结果出发，对影响预拌砂浆产品的绿色化指标进行了研究与探讨，结合我国的绿色产品认证相关指标体系的构建，分析了相关标准应用的优势与局限，得出以下结论：①原材料生产阶段是砂浆产品全生命周期环境影响的最主要来源，砂浆产品生产通常以物理拌和为主，因此生产阶段是相对环境影响最小的单元过程。②绿色产品相关指标由于要考虑到资源、能源、环境、品质等属性的“面面俱到”，一定程度上让不同产品的差异化环境影响难以得到突出体现。③对于预拌砂浆产品而言，充分运用生命周期评价工具，科学制定绿色化特征指标，是引导企业扩大绿色产品生产，提升消费者绿色产品消费信息的重要基础与支撑。

关键词　预拌砂浆；生命周期评价；绿色产品；认证

Analysis and Discussion on Indicators of Green Product of Ready-mixed Mortar Based on Life Cycle Theory

Zhang Jin，Sun Zhiqiang，Chen Hualong，Li Baojin，Tian Yuan，Yuan Yucheng

Beijing Guojian Lianxin Certification Center，Beijing，100831，China

Abstract　Life cycle assessment is the theoretical basis of green product certification. Based on the life cycle evaluation results of typical ready-mixed mortar products，the paper studies and discusses the green indicators that affect ready-mixedmortar products. Analyzed the advantages and limitations with the Chinese green product certification related index system. The following conclusions are drawn：①In the whole life cycle of mortar products，raw material obtaining phase is the main source of the environmental impact，and the production phase is usually with the least environmental impact. ②The indicators related to green products need to take into account the “all aspects” of resources，energy，environment，quality and other attributes，which makes it difficult to highlight the differentiated environmental impact of different products to a certain extent. ③For ready-mixed mortar products，making full use of life cycle assessment tools and scientifically formulating green characteristic indicators，which is an important basis and support for guiding enterprises to expand production of green products and improving consumer information on green product consumption.

Keywords　ready-mixed mortar；life cycle assessment；green product；certification

0　引言

推广绿色建材是我国“十四五”期间完善新型城镇化战略、提升城镇化发展质量的重要举措之一，同时也是建材行业碳达峰行动的组成部分之一。国务院《2030 年前碳达峰行动方案》中明确提出要加快推进绿色建材产品认证和应用推广。

预拌砂浆作为建筑施工、家庭装饰装修不可或缺的一类材料，近年来随着生产企业绿色发展意识的提升以及下游用户对绿色建材需求的增长，行业内绿色建材认证等工作整体呈现快速增长态势，绿色发展水平也取得了显著提升。

1 绿色产品认证的发展

1.1 国内外绿色产品体系

绿色产品在全球范围内并没有形成统一的概念与认定方法。产品全生命周期环境影响的最小化是目前各国发布的相关标准及指标中对绿色产品判定的基本原则。当前国际主流的绿色产品评价方法包括采用生命周期评价、采用环境标志认证等方法[1]，见表1。

表1 Ⅰ型标志和Ⅱ型、Ⅲ型环境声明的特点

项目	Ⅰ型环境标志 (GB/T 24024)	Ⅱ型自我环境声明 (GB/T 24021)	Ⅲ型环境信息声明 (GB/T 24025)
特点	环境标志计划是向符合一系列既定要求的产品授予的环境标志。该环境标志表明在特定的产品种类中，这些产品具有环境优越性。	自我环境声明是由制造商、进口商、分销商、零售商或其他任何可能从此类商品中获益的一方自行做出的环境声明。声明的可靠性至关重要。	环境信息声明是指产品整个生命周期中量化的环境信息，是由产品的供应者提供，它是在独立验证的基础上（经过严格审查）通过一套不同种类的参数表现出来的系统化数据资料。

欧盟于2013年发布了《建立绿色产品单一市场》和《更好的促进产品和组织环境绩效信息》两项提案，计划通过开发产品环境足迹（PEF）和组织环境足迹（OEF）两种全生命周期的评价环境影响的方法对现有的绿色产品体系进行整合。2021年12月，经过多年的验证与试点，欧盟委员会修订出台《关于使用环境足迹方法的建议》，基于LCA理论，涵盖了16种环境影响，包括气候变化，以及与水、空气、资源、土地利用和毒性相关的影响[2]。

1.2 我国的绿色建材制度发展

2013年1月，国务院办公厅发布《关于转发发展改革委 住房城乡建设部绿色建筑行动方案的通知》，此后，住房城乡建设部等部位牵头开始推动绿色建材评价标识等工作的开展。至2021年，全国已经发出三星级绿色建材评价标识1157张，二星级标识647张，一星级标识38张[3]。

2016年，国务院发布《关于建立统一的绿色产品标准、认证、标识体系的意见》，2017年，GB/T 33761—2017《绿色产品评价通则》正式发布实施，我国的绿色产品认证体系启动实施，此后认监委陆续发布了12类产品的认证目录，至2021年，全国范围已发出360余张证书。2021年，由住房城乡建设部等五部委牵头，原有的绿色建材评价标识也正式转换为绿色建材产品认证，作为绿色产品认证体系的补充正式上线。

无论是绿色产品还是绿色建材产品，GB/T 33761当中所明确的资源、能源、环境、品质四个属性所搭建的指标体系是目前我国绿色产品认证制度所遵循的基本框架。

2 预拌砂浆产品的生命周期评价

2.1 预拌砂浆产品生命周期评价的范围

1. 功能单位的确定

功能单位是进行产品生命周期评价的开始，其作用主要用来量化具体产品的功能。对于砂浆等产品，通常以单位产品数量作为其功能单位，如1t干混砂浆或1m^3湿拌砂浆。

2. 系统边界的确定

确定系统边界是生命周期评价的关键步骤。所谓系统边界即确定哪些单元过程属于产品系统的

一部分[4]。在设定不同产品生命周期评价的系统边界时，通常分两类情形考虑：一类是当产品作为过程产品，用做下游生产或施工的原材料时，重点关注从原材料获取到产品出厂的过程（摇篮到大门）；另一类是当产品直接进入终端消费市场时，重点关注从原材料获取到产品废弃处置的全生命周期过程（摇篮到坟墓）。

目前我们所说的预拌砂浆产品主要指以水泥、细骨料（砂）为主要原材料生产的用于建筑物内外表面施工的工程材料，除此之外，用于家庭装饰装修的部分非水泥基功能性产品有时也会纳入预拌砂浆产品分类。图1所示为目前三类主要砂浆产品通常采用的生命周期系统边界。

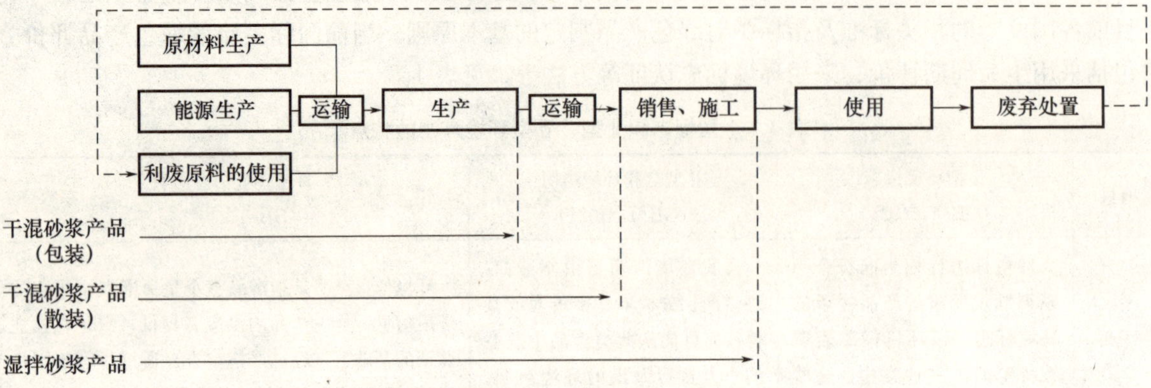

图1 预拌砂浆产品生命周期评价的系统边界图

2.3 不同类型砂浆产品的生命周期影响评价（LCIA）

T/CBMF 32—2018《产品生命周期评价技术规范 干混砂浆》和T/CBMF 33—2018《产品生命周期评价技术规范 预拌混凝土和湿拌砂浆》是中国建筑材料联合会发布的两项针对预拌砂浆产品种类规则（PCR），当中规定了不同类型预拌砂浆产品各生命周期阶段所需考虑的必要环境影响类型包括全球变暖、颗粒物形成、人体毒性（包括人体毒性-致癌损害和人体毒性-非致癌损害）、陆地生态系统酸化、矿产资源耗竭和化石能源耗竭。

选取部分国内典型生产企业所生产的三类砂浆产品（以水泥基工程类砂浆为研究对象，均无烘砂过程，原料砂以尾矿机制砂类为主）的生命周期影响进行评价。从不同单元过程的环境影响占比来看，原材料生产阶段是砂浆产品环境影响的最主要来源，砂浆产品生产通常以物理拌和为主，因此生产阶段是相对环境影响最小的单元过程，如图2～图6所示。

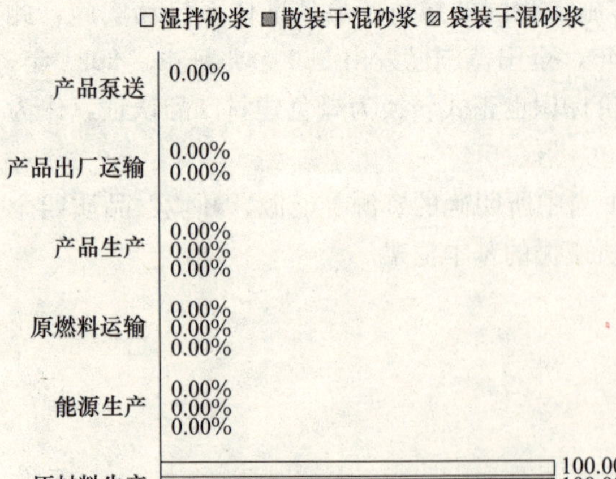

图2 各单元过程矿产资源耗竭影响占比

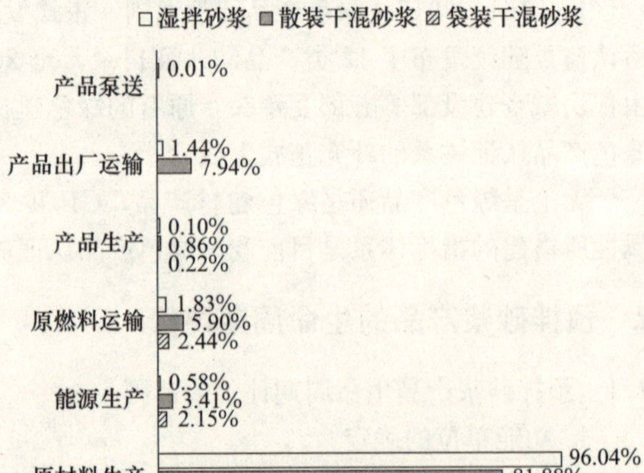

图3 各单元过程全球变暖影响占比

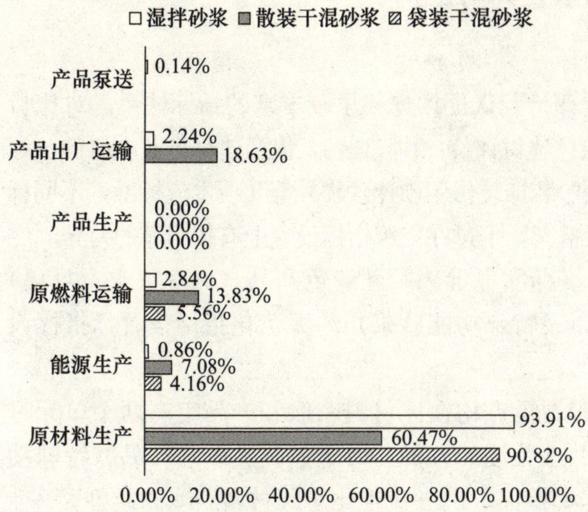

图 4 各单元过程化石能源耗竭影响占比

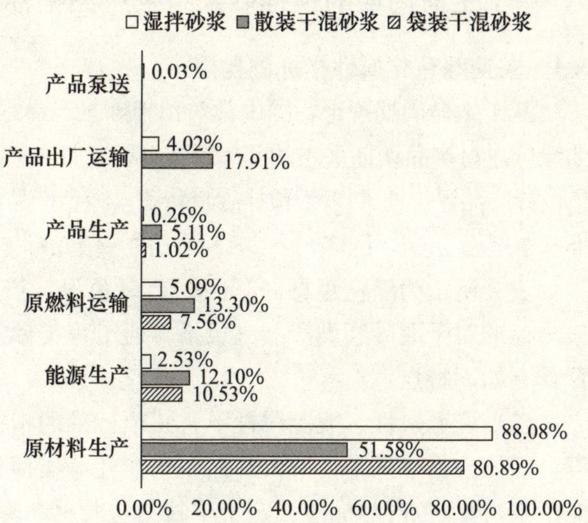

图 5 各单元过程陆地生态系统酸化影响占比

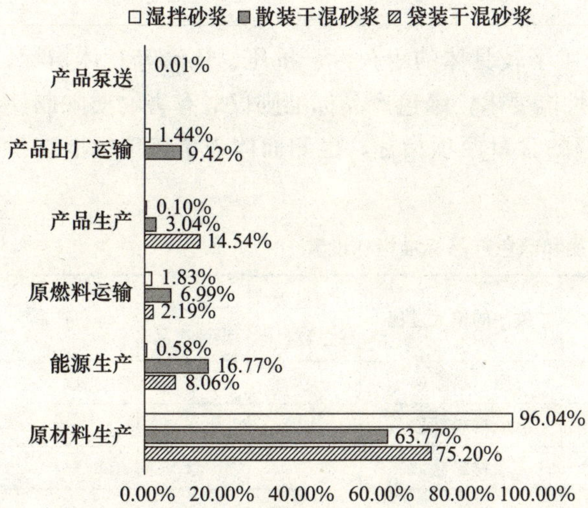

图 6 各单元过程颗粒物形成影响占比

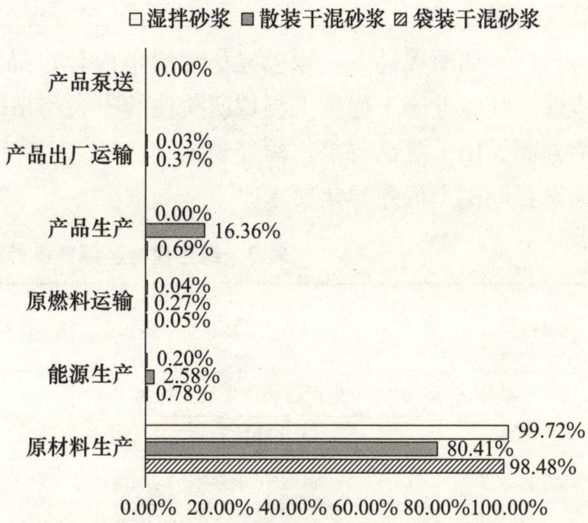

图 7 各单元过程人体毒性影响占比

碳排放是全球气候变暖的最主要原因，水泥生产受熟料生产阶段能源消耗及碳酸盐原料分解的影响，碳排放强度较高，因此，砂浆产品原材料中水泥所占比例越高，原材料生产阶段对全球变暖的影响越突出，如图 3 所示，其贡献了砂浆产品生命周期 80％以上的全球变暖影响，其中湿拌砂浆达到 96％。

从图 4、图 5 可以看出，化石能源耗竭和陆地生态系统酸化两类环境影响具有明显的相关性。在没有烘砂工序的前提下，可以看出产品生产阶段不存在化石能源耗竭影响，由于系统边界的差异，造成三类产品化石能源耗竭及陆地生态系统酸化影响在不同单元过程的分布有较明显差异。

颗粒物的形成是砂浆拌和过程较突出的环境影响类型。从图 6 可以看出，干混砂浆产品各单元过程均有明显颗粒物形成影响，湿拌砂浆则主要集中在原材料生产阶段。

基于对不同类型砂浆生命周期影响评价结果，我们可以具体识别出在各单元过程中环境影响最突出的因素，从而可以针对性地提出相应指标绿色改进的思路，这也是绿色产品、绿色建材等标准指标体系设计过程中的基本思路。

3 基于生命周期的预拌砂浆绿色产品指标体系设计与应用

3.1 关键绿色化属性指标的构建

基于生命周期理论，国内针对预拌砂浆产品绿色评价及认证构建起了较丰富的指标体系。对比目前绿色建材产品认证采用的T/CECS 10048—2019《绿色建材评价 预拌砂浆》，以及建材行业在研的《绿色设计产品评价技术规范 预拌砂浆》和《绿色产品评价 装饰装修用预拌砂浆》等几项主流标准，不同标准基本遵循了GB/T 33761—2017给出的一级指标体系框架，不过在二级指标设置上有较明显的差异。

表2所示为绿色建材（3星级）、绿色设计产品（标准报批稿）和绿色产品（标准征求意见稿）三个标准对干混砂浆类产品（包括普通工程类砂浆以及特殊功能砂浆）的绿色化指标设置，指标设置具有如下特点：

（1）资源属性、能源属性下，三项标准的指标设置重点均在原材料获取和产品生产两个单元过程，固体废物掺加率、单位产品生产能耗等指标是共性关注的方面。对于包装类砂浆产品（特殊功能砂浆），绿色产品标准设定了单独的包装材料降解率指标，进一步细化了原材料获取的类型；

（2）环境属性下最明显的区别是绿色产品标准相比其他两项标准增加了产品使用阶段TVOC和甲醛的释放量指标，这两项指标的增加将绿色产品标准的评价范围进一步延伸到了产品使用这一单元过程；

（3）品质属性下，绿色建材和绿色设计产品设置了较具体的耐久性、抗压、抗渗等具体指标，体现了其服务于工程施工领域所关注的更为严格的性能要求，绿色产品标准则仅对有害物质限制使用方面提出了更高要求，额外规定了TVOC和甲醛的含量两项指标，也侧面体现了该项标准在指标设置原则上的差异化要求。

表2 绿色建材、绿色设计产品和绿色产品标准指标设置

一级指标	二级指标		关注的单元过程	三星级绿色建材[5]	绿色设计产品	绿色产品
资源属性	生产过程产生废弃物利用率		原材料获取	√	√	√
	固体废物掺加率		原材料获取	√	√	√
	散装率		原材料获取	√	√	—
	纸袋类包装材料降解率（仅特殊功能砂浆适用）		原材料获取	—	—	√
能源属性	单位产品生产能耗	无破碎制砂和烘砂工艺	产品生产、产品运输	√	√	√
		有破碎制砂、无烘砂工艺		√	√	√
		无破碎制砂、有烘砂工艺		√	√	√
		有破碎制砂和烘砂工艺		—	√	—
	原材料绿色运输率（原材料本地化程度）		原材料运输	√	√	√
环境属性	生产区内生产时段无组织排放总悬浮颗粒物		产品生产	—	—	√
	生产过程颗粒物有组织排放		产品生产	—	√	—
	放射性比活度	I_{ra}	产品生产	√	√	√
		I_r		√	√	√
	可溶性重金属含量	铅	产品生产	—	—	√
		镉		—	—	√
		铬		—	—	√
		汞		—	—	√

续表

一级指标	二级指标		关注的单元过程	三星级绿色建材[5]	绿色设计产品	绿色产品
环境属性	磷石膏水溶性氟离子含量（干基）（仅特殊功能砂浆适用）		原材料获取	—	√	—
	脱硫石膏氯离子含量（仅特殊功能砂浆适用）		原材料获取	—	√	—
	总挥发性有机化合物（TVOC）释放量（仅特殊功能砂浆适用）		产品使用	—	—	√
	甲醛释放量（仅特殊功能砂浆适用）		产品使用	—	—	√
	环境产品声明（EPD）或碳足迹报告		—	—	—	√
品质属性（产品属性）	冻融循环后抗压强度损失率		产品使用	√	—	—
	冻融循环后强度损失率设计值和实测值的比值（仅特殊功能砂浆适用）		产品使用	√	√	—
	耐水、耐冻融拉伸强度实测值与设计值的比值（仅特殊功能砂浆适用）		产品使用	√	√	—
	拉伸粘结强度实测值与设计值的比值		产品使用	√	√	—
	抗压强度实测值与设计值的比值		产品使用	√	√	—
	抗压、抗折强度实测值与设计值的比值（仅特殊功能砂浆适用）		产品使用	√	√	—
	原始拉伸粘结强度实测值与设计值的比值（仅特殊功能砂浆适用）		产品使用	√	√	—
	抗渗实测值与设计值的比值（仅特殊功能砂浆适用）		产品使用	√	√	—
	质量满足相应产品标准要求		产品使用	—	—	√
	可溶性重金属含量	铅	产品生产	—	√	—
		镉	产品生产	—	√	—
		铬	产品生产	—	√	—
		汞	产品生产	—	√	—
	挥发性有机物（VOCs）含量		产品生产	—	—	√
	甲醛含量		产品生产	—	—	√

3.2 现行预拌砂浆产品绿色相关标准应用的优势与局限

通过表 2 可以看出，目前的指标体系的关注重点主要在产品生产及使用两个单元过程，如图 8 所示，31 项指标中，与产品生产、产品使用相关的指标占比达到 74%，原材料获取相关的指标占比在 20%。指标体系的设计上基本涵盖了生命周期的各单元过程，体现了我国绿色产品相关标准的综合性与全面性。

不过对于预拌砂浆产品“摇篮到大门”的系统边界内，生产过程是其全生命周期环境影响最低的单元过程，将大量指标聚焦于此，标准焦点产生了模糊。指标的面面俱到则让不同产品的差异化属性难以得到突出体现。

此外，对于使用过程的指标设置，由于目前国内对于预拌砂浆产品的生命周期评价很少延伸至“摇篮到坟墓”过程，因此，就装饰装修类砂浆产品为代表的一大类直接面向终端消费者的砂浆产品而言，为更综合客观地分析其环境影响，在生命周期评价的过程中应延伸其系统边界，进一步为绿色产品的指标设置提供依据。

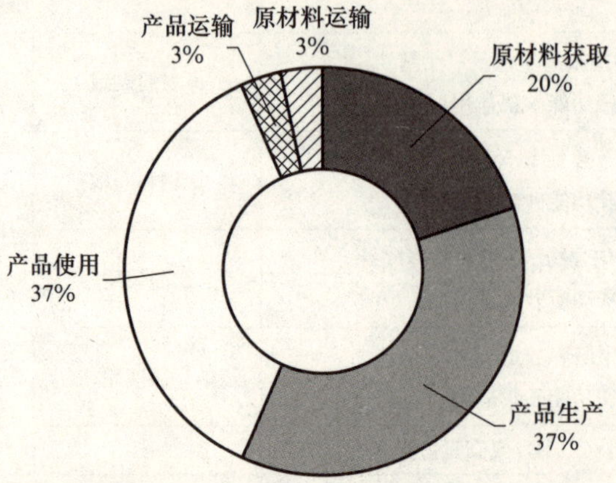

图 8　预拌砂浆产品绿色相关标准的指标分布情况

4　小结与讨论

本文从典型预拌砂浆产品的生命周期评价结果出发，对影响预拌砂浆产品的绿色化指标进行了研究与探讨，结合我国的绿色产品认证相关指标体系的构建，分析了相关标准应用的优势与局限。

原材料生产阶段是砂浆产品全生命周期环境影响的最主要来源，砂浆产品生产通常以物理拌和为主，因此生产阶段是相对环境影响最小的单元过程。目前国内预拌砂浆产品生命周期评价研究以及绿色指标体系设计方面仍然有很多需要解决的问题。一是相关指标的“面面俱到”，让不同产品的差异化环境影响难以得到突出体现；二是对于预拌砂浆产品基本以“摇篮到大门”的半生命周期评价为主流，对于装饰装修类砂浆产品为代表的直接面向终端消费者的砂浆产品而言，生命周期评价边界不完整，间接地影响了相关绿色产品指标体系设计的科学性与完整性。

工信部《“十四五”工业绿色发展规划》提出要加大绿色低碳产品供给，构建从基础原材料到终端消费品全链条的绿色产品供给体系。对于预拌砂浆产品而言，充分运用生命周期评价工具，科学制定绿色化特征指标，是引导企业扩大绿色产品生产，提升消费者绿色产品消费信息的重要基础与支撑。

参考文献

[1]　张澜沁，刘珊珊．国外绿色建材评价及对中国的启示［J］．建设科技，2016（8）：3.

[2]　Commission recommendation on the use of the environmental footprint methods，European Comission，2021，12.

[3]　刘庆祎，尹靖宇，张晋，等．浅析绿色建材评价标识、绿色产品认证和绿色建材产品认证的异同［J］．中国建材，2021（6）：4.

[4]　全国环境管理标准化技术委员会．环境管理 生命周期评价 原则与框架：GB/T 24040—2008［S］．北京：中国标准出版社，2008.

[5]　中国工程建设标准化协会．绿色建材评价 预拌砂浆：T/CECS 10048—2019［S］．北京：中国标准出版社，2020.

作者简介

张晋，男，1985 年生，高级工程师，联系地址：北京市海淀区三里河路 11 号，邮编：100831，电话：13691003690。

二、石膏基预拌砂浆

Ⅱ. Gypsum-based Ready-mixed Mortar

石膏品位及其组成测试计算

冯秀艳[1] 滕朝晖[2] 国爱丽[1] 赵小军[1]
1. 北京建筑材料检验研究院股份有限公司，北京，100041；
2. 山西建筑材料工业设计研究院有限公司，山西太原，030000

摘　要　随着我国石膏建材工业的迅速发展，在生产工艺过程、科研设计工作中，对石膏原料的质量要求与控制比以往更加严格。具有一定生产能力的工艺设备相应地要求有一定品位（即 $CaSO_4 \cdot 2H_2O$ 含量）的石膏原料，如何正确地进行石膏品位和其他组成物的检测与计算，对石膏建材工业的高质量发展有着重要意义。本文以天然石膏、化学石膏 2 大类石膏样品为研究对象，着重探讨石膏品位和矿物组成的计算方法，以及结晶水的测定温度，为全面了解各种石膏原料的质量情况提供一定依据。
关键词　石膏建材；质量要求；石膏品位；矿物组成；结晶水测定温度

Test and Calculation of Gypsum Grade and its Composition

Feng Xiuyan[1], Teng Zhaohui[2], Guo Aili[1], Zhao Xiaojun[1]
1. Beijing Building Materials Testing Academy Co., Ltd., Beijing, 100041, China;
2. Shanxi Architectural Industry Design and Research Institute Co., Ltd.,
Taiyuan, 030000, China

Abstract　With the rapid development of gypsum building materials industry in China, the quality requirements and control of raw gypsum are more strict than ever in the production process and scientific research and design. The process equipment with certain production capacity correspondingly requires gypsum with certain grade (i. e. $CaSO_4 \cdot 2H_2O$ content). How to correctly detect and calculate gypsum grade and other components is of great significance to the high-quality development of gypsum building materials industry. Taking natural gypsum and chemical gypsum as the research object, this paper focuses on the calculation method of gypsum grade and mineral composition, as well as the determination temperature of crystal water, so as to provide a certain basis for a comprehensive understanding of the quality of various gypsum raw materials.
Keywords　gypsum building materials; quality requirements; gypsum grade; mineral composition; measuring temperature of crystal water

0　引言

石膏建材工业在我国已经迅速地得到发展，在生产工艺过程和科研设计工作中，对石膏原料的质量要求与控制比以往更加严格，具有一定生产能力的工艺设备相应地要求有一定品位（即 $CaSO_4 \cdot 2H_2O$含量）的石膏原料。石膏品位的过高或过低，将引起工艺过程的不平衡。石膏原料中杂质的种类和含量，不仅影响工艺设计中的设备选型，还影响到应用性能的发挥[1-3]。因此无论是建厂设计或生产工艺控制过程，都要首先对所选用的石膏原料有明确的质量要求以及对质量情况的全面了解。

衡量石膏原料质量高低的指标有：石膏品位、矿物组成及有害成分 Na^{+}、K^{+} 和 Cl^{-} 的含量。国内在石膏品位的计算方法上看法尚不一致，并忽视了矿物组成的计算。同时，与计算石膏品位有直接关联的结晶水的测定温度，不仅在国内，而且在国外都没完全统一。本文以 6 个矿山近 20 种天然石膏和 2 种化学石膏样品为研究对象，对其进行较为系统的物理化学分析，初步确定影响石膏品位的主要杂质的种类，着重探讨了石膏品位和矿物组成的计算方法，以及结晶水的测定温度，为全面了解各种石膏原料的质量情况提供一定依据。

1 原材料及试验方法

试验中所用的石膏原料为山西的灵石、西山，宁夏的干塘、小红山以及湖北应城等地的天然石膏，南京化学公司的磷石膏、湖南湘乡的氟石膏。石膏原料经磨细全部通过 4900 孔筛，取 30～40g 试样，平铺于表面皿上，于 55～60℃烘 3h，以烘干过的试样作为化学分析的基准。SO_3 用重量法测定，CaO、MgO、Al_2O_3 和 Fe_2O_3 用 EDTA 容量法测定，K_2O 和 Na_2O 用火焰光度法测定，CO_2 用盐酸分解法测定。测定结果见表 1。

表 1 各种原料石膏的化学成分 %

化学成分 / 原料产地	H_2O (360℃)	SO_3	CaO	酸不溶物	Fe_2O_3	Al_2O_3	MgO	K_2O	Na_2O	CO_2	总量
灵石 1#	18.71	41.95	33.53	1.78	0	0.26	0.4	0.15	0.02	3.44	100.27
灵石 2#	16.96	38.42	32.86	0.80	0.04	0.26	3.13	0.10	0.04	7.84	100.48
灵石 3#	20.38	45.38	33.54	0.16	0	0.13	0	0.10	0.09	0.79	100.57
灵石 5#	19.31	46.03	33.61	0.90	0.07	0	0.33	0.12	0.06	1.19	101.62
西山 1#	6.33	13.17	28.24	9.24	0.55	0.31	12.80	0.58	0.05	28.35	99.62
西山 2#	14.44	47.78	35.38	0.84	0	0.18	0.22	0.12	0.05	1.34	100.35
干塘 1#	14.51	32.38	29.01	15.80	0.66	0.38	0.98	0.84	0.08	5.15	100.17
干塘 2#	20.00	45.21	32.48	1.42	0.06	0	0.16	0.13	0.16	0.91	100.53
干塘 3#	20.60	46.10	32.14	0.52	0.06	0.07	0	0.07	0.05	0.22	99.87
小红山 1#	17.49	39.10	36.24	0.28	0	0.19	0.05	0.07	0.08	6.72	100.22
小红山 2#	16.17	35.98	37.52	0.48	0	0.12	0.27	0.09	0.04	9.65	100.32
应城 1#	20.47	45.79	31.88	1.46	0.06	0.12	0.32	0.16	0.09	0.17	100.52
应城 3#	12.51	33.24	26.84	17.82	0.06	0.82	1.84	1.01	0.72	4.85	99.71
应城 4#	14.26	32.34	27.67	17.76	0.21	1.01	0.70	1.07	0.68	4.54	100.24
淅川 1#	16.11	35.74	28.94	14.84	0.40	0.75	0.22	—	—	3.31	100.31
南京磷石膏	20.39	43.70	31.97	2.20	0	0.61	0.15	—	—	0.01	99.03
湖南氟石膏	18.95	39.90	34.39	0.75	0	0.66	1.33	—	—	—	95.98

2 品位的计算方法

二水硫酸钙（$CaSO_4 \cdot 2H_2O$）的脱水和再水化过程是石膏工业的工艺基础。如前所述原料石膏中的无水硫酸钙是一种无用的杂质，所谓石膏品位是指原料中二水硫酸钙的百分含量。

若原料是纯净的二水硫酸钙，其化学组成为 CaO＝32.58％、SO_3＝46.51％、H_2O＝20.91％。将此化学组成换算成二水硫酸钙的含量为 100％，即 $CaSO_4 \cdot 2H_2O$％＝4.78H_2O＝2.15SO_3＝

3.07CaO=100。为了方便起见，以下称 4.78H_2O 为“水值”，2.15SO_3 为“硫值”，3.07CaO 为“钙值”[4]。

实际上，在各种原料石膏中，总是或多或少地含有其他杂质。若杂质的成分不包含 H_2O、SO_3 和 CaO，则 4.78H_2O=2.5SO_3=3.07CaO<100。物相分析表明，石膏原料中常见的主要杂质为碳酸盐、硫酸盐和黏土矿物，这些杂质的成分中包含了 H_2O、SO_3 和 CaO，因此原料的化学分析所得到的 H_2O、SO_3 和 CaO 的总量不能代表二水硫酸钙中的 H_2O、SO_3 和 CaO 的量。一般情况下，4.78H_2O≠2.15SO_3≠3.07CaO，而且每个值可能大于 100，但只能有两个以下的值大于 100。假定在 4.78H_2O、2.15SO_3 和 3.07CaO 三者之中有一个受杂质的影响最小或不受影响，那么其数值一定更接近于或者等于真实的二水硫酸钙的含量，且为三者中的最小值，必定小于 100；反之，若三者中的一个为最小值，则该值也必定受杂质的影响最小或不受影响，即是该值最接近于或等于真实的二水硫酸钙含量。因此，以水值、硫值和钙值三者中的最小值作为石膏的品位是比较合理的，把它叫作“水、硫、钙最小值品位计算法”[5]。

将表 1 中的 H_2O、SO_3 和 CaO 换算成水值、硫值和钙值列于表 2。由表 2 可以看出，绝大部分天然石膏的水值为最小值，只有西山 1# 和淅川 1# 的水值稍大于硫值，而它们的钙值大都属于最大值。由此可见，对天然石膏而言，以结晶水为基准计算品位比较切合实际，以 CaO 计算是最不精确的。

另外，从主要杂质的化学成分来分析，也是以结晶水计算较为精确。$CaCO_3$ 中的 CaO 为 56%，原料中如有 1% 的 $CaCO_3$ 则钙值将增加 3.07×0.56=1.72；$CaSO_4$ 中的 CaO 为 41.18%，SO_3 为 58.82%，原料中有 1% 的 $CaSO_4$ 则钙值将增大 3.07×0.41=1.26，硫值增大 2.15×0.59%=1.27。虽然影响结晶水的杂质主要为黏土矿物，但黏土矿物平均结晶水含量总共只有 4%～5%。如果原料中含有与 $CaCO_3$、$CaSO_4$ 等量的黏土矿物，则黏土杂质对水值的影响比碳酸盐杂质对钙值、硬石膏杂质对钙、硫值的影响要小得多[6]。

3 结晶水的测定

如前所述，天然石膏的品位以结晶水计算比较精确，但是在建材行业，过去大都采用建筑材料化学分析中的石膏分析方法，即在 350～400℃ 下测定结晶水含量[7]，表 1 中的数值即是在此温度区间测定的。这么高的温度将会引起原料中黏土矿物部分脱水以及可能存在的自然硫和有机物失重，给测定的结果造成正偏差。特别是低品位的黏土质石膏，黏土杂质对结晶水及其水值的影响是不容忽视的。

国内外测定石膏结晶水的温度很不相同。应该在多高的温度下测定，既能保证二水硫酸钙的充分脱水，又使杂质的影响减少到最低限度，这是值得研究的问题，为此，我们进行了以下的试验：

（1）将纯二水石膏和各种原料石膏试样分别在 360℃、230℃、180℃、130℃ 和 100℃ 下测定其结晶水含量，见表 2。

（2）将 40% 黏土与 60% 纯水二水石膏的混合物在上述各温度下测定其结晶水含量，见表 4。

由表 2 可知，纯二水石膏试样只有在 360℃ 下才能完全脱水，测得的结晶水含量达 20.91%，与理论计算值一致，在给定恒温时间内的其他温度都不能达到完全脱水。但在 230℃ 和 180℃ 下测定的结果已很接近于理论值，其负偏差分别为 0.24% 和 0.37%，相应于水值 4.78H_2O 计算品位的负偏差分别为 1.15% 和 1.77%。在 130℃ 和 100℃ 下测得的结果与理论值相差较大，而且测定的时间延长到 4～10h。

对于各种石膏原料来说，少数几种在 230℃ 和 180℃ 下测得的数值与 360℃ 测得的几乎一样或非常接近，例如灵石 1# 和灵石 2#。大多数样品都有一定的差异，黏土质石膏例如应城 3#、应城 4# 和淅川 1# 的差异较大，但最大不超过 0.6%。

表 2　结晶水含量测试对比　　%

原料产地	水硫钙值			结晶水含量				
	水值 ($4.78H_2O$)	硫值 ($2.15SO_3$)	钙值 ($3.07CaO$)	360℃（2h)	230℃（2h)	180℃（2h)	130℃（4h)	100℃（10h)
纯二水石膏	100	100	100	20.91	20.67	20.54	20.18	19.49
灵石 1#	89.43	90.19	102.93	18.71	18.70	18.58	18.12	18.00
灵石 2#	81.07	82.60	100.88	16.96	16.95	16.91	16.44	16.29
灵石 3#	97.42	97.56	102.96	20.38	20.28	20.16	19.77	19.91
灵石 5#	92.30	98.96	103.18	19.31	19.25	19.18	18.61	/
西山 1#	30.26	28.32	66.70	6.08	6.33	5.92	5.58	5.64
西山 2#	69.02	107.72	108.62	14.44	14.34	14.21	14.12	/
干塘 1#	69.36	69.62	89.06	14.51	14.43	14.16	14.09	/
干塘 2#	95.60	97.20	99.71	20.00	19.93	19.83	19.69	/
干塘 3#	98.47	99.12	98.79	20.60	20.42	20.30	20.24	/
小红山 1#	83.60	84.07	111.26	17.49	17.42	17.31	17.02	/
小红山 2#	77.29	77.36	115.25	16.15	16.04	15.87	15.63	/
应城 1#	97.85	98.45	97.87	20.47	20.32	20.14	19.87	/
应城 3#	49.80	71.47	82.39	12.51	12.20	12.05	11.73	/
应城 4#	68.16	69.53	84.95	14.26	14.03	13.84	13.84	/
淅川 1#	77.01	76.84	88.85	16.11	15.90	15.66	15.48	/
南京磷石膏	97.46	93.96	98.15	20.39	20.28	20.08	19.71	/
湖南氟石膏	90.58	85.79	105.57	18.95	18.82	18.60	18.71	/

假设 40％左右的杂质全部为黏土（试验中用水泥工业的黏土标样）。表 3 中的数值表示在各种温度下，低品位石膏中黏土杂质的脱水和二水石膏脱水不完全所产生的正负偏差抵消的程度。

将表 3 中的品位偏差数和由表 2 第 1 行得到的品位偏差数列于表 4，即得到最低品位和最高品位的两种石膏在不同温度测得的品位的最大正负偏差值。所有其他品位的石膏在不同温度下可能产生的品位正负偏差值应在表 4 所列的范围内。

表 3　纯二水石膏和黏土混合物在不同温度下测得结晶水和品位的正负偏差值　　%

测定温度	结晶水			品位（$CaSO_4 \cdot 2H_2O$）		
	理论值	实测值	正负偏差	理论值	实测值	正负偏差
100℃（10h)	12.65	12.12	−0.53	60.46	57.93	−2.53
130℃（4h)	12.66	12.58	−0.08	60.51	60.13	−0.38
180℃（2h)	12.67	12.81	＋0.14	60.56	61.23	＋0.67
230℃（2h)	12.66	13.14	＋0.48	60.51	62.80	＋2.29
360℃（2h)	12.68	13.88	＋1.20	60.61	66.36.	＋5.74

由表 4 知，在 100℃和 130℃下测定时，只能有较大的负偏差，而且测定的时间较长。360℃下测定时，只能有正偏差，且较大。比较合适的测定温度为 230℃和 180℃，考虑到有机物能够在 230℃左右失水而炭化，我们认为将测定温度定为 180℃为宜。如果要和国际标准取得一致，也可以在 230℃测定。

表 4　不同温度下可能产生的品位的最大正负偏差值　　%

温度	最大负偏差	最大正偏差
100℃（10h）	−6.79	—
130℃（4h）	−3.49	—
180℃（2h）	−1.77	+0.67
230℃（2h）	−1.15	+2.29
360℃（2h）	0	+5.74

4　矿物组成的计算

在进行矿物组成计算时，将 $CaSO_4 \cdot 2H_2O$、$CaSO_4$ 和石灰石作为独立的组分，白云石（$CaCO_3 \cdot MgCO_3$）中的 $MgCO_3$ 也作为一个组分，其 $CaCO_3$ 并入石灰石中。黏土矿物非常复杂，不可能也没有必要逐个计算出来，将所有的黏土矿物作为一个组分，以化学分析项目中的酸不溶物或除上述四组分外的所有其他成分当作黏土矿物的总量。

1. 二水硫酸钙的计算公式

$$CaSO_4 \cdot 2H_2O = 4.78H_2O \tag{1}$$

式中，$4.78 = \frac{CaSO_4 \cdot 2H_2O}{H_2O}$。

（若 $4.78H_2O$ 不为最小值，则按其他计算）

2. 无水硫酸钙的计算公式

水值 $4.78H_2O$ 代表原料石膏中 $CaSO_4 \cdot 2H_2O$ 的含量，硫值 $2.15SO_3$ 常常包含了水值和把无水硫酸钙计算成二水硫酸钙的量，于是硫值与水值之差乘以系数 0.79 即为无水硫酸钙。

$$CaSO_4 = 0.79\ (2.15SO_3 - 4.78H_2O) \tag{2}$$

式中，$0.79 = \frac{CaSO_4}{CaSO_4 \cdot 2H_2O}$。

3. 碳酸钙的计算公式

由化学分析得到的 CaO 总量减去 $CaSO_4 \cdot 2H_2O$ 和 $CaSO_4$ 中的 CaO，即为碳酸钙中的 CaO，所以：

$$CaCO_3 = 1.78\ (CaO - 0.33CaSO_4 \cdot 2H_2O - 0.41CaSO_4) \tag{3-1}$$

式中，$1.78 = \frac{CaCO_3}{CaO}$，$0.33 = \frac{CaO}{CaSO_4 \cdot 2H_2O}$，$0.41 = \frac{CaO}{CaSO_4}$。

将（1）、（2）代入（3-1）得：

$$CaCO_3 = 1.78\ (CaO - 0.03H_2O - 0.70SO_3) \tag{3-2}$$

4. 碳酸镁的计算公式

（1）以 MgO 计算：

$$MgCO_3 = 2.09MgO \tag{4-1}$$

式中，$2.09 = \frac{MgCO_3}{MgO}$。

按此计算，CO_2 可能出现正负值见表 5。

（2）按 CO_2 余量计算

由化学分析得到的 CO_2 总量减去碳酸钙中的 CO_2，即为 $MgCO_3$ 中的 CO_2，所以：

$$MgCO_3 = 1.91\ (CO_2 - 0.44CaCO_3) \tag{4-2}$$

式中，$1.91 = \frac{MgCO_3}{CO_2}$，$0.44 = \frac{CO_2}{CaCO_3}$。

将（3-2）代入（4-2）得：

$$MgCO_3 = 1.91\ (CO_2 - 0.78CaO + 0.02H_2O + 0.55SO_3) \tag{4-3}$$

按（4-2）或（4-3）计算，MgO 可能出现正负值。

5. 黏土类杂质的计算公式

$$黏土类杂质 = 酸不溶物 + Al_2O_3 + Fe_2O_3 + Na_2O + K_2O \tag{5}$$

将表 1 中的化学成分按上述各公式计算的矿物组成列于表 5，其中二水硫酸钙含量是以 180℃下测定的结晶水计算。南京磷石膏和湖南氟石膏则以硫值 2.15SO_3作为二水硫酸钙，表中的数值与 X 射线分析和差热分析所得到的资料基本上一致。

5 讨论

如前文所述，可以在 180℃测定石膏的结晶水，也就是二水石膏在此温度下能够充分脱水成为无水石膏。相关试验也表明，只要有足够的时间，即使是在 100℃下二水石膏也能转化为无水石膏。这些试验结果与石膏的差热分析曲线上的脱水温度相互矛盾。国外一些作者所得到的二水石膏脱水温度也不尽相同，甚至相互矛盾，例如：

克瑙夫公司的研究结果[8]：

$$CaSO_4 \cdot 2H_2O \xrightarrow{45℃} \beta CaSO_4 \cdot \frac{1}{2}H_2O \xrightarrow{107℃} CaSO_4\ Ⅲ \xrightarrow{400℃} CaSO_4\ Ⅱ$$

HO. B. 卡尔雅金的研究结果[8]：

$$CaSO_4 \cdot 2H_2O \xrightarrow{128℃} CaSO_4 \cdot \frac{1}{2}H_2O$$

B. E. 什涅依杰夫的研究结果[8]：

$$CaSO_4 \cdot 2H_2O \xrightarrow{107℃} CaSO_4 \cdot \frac{1}{2}H_2O$$

J. H 范托夫的研究结果[8]：

$$CaSO_4 \cdot 2H_2O \xrightarrow{107℃} CaSO_4 \cdot \frac{1}{2}H_2O$$

这些矛盾的现象该如何解释呢？首先我们来讨论什么是石膏的脱水温度。从理论上讲，像石膏类含有结晶水的物质，在任何温度下都有与其相平衡的水蒸汽压力[9]。如果连续破坏平衡即减少蒸汽压力，含水物质将连续脱去水分。某含水物质在某温度下的平衡蒸汽压越高，则在该温度下的脱水速度也越快。据许多资料介绍，二水石膏在 45℃左右即开始脱水，随着温度的提高，与其平衡的水蒸汽压力越来越大，脱水速度也越来越快。但不能将能够使二水石膏脱水的任何温度都叫做脱水温度，例如石灰石在 700℃开始就有明显的分解作用，但资料上都将 898℃作为石灰石的分解温度，这是因为 898℃时与其平衡的 CO_2压力达到大气压。以此类推，二水石膏的脱水温度也应是使平衡水蒸汽压力达到一大气压时的温度。从二水石膏到半水石膏有一个水蒸汽压力为一大气压时的平衡脱水温度。具体的脱水温度数值，目前仍无法查据，且在第一个平衡脱水温度时二水石膏转变成的半水石膏是 α 型还是 β 型也无可靠资料可查。但是在平衡条件下脱水是十分缓慢的，α 半水石膏恰是在 100～110℃的蒸压条件下由二水石膏缓慢地脱水而成，很接近于第一个平衡条件下脱水。因此猜测在第一个平衡条件下所生成的为 α 半水石膏，而 β 半水石膏则是在较低水蒸汽分压的非平衡条件下快速地脱水生成，即从二水石膏转化为半水石膏没有一个固定的平衡脱水温度，许多作者都在各自特定的且不相同的非平衡条件下测得脱水温度，所以脱水温度的差别很大[10]。

另外，若制备 β 半水石膏时的水蒸汽分压非常低，迅速地排除水汽，即便温度较低，二水石膏也可直接转化为无水石膏，而不通过先转变为半水石膏这一中间阶段。或者是表现为连续脱水形式，不可能在半水石膏这一中间阶段稳定下来。正如前面所述，将二水石膏试样在 100℃的烘箱中烘干所得到的是无水石膏，其 X 射线衍射图上均为 $CaSO_4$ Ⅲ 的线条，5.98、2.98 和 2.79 埃为其特征衍射线。差热曲线上的温度是在连续升温过程所表现出来的非平衡条件下的脱水温度，在 200℃左右达到完全脱水，且在其他条件都相同的情况下，脱水温度随升温速度的加快而向高温方向移动。这与在烘箱的恒温条件脱水是很不相同的，所以两者所表现出的脱水温度也很不同，即差热分析所观察到的脱水温度大大高于烘箱条件的脱水温度。

表 5　各种原料石膏的矿物组成　　%

原料产地	$CaSO_4 \cdot 2H_2O$	$CaSO_4$	$CaCO_3$	$MgCO_3$	酸不溶物	Fe_2O_3	Al_2O_3	K_2O	Na_2O	总计	$\pm CO_2$
灵石 1#	88.81	1.09	6.73	0.90	1.78	0	0.26	0.15	0.02	99.78	+0.01
灵石 2#	80.83	1.42	9.99	6.55	0.80	0.04	0.26	0.10	0.04	100.03	+0.03
灵石 3#	96.36	0.95	2.40	0	0.16	0	0.13	0.10	0.09	100.19	−0.25
灵石 5#	91.68	5.76	1.78	0.69	0.90	0.70	0	0.12	0.06	101.06	−0.05
西山 1#	28.30	0.02	33.64	26.77	9.24	0.55	0.31	0.58	0.05	99.46	−0.37
西山 2#	67.92	27.52	3.01	0.46	0.84	0	0.18	0.12	0.05	100.10	−0.22
干塘 1#	67.68	1.53	10.77	2.05	15.80	0.66	0.38	0.84	0.08	99.76	−0.66
干塘 2#	94.79	1.91	0.78	0.33	1.42	0.06	0	0.13	0.16	99.58	+0.40
干塘 3#	97.03	1.65	−0.89	0	0.52	0.06	0.07	0.07	0.05	99.45	/
小红山 1#	82.74	1.05	15.15	0.10	0.28	0	0.19	0.07	0.08	99.66	0
小红山 2#	75.86	1.19	21.36	0.56	0.48	0.	0.12	0.09	0.04	99.70	−0.04
应城 1#	96.27	1.37	−0.80	0.67	1.46	0.06	0.12	0.16	0.09	100.20	/
应城 3#	57.60	10.96	5.94	3.85	17.82	0.06	0.82	1.01	0.72	98.98	+0.24
应城 4#	66.16	2.67	8.44	1.46	17.76	0.21	1.01	1.07	0.68	99.67	+0.07
淅川 1#	74.85	1.57	6.40	0.46	14.84	0.40	0.75	/	/	99.27	+0.25
南京磷石膏	93.96	/	/	/	/	/	/	/	/	/	/
湖南氟石膏	85.79	/	/	/	/	/	/	/	/	/	/

从表 5 可以看出，以 $CaSO_4 \cdot 2H_2O$、$CaSO_4$、石灰石、酸不溶物作为独立成分，计算得到的石膏矿物组成的数值，偏差较小，最接近石膏矿物的实际组成。

6　结论

（1）石膏的品位，以 180℃烘干 2h 测得的结晶水含量来计算二水硫酸钙的含量，试验用时短，消除了石膏中有机物失水碳化带来的影响，得到的石膏品位相对更精确；

（2）实验室中烘箱条件下的石膏脱水温度，远高于石膏的差热分析曲线上观察到的脱水温度；

（3）石膏矿物组成的计算，以 $CaSO_4 \cdot 2H_2O$、$CaSO_4$、石灰石、酸不溶物作为独立的成分，计算所得的石膏矿物组成，偏差较小，更接近于石膏矿物的实际组成。

参考文献

[1]　尹连庆，徐峥，孙晶．脱硫石膏品质影响因素及其资源化利用［J］．电力环境保护，2008（1）：28-30.

[2]　滕朝晖，王文战，赵云龙．脱硫石膏品质影响因素及其资源化利用［M］．北京：中国建材工业出版社，2020.

[3]　赵云龙，徐洛屹．石膏干混建材生产及应用技术［M］．北京：中国建材工业出版社，2016.

[4]　张克华．化工磷石膏制备石膏胶凝材料研究及应用［D］．南京：南京理工大学，2006.

[5]　杨冬蕾．我国磷石膏和钛石膏资源化利用进展及愿望［J］．硫酸工业，2018（10）：5-10.

[6]　陈燕，岳文海，董若兰．石膏建筑材料［M］．2 版．北京：中国建筑工业出版社，2012.

[7] 张继宇，毛昕．动态煅烧工艺参数的选择与研究［D］．沈阳：东北大学，2021.
[8] N. N. 布德尼克夫．石膏的研究与应用［M］．樊发家，曾宪靖，高康武，译．北京：中国工业出版社，1963.
[9] 吕天宝，刘飞．石膏制硫酸与水泥技术［M］．南京：东南大学出版社．2010，9.
[10] 郭泰民．工业副产石膏应用技术［M］．北京：中国建材工业出版社，2010.

作者简介

冯秀艳，女，1976 年生，高级工程师，联系地址：北京市石景山区金顶北路 69 号，邮编：100041，电话：13910694090。

陈化对建筑石膏及石膏砂浆性能影响的研究

李志博[1,2]　蔡鲁宏[1,2]　吴金明[1,2]　田胜力[1,2]　章银祥[1,2]

1. 北京金隅砂浆有限公司，北京，102402

2. 北京市预拌砂浆工程技术研究中心，北京，100041

摘　要　研究了陈化方式和陈化时间对建筑石膏物相组成及物理性能影响，重点研究了陈化时间对底层抹灰石膏砂浆、轻质抹灰石膏砂浆、石膏基自流平砂浆凝结时间、施工性影响规律。研究表明：陈化方式对建筑石膏陈化速率影响显著，透气性良好的编织袋陈化效果明显好于木桶陈化效果；随着陈化时间的延长，建筑石膏中Ⅲ型无水石膏含量逐渐减少，最终消失，附着水含量逐渐增加，标准稠度用水量显著降低，凝结时间略有增加，陈化时间过长时，建筑石膏2h强度出现明显降低。随着建筑石膏陈化时间的延长，配制的底层抹灰石膏砂浆、轻质抹灰石膏砂浆、石膏基自流平砂浆凝结时间均出现大幅延长。轻质抹灰石膏砂浆过度陈化时，会导致砂浆黏聚性减低，出现“发糟”等现象，严重影响其施工性能。石膏基自流平砂浆过度陈化时，容易出现泌水等情形，严重影响其硬化后表面平整度。因此，实际生产时，应严格控制建筑石膏陈化时间，避免出现过度陈化，导致石膏砂浆出现质量问题。

关键词　陈化时间；物相组成；石膏砂浆；凝结时间，施工性

Study on the Effect of Aging on the Properties of Calcined Gypsum and Gypsum Mortar

Li Zhibo[1,2], Cai Luhong[1,2], Wu Jinming [1,2], Tian Shengli[1,2], Zhang Yinxiang[1,2]

1. Technical and Quality Department of BBMG Mortar, Beijing, 102402, China

2. Beijing Engineering and Technology Research Center of Dry-mixed Mortar, Beijing, 100041, China

Abstract　The effects of aging method and aging time on the phase composition and physical properties of calcined gypsum are studied. The effects of aging time on the setting time and constructability of ordinary gypsum plaster mortar, light gypsum plaster mortar and gypsum based self-leveling compound for floor are studied. The results show that the aging method has a significant effect on the aging rate of building gypsum, and the aging effect of woven bag with good air permeability is significantly better than that of wooden barrel; With the extension of aging time, the content oftype Ⅲ anhydrous gypsum in calcined gypsum gradually decreases and finally disappears, the content of attached water gradually increases, the water consumption of standard consistency decreases significantly, and the setting time increases slightly. When the aging time is too long, the 2h strength of calcined gypsum decreases significantly. With the extension of the aging time of calcined gypsum, the setting time of the prepared ordinary gypsum plaster mortar, light gypsum plaster mortar and gypsum based self-leveling compound for floor has been greatly prolonged. When the light gypsum plaster mortar is over aged, it will lead to the reduction of mortar cohesion and “deterioration”, which will seriously affect its constructability. When gypsum based self-leveling compound for floor is over aged, it is prone to bleeding, which seriously affects the surface flatness after hardening. Therefore, in actual production, the aging time of calcined gypsum should be strictly controlled to avoid excessive aging, resulting in quality problems of gypsum mortar.

Keywords aging time; phase composition; gypsum mortar; setting time, constructability

0 引言

烟气脱硫石膏作为燃煤电厂的副产物，将其在常压下低温煅烧后可制备具有胶凝活性的建筑石膏。与普通硅酸盐水泥相比，建筑石膏煅烧过程中碳排放明显较低。采用建筑石膏替代水泥用作胶凝材料既能变废为宝，又能为“碳达峰”做出贡献。建筑石膏在常温常压下一般有 4 种存在形态，即半水石膏、二水石膏、可溶性Ⅲ型无水石膏和Ⅱ型无水石膏。由于煅烧装备及煅烧工艺的特点，目前实际煅烧出来的建筑石膏中往往存在一定的过烧产物，即可溶性Ⅲ型无水石膏。国内学者研究认为，Ⅲ型无水石膏会影响熟石膏粉质量[1-4]，应当限制其在建筑石膏中所占比例。建筑石膏陈化是指将新炒制或煅烧的熟石膏进行一段时间的存储或湿热处理，使其物理性能得到不同程度的改善[5]。

近年来，石膏砂浆的快速推广应用，导致建筑石膏供不应求。受制于建筑石膏供需关系，绝大数建筑石膏粉煅烧后未经陈化直接出厂至砂浆企业。砂浆企业采用未经陈化处理的建筑石膏粉生产石膏砂浆时，容易出现一系列质量问题。为了缓解建筑石膏供应紧张的局面，部分企业采取袋装形式大量存储建筑石膏，以备不时之需。建筑石膏在编织袋中储存时间过长时，容易导致过度陈化，采用过度陈化的建筑石膏生产石膏砂浆时，石膏砂浆容易出现质量问题。本研究采用模拟生产实际的方法，通过研究陈化对建筑石膏及石膏砂浆性能影响，旨在提高石膏砂浆质量稳定性。

1 原材料与试验方法

1.1 原材料

试验用建筑石膏粉为山东某企业生产脱硫建筑石膏，采用散装罐车形式运输至本企业。石膏粉进厂时，温度为 48℃。

1.2 试验方法

建筑石膏物相组成测定参照 GB/T 36141—2018《建筑石膏相组成分析方法》进行，采用快速水分仪测定。建筑石膏物理性能测试参照 GB/T 17669.3—1999《建筑石膏 力学性能的测定》、GB/T 17669.4—1999《建筑石膏 净浆物理性能的测定》进行，抹灰石膏砂浆性能测试参照 GB/T 28627—2012《抹灰石膏》进行，石膏基自流平砂浆性能测试参照 JC/T 1023—2021《石膏基自流平砂浆》进行。

1.3 试验方案

综合考虑生产、应用实际，确定采用图 1、图 2 两种方式对进厂建筑石膏粉进行存储，研究陈化时间、陈化方式对建筑石膏粉性能的影响。所用石膏粉由散装运输车直接打入编织袋，运回实验室后立即分装、保存。陈化周期内，编织袋未拆口，木桶上面加盖木板。按照规定的方法测试不同龄期石膏粉物相组成及物理性能。

分别采用图 1、图 2 中陈化的石膏粉配制底层抹灰石膏砂浆，测试陈化时间对所制备底层抹灰石膏凝结时间的影响。从生产线抽取新生产的轻质抹灰石膏砂浆，将其置于实验室存放，测试陈化时间对其性能的影响。采用陈化失效石膏粉配制石膏基自流平砂浆，测试其对石膏基自流平砂浆施工性能的影响。

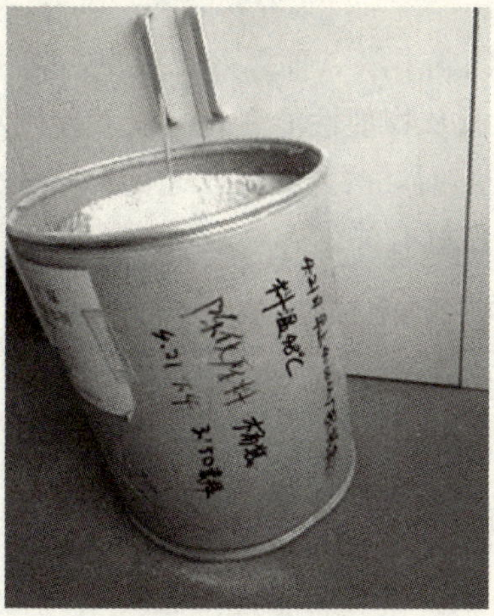

图1 木桶中陈化

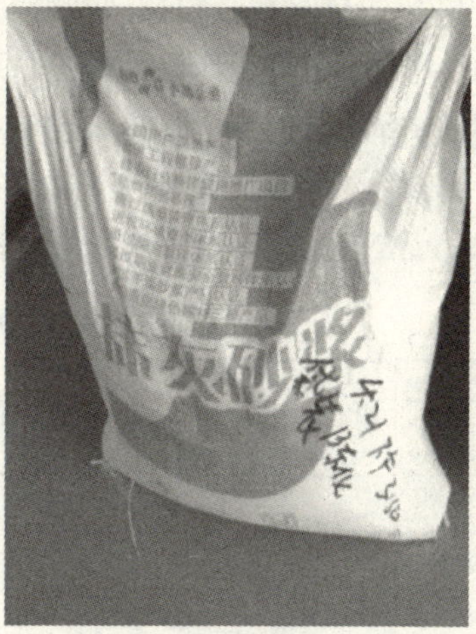

图2 编织袋中陈化

2 试验结果与讨论

2.1 木桶中陈化的建筑石膏粉物理性能变化规律

由表1可以看出，置于木桶中陈化的石膏粉陈化48h后AⅢ含量由最初的1.51%减少至0.64%，经过7d陈化，石膏粉含有附着水。整个陈化过程中，物相变化呈现如下规律：陈化初期（0h～48h），AⅢ含量逐渐降低，HH和DH相、标准稠度需水量、凝结时间、强度存在一定的波动。陈化中期（48h～15d），随着陈化时间的延长，石膏粉附着水含量逐渐增加，此阶段内，石膏粉物理性能整体变化不大，趋于稳定。陈化后期（15d以后），随着陈化龄期的延长，石膏粉附着水含量增幅明显，标准稠度需水量大幅降低、凝结时间大幅延长，2h强度出现较大幅度的降低。

表1 陈化龄期对木桶中石膏粉性能的影响

陈化时间	无水相（AⅢ）/%	附着水/%	半水相（HH）/%	二水相（DH）/%	标准稠度需水量/%	凝结时间		2h强度/MPa	
						初凝	终凝	抗折强度	抗压强度
0h	1.51	0	94.73	1.64	56	10min35s	13min35s	5.3	14.4
24h	1.39	0	93.98	1.71	57	9min30s	14min	4.9	13.2
48h	0.64	0	95.23	1.45	57	9min45s	13min	5.1	12.8
7d	0	0.04	95.09	1.85	56.7	9min55s	13min25s	5	12.2
15d	0	0.33	94.86	2	55.3	10min30s	13min45s	4.6	12.1
28d	0	0.76	95.03	1.63	53	13min30s	18min20s	4.2	11.2
90d	0	1.80	93.34	1.33	51.7	14min	19min35s	3.8	10.3

由表2可以看出，随着陈化龄期的延长，采用木桶中陈化的石膏粉配制的底层抹灰石膏砂浆凝结时间出现较大幅度的增长。对比表1数据认为，底层抹灰石膏砂浆凝结时间增加与石膏粉陈化后凝结时间变长有关。

表2 木桶中不同陈化龄期石膏粉配制抹灰石膏性能变化

陈化时间	标准稠度需水量/%	初凝时间/min	终凝时间/min
0h	23.2	40	45
15d	22.9	55	61
28d	23.0	65	75

2.2 编织袋中陈化的建筑石膏粉物理性能变化规律

由表3看出，采用编织袋陈化石膏粉时，经过24h陈化，AⅢ含量无减少，陈化速率明显高于置于木桶中陈化的石膏粉。整个陈化过程中，物相组成及物理性能变化与表1差别不大。对比表1与表2发现，当建筑石膏粉附着水含量达到0.75%左右时，两种陈化方式所需时间差别较大，即陈化效果差异较大，这主要跟本研究所采用编织袋透气性好有关。

表3 陈化龄期对编织袋中石膏粉性能的影响

陈化时间	AⅢ/%	附着水/%	HH/%	DH/%	标准稠度需水量/%	初凝时间	终凝时间	2h抗折强度/MPa	2h抗压强度/MPa
0h	1.51	0	94.73	1.64	56	10min35s	13min35s	5.3	14.4
24h	0	0	95.56	1.49	57	10min30s	13min30s	5.3	13.4
48h	0	0.03	95.91	1.41	56.5	9min	12min30s	4.5	13.9
5d	0	0.19	95.38	1.53	56.7	10min25s	13min35s	4.4	13.2
7d	0	0.29	95.86	1.42	56	10min	13min50s	4.5	12.9
15d	0	0.77	94.71	1.66	53.3	13min	17min	4.7	11.8
28d	0	1.35	95.35	0.88	52	10min50s	16min30s	4.1	12.2
90d	0	1.66	93.77	1.63	51	13min50s	19min50s	3.9	11.5

由表4可以看出，随着陈化龄期的延长，置于编织袋中陈化的石膏粉配制的抹灰石膏砂浆凝结时间出现大幅延长。编织袋中陈化15d与木桶中陈化28d的石膏粉所配制的抹灰石膏凝结时间相当。

表4 编织袋中不同陈化龄期石膏粉配制抹灰石膏性能变化

陈化时间	标准稠度需水量/%	初凝时间/min	终凝时间/min
0h	23.2	40	45
24h	23.4	40	45
15d	22	70	78
28d	22.4	80	90
90d	22.4	105	110

2.3 陈化对轻质抹灰石膏砂浆性能的影响

由表5可以看出，随着陈化时间的延长，轻质抹灰石膏凝结时间出现大幅增加。此外，陈化15d的轻质抹灰石膏，加水量、湿砂浆黏聚性明显降低。图3为陈化失效轻质抹灰石膏加水搅拌后初始状态，图4为陈化失效轻质抹灰石膏加水搅拌后凝结硬化状态。从图3可以看出，黏聚性降低导致轻质抹灰石膏砂浆稳泡效果降低，出现明显“发糟”现象，严重影响施工性。

表5 陈化对轻质抹灰石膏砂浆凝结时间的影响

陈化时间	加水量/%	凝结时间/min
1d	51.6	210
2d	51.2	260
3d	50.8	310
4d	50.5	280
15d	48.2	450
30d	47.8	480

图 3　陈化失效的轻质抹灰石膏搅拌后

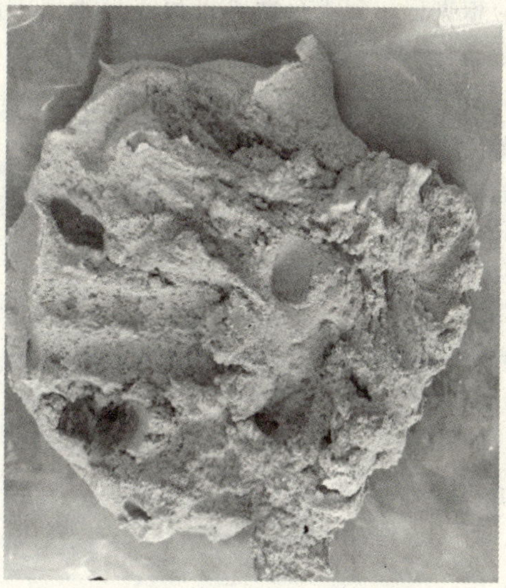

图 4　陈化失效的轻质抹灰石膏硬化后

2.4　陈化对石膏基自流平砂浆性能的影响

采用过度陈化的建筑石膏粉配制石膏基自流平砂浆，加水搅拌后，发现自流平砂浆出现增稠、流动性变差、泌水现象，如图 5、图 6 所示。因此，采用建筑石膏粉制备石膏基自流平砂浆时，应严格控制石膏粉和石膏基自流平砂浆陈化时间。

图 5　石膏基自流平砂浆初始状态

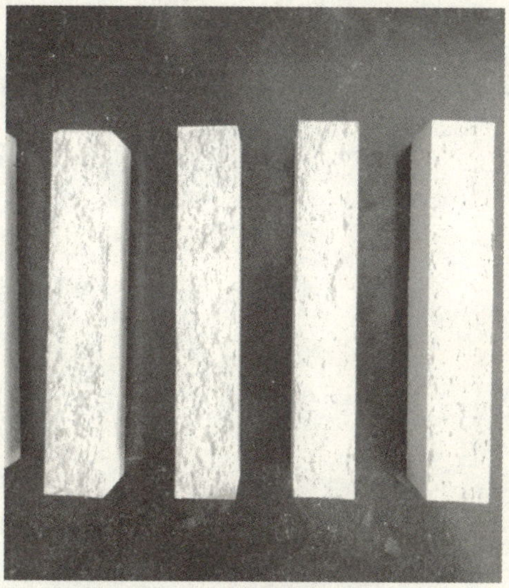

图 6　石膏基自流平砂浆硬化后状态

3　结论

（1）陈化方式对建筑石膏陈化速率影响显著，陈化时间过长时，随着陈化龄期的延长，石膏粉附着水含量增幅明显，标准稠度用水量大幅降低、凝结时间大幅延长，2h 强度出现较大幅度的降低，建筑石膏性能明显降低。

（2）适当延长建筑石膏的陈化时间，可增加建筑石膏自身的凝结时间，进而能够增加延长所制备的石膏砂浆凝结时间。

（3）陈化时间过短，陈化效果有限，陈化时间过长时，会显著降低石膏粉性能。因此，实际生产时，应根据进厂建筑石膏 AⅢ相含量来确定建筑石膏（石膏砂浆）陈化时间，避免出现过度陈化，导致石膏砂浆出现质量问题。

参考文献

［1］ 张羽飞，韩国民．熟石膏粉中可溶性无水石膏Ⅲ的研究［J］．新型建筑材料，2006（1）：3.

［2］ 郑绍聪，余强，宁平，等．无水石膏 AⅢ对β半水石膏性能的影响及作用机理［J］．土木建筑与环境工程，2015（4）：118-124.

［3］ 吴开胜，赵大军，孙寅斌．用于粉刷石膏中脱硫石膏的质量要求［J］．粉煤灰综合利用，2013（4）：40-42.

［4］ 谈晓青，曹禹，叶蓓红，等．脱硫建筑石膏三相分析方法研究及应用［J］．粉煤灰，2011，23（6）：4.

［5］ 陈燕．石膏建筑材料［M］．北京：中国建材工业出版社，2003.

作者简介

李志博，男，1988 年生，高级工程师，联系地址：北京市房山区窦店镇亚新路 17 号，邮编：102402，电话：01060344470。

建筑石膏砂浆耐水性能提升的途径和方向探讨

张永进　曹庆超　董峰亮
西卡德高（上海）建材有限公司，上海，200436

摘　要　近年来，建筑石膏砂浆得益于国家环保政策的引导，以及砂浆技术的发展，特别是工业副产石膏为来源的建筑石膏砂浆，成为研究和应用的热点。然而，石膏砂浆因其耐水性不佳，在一定程度上限制了石膏砂浆的进一步发展。本文从砂浆的耐水改性技术出发，研究和探讨了石膏砂浆耐水性能提升的途径和技术发展方向，耐水性的提升需要综合考虑组分设计、石膏胶凝材料改性、添加剂等多个方面。随着石膏砂浆耐水改性技术的发展，石膏砂浆必将迎来更加广阔的应用前景。
关键词　建筑石膏；耐水性；软化系数

Discussion on Ways and Directions of Improving Water Resistance of Calcined Gypsum Mortar

ZhangYongjin，Cao Qingchao，Dong Fengliang
Sika Davco（Shanghai）Building Materials Co.，LTD.，Shanghai，200436

Abstract　In recent years，Calcined gypsum mortarwas benefited from national environmental protection policy，as well as the development of mortar technology，especially the industrial by-product gypsum as the source of calcined gypsum mortar，that has increasingly become the hot topic of researching and application. However，due to weak water resistance of gypsum mortar，the further development of gypsum mortar was limited. In the paper，the ways to improve the water-resistant performance of gypsum mortar and the development direction of technology was discussed in based on the water-resistant modification technology of mortar. The water-resistant performance improvement of gypsum mortar needs to comprehensively consider the components design，gypsum cementing material modification，additives etc. And with the development of water-resistant modification technology of gypsum mortar，gypsum mortar will have a broader application prospect.
Keywords　calcined gypsum；water resistance；softening coefficient

0　引言

建筑石膏，特别是以工业副产石膏为来源的建筑石膏产品近年来成为建筑材料的一个热门领域，典型的建筑石膏产品如石膏板材、砌块、石膏砂浆等。其中，建筑石膏砂浆因其应用广泛、性价比高成为近年的研究、应用热点，同时也以其快干、轻质、较高粘结性能、不易开裂，以及低碳绿色等特点取得了良好的应用效果。然而由于建筑石膏本身的一些特性，如耐水性能不佳、质量不稳定等特性对石膏砂浆材料的进一步应用发展产生了较大的限制，因此石膏砂浆大多应用在室内非潮湿区域。如何提升石膏砂浆的耐水性，将其轻质、绿色、低碳、不易开裂等特性产品应用于潮湿区域甚至是室外区域，业内诸多技术人员和研究人员开展了大量研究。本文拟从石膏砂浆本身组分出发，汇总分析相关研究技术人员的研究成果，给出建筑石膏砂浆耐水性提高的方法和途径，以期提升建筑石膏砂浆的应用表现，扩展石膏砂浆的应用范围。本文所讨论的石膏砂浆是指以建筑石膏为主要胶凝材料的砂浆产品，包括石膏抹灰砂浆、石膏找平腻子、石膏自流平砂浆、石膏保温砂浆等。

1 石膏砂浆的耐水性能特点

1.1 建筑石膏的耐水性能

石膏砂浆中的主要胶凝材料为建筑石膏，因此石膏砂浆的耐水性能如何与建筑石膏本身的特性直接相关。建筑石膏主要成分为β半水石膏，其在硬化过程中析晶水化机理认为[1-2]，半水石膏加水拌和后，石膏首先在水中溶解形成石膏浆料，半水石膏的溶解度大于二水石膏的溶解度，因此，当石膏浆体中的半水石膏达到饱和溶解度时，其中的二水石膏已经为过饱和状态，所以二水石膏会在石膏浆体中大量析晶，同时，半水石膏在水中的溶解平衡因二水石膏的析晶而破坏，从而导致半水石膏会进一步溶解，去补偿溶液中所消耗的钙离子和硫酸根离子，这个过程不断进行，直至浆体中半水石膏几乎完全溶解形成二水石膏为止。

$$CaSO_4 \cdot 1/2H_2O + H_2O \longrightarrow CaSO_4 \cdot 2H_2O \tag{1}$$

建筑石膏的主要水化产物为二水石膏，而二水石膏的溶解度[1]为 6×10^{-3} mol/L、水化硅酸钙（托贝莫来石）的溶解度为 1.8×10^{-4} mol/L，可以看出二水石膏的溶解度为水化硅酸钙的 33 倍以上。也即建筑石膏的主要水化产物是一种相对溶解度较高的物质，与水接触后使得石膏的强度会迅速降低。

1.2 石膏砂浆的耐水性能

石膏砂浆通常由建筑石膏、砂、填料、缓凝剂、保水剂、添加剂等组分构成，其在使用时由石膏砂浆与水混合搅拌均匀后采用相应的施工机具施工成型，最后在一定的环境条件下硬化从而具备使用功能。在施工过程中，为了配合施工的需求，在石膏砂浆实际拌合水的使用量往往会远远超出石膏硬化所需要的水分需求量，通常可达理论需水量的 3.5～4.5 倍，这部分多余的水分挥发后会使石膏砂浆中留下大量的毛细孔，再结合石膏本身的多孔特性，使得最后形成的砂浆硬化体往往成为一种多孔材料。而这类多孔材料其内比表面积相对较大，其与水接触时，在渗透压的作用下，水分易大量进入石膏砂浆硬化体内部从而导致石膏砂浆不耐水[3]，通常石膏砂浆的软化系数不会超过 0.3。

2 石膏砂浆耐水性提升途径

石膏砂浆因为其绿色低碳、固化速度快、收缩小、找平效率高、保温隔音、防火性好等特点，得到了良好的应用和发展，从近几年的石膏砂浆发展情况看，目前应用最为成熟石膏砂浆品类为抹灰石膏。此外，石膏基自流平砂浆近几年也得到了良好的发展，虽然没有抹灰石膏砂浆技术成熟度高，但发展潜力巨大。然而，受限于石膏固有的耐水性能不佳，其在建筑领域的应用也受到了很大的限制，如只能用于室内非潮湿区域，不能用于室外或潮湿区域。

在建筑学中，建筑材料的耐水性用软化系数表示，软化系数即材料从绝干状态到饱水状态其强度保留的程度，当软化系数>0.85 时，称为耐水性材料[4]。如何提升石膏砂浆的软化系数，提高其耐水性也成为从业技术人员的主要研究方向之一，从当前的文献资料情况看主要有以下几种途径。

2.1 复合胶凝体系

石膏复合胶凝体系是提升石膏砂浆耐水性的重要途径，近年也是相关专业技术研究人员研究的重点。如赵敏等[5]人通过硫铝酸盐水泥增强建筑石膏的耐水性能，其研究表明硫铝酸盐水泥的掺入可以小幅降低石膏的标准稠度需水量，加速水化进程，降低硬化体的孔隙率和吸水量，显著提高硬化体的饱水抗折强度，在硫铝酸盐水泥掺入量为10%～20%时软化系数可达0.50以上；易伟等[6]人通过铝酸盐水泥提升建筑石膏的耐水性能，其研究表明铝酸盐水泥的加入降低了标准稠度需水量，增大了密度、强度，提高了耐水性能，随着铝酸盐水泥的加入其软化系数相应提高，当铝酸盐水泥掺量为30%时，软化系数可达0.51。黄麟等[7]人亦研究了高铝水泥对脱硫建筑石膏的性能影响，其研究结果表明，高铝水泥的加入可减小脱硫建筑石膏的标准稠度用水量，延长凝结时间，提高其力学性能和耐水性，当高铝水泥掺量为20%时，其软化系数为0.70，具有良好的耐水性。郭会师等[8]人利用硅酸盐水泥改善建筑石膏的耐水性能。其研究结果表明，当硅酸盐水泥用量≤18%，随着水泥用量的增加其吸水率减小，软化系数提升耐水性能增强，当水泥用量为18%时软化系数可达0.71。付建[9]通过在建筑石膏中添加普通硅酸盐水泥增加建筑石膏的耐水性能，硅酸盐水泥可以提高建筑石膏的强度和软化系数，降低建筑石膏的吸水率，其研究显示当硅酸盐水泥掺量为15%以内时，石膏的抗压强度、抗折强度、软化系数均可得到提升，当硅酸盐水泥掺量为15%时，其软化系数可达0.65。高育欣等[10]人研究了矿粉和普通硅酸盐水泥对磷建筑石膏复合胶凝材料的影响，结果表明水泥和矿粉复掺使用时可显著提高磷石膏的软化系数，当水泥掺量为5.58%，矿粉掺量为20%，石膏掺量为74.42%时，软化系数可达0.87。贺行洋等[11]人也从事过水泥、矿粉、磷建筑石膏复合材料的性能类研究，其研究结果表明当水泥掺量为5%，矿粉掺量为25%时，其软化系数可达0.85。

根据以上研究成果，通过在建筑石膏中掺入矿渣、普硅水泥、铝酸盐水泥、硫铝酸盐水泥等组分形成复合胶凝体系均可在不同程度上提高建筑石膏的软化系数，进而改善石膏砂浆的耐水性能，从而使得以建筑石膏为主要胶凝材料的石膏砂浆有了用于潮湿区域或室外的可能性。当然我们也需要注意到，通过复掺这些活性组分的复合胶凝体系在提升耐水性的同时，通常也伴随着建筑石膏轻质、微膨胀等特性的损失，需要我们在制备耐水型石膏砂浆时通过其他技术手段减少或避免这些负面影响。

2.2　憎水剂

使用添加剂改善石膏砂浆的耐水性也是常用的方法之一。典型的添加剂如石膏砂浆中添加脂肪酸盐、有机硅等憎水剂，其主要原理在于通过添加憎水剂物质，使得水向石膏砂浆内部渗透的速度和量减少，提高饱水强度，从而改善耐水性。如朱效甲等[12]人研究了有机硅憎水剂对于脱硫石膏耐水性的影响，结果表明有机硅树脂乳液和有机硅粉末均可大幅度提高脱硫石膏的耐水性，降低质量吸水率。当然，我们从其研究也可看出，该研究中也体现出，浸水1d、3d、7d，随着浸水时间的延长，其相应的软化系数也呈较大的降低趋势。单独使用该方案提升耐水性，更多的倾向于短期耐水性的提升，难以通过该方法达到长期耐水性的提升。

2.3　减水剂

石膏砂浆中添加减水剂[13]也是一种常用的改性方法，最典型的应用为石膏自流平砂浆中添加减水剂。添加减水剂的目的是减少砂浆用水量即降低水膏比，也即在砂浆固化后，减少由于水分挥发留下的空隙，一定程度上增加砂浆的密实程度，从而达到提升耐水性的目的。如朱效甲等[14]人研究了减水剂对于脱硫石膏性能的影响，结果表明，萘系FDN-X减水剂和聚羧酸系PC-NF减水剂均能降低吸水率，从而提高脱硫建筑石膏的耐水性。

2.4　其他添加剂

根据资料研究表明，其他一些添加剂也可增加建筑石膏的耐水性。如廖仕雄等[15]人通过微晶纤维素的添加提高建筑石膏的耐水性能，其研究表明微晶纤维素掺量为0.09%时，磷建筑石膏的软化系数可达0.61，同时显著提升了磷建筑石膏绝干抗压抗折强度。季敏等[16]人通过在建筑石膏中添加短切玻璃纤维、甲基硅醇钠来改善磷建筑石膏的耐水性，其研究结果表明短切玻璃纤维和甲基硅醇钠复合改性可有效提高磷建筑石膏的耐水性能，当短切玻璃纤维长度为9mm，掺量为2%，甲基硅醇钠掺量为1.5%时，其软化系数达到最佳。赵红艳等[17]人通过硅溶胶提升石膏制品的耐水性能，该研究表明硅溶胶可以显著提高石膏制品的耐水性能，降低吸水率，硅溶胶掺量为8%时，抗折软化系数可达0.99，但其对石膏制品的强度有不利影响。曹文湘等[18]人通过不同长度的PVA纤维提升建筑石膏的软化系数和饱水强度，研究结果表明，PVA纤维的加入可以显著增加其抗折强度，提高软化系数，当纤维加入量为0.8%时，其软化系数均可达0.8以上。

3 石膏砂浆组分设计对于耐水性的影响

石膏砂浆是由建筑石膏为主要胶凝材料制备而成的，其主要成分为建筑石膏、骨料、添加剂等，除了关注其各组成成分的耐水特性外，也需要关注组分设计对于砂浆耐水性能的影响，合理的组分设计可以达到提升石膏砂浆耐水性的目的，而不合理的组分设计则会在很大程度上劣化砂浆的耐水性能。从前述我们得知通常石膏砂浆耐水性能不佳除了石膏作为胶凝材料其固有的特性外，还有一点非常值得关注，就是砂浆的实际需水量会远远大于砂浆硬化所需的理论用水量，造成这一点的主要原因是石膏砂浆产品需要通过一定的施工方法施工到基面上从而达到使用功能，施工完成后，多余的游离水分必然要从石膏砂浆表面和底面散失挥发，从而留出了大量孔洞，造成硬化后的石膏砂浆成为一种多孔状的材料。虽然优点是造就了石膏砂浆轻质等特性，但同时也很大程度导致硬化后的石膏砂浆成为一种吸水率较高，不耐水的材料。因此需要考虑石膏砂浆使用功能和组分设计之间的关系。比如，在达到使用性能要求的前提下，是不是可以将石膏砂浆尽量设计较低的水灰比，考虑到建筑石膏硬化体本身耐水性能不佳，是否可以在砂浆组分设计时尽量设计较低的胶砂比，从而避免引入过多耐水性能不佳的胶凝材料。

4 结语

石膏砂浆因石膏胶凝材料固有的不耐水的特性，目前只能应用于非潮湿区域。随着改性技术的发展，尤其是复合胶凝材料技术的发展和建筑石膏原材料质量稳定性的提升，也必将在耐水性的改善方面取得良好的应用效果。

整体而言，若想改善石膏砂浆的耐水性能，需要在组分设计时采用多种技术手段，从组分设计开始的设计思路，到各个组分的搭配平衡，在性能方面达到一种平衡，才能扩展石膏砂浆的应用范围。

将来石膏砂浆预期可以在室内装修全场景下提供多类型的产品。以其低碳环保、轻质隔音、不易空鼓开裂等特性大范围地取代目前高能耗的水泥砂浆产品，取得良好的社会效益，以及提升室内的居住环境。

参考文献

[1] 王云浩．脱硫石膏基复合材料的耐水性能研究［D］．郑州：郑州大学，2013.

[2] 黄滔．新拌石膏浆体的流变性能研究［D］．重庆：重庆大学，2018.

[3] 刘民荣．石膏及其复合材料的防水性能研究［D］．济南：济南大学，2011.

[4] 徐成君．建筑材料［M］．北京：高等教育出版社，2004.

[5] 赵敏，张明涛，彭家惠，等．硫铝酸盐水泥增强建筑石膏的力学性能与耐水性能机理［J］．材料导报，2021，35（12），103-106.

[6] 易伟，彭家惠，曹文湘，等．铝酸盐水泥对石膏基复合材料的性能影响研究［J］．非金属矿，2018，41（03）：24-26.

[7] 黄麟，曹静，焦宝祥，等．高铝水泥对脱硫建筑石膏的改性研究［J］．新型建筑材料，2017，44（01）：37-39，48.

[8] 郭会师，王庆佩，张果，等．普通硅酸盐水泥改性脱硫建筑石膏耐水性能［J］．硅酸盐通报，2021，40（07）：165-172.

[9] 付建．硅酸盐水泥对建筑石膏强度和耐水性的影响［J］．非金属矿，2019，42（05）：39-41.

[10] 高育欣，麻鹏飞，程宝军，等．掺和料对磷石膏复合胶凝材料性能影响研究［J］．非金属矿，2021，44（02）：102-106.

[11] 贺行洋，代飞，苏英，等．磷石膏-水泥-矿粉复合材料的性能研究［J］．硅酸盐通报，2017，36（08）：160-164.

[12] 朱效甲，陈永杰，朱芸馨，等．憎水剂对脱硫石膏耐水性能的影响［J］．江苏建材，2021（04），30-33.

[13] 彭家惠．建筑石膏减水剂与缓凝剂作用机理研究［D］．重庆：重庆大学，2004.

[14] 朱效甲，朱倩倩，陈永杰，等．减水剂对脱硫石膏性能的影响［J］．江苏建材，2020（6）：31-35.

[15] 廖仕雄，郭荣鑫，赵志曼，等．微晶纤维素改性磷建筑石膏性能研究［J］．非金属矿，2021，44（02）：92-94，98.

[16] 季敏，蒋博林，李红立，等．短切玻璃纤维-甲基硅醇改性磷建筑石膏研究［J］．非金属矿，2020，43（01）：87-89.

[17] 赵红艳，刘开平，郁亚芸，等．硅溶胶对石膏制品性能的影响试验研究［J］．矿产综合利用，2018（05）：152-156.

[18] 曹文湘，彭家惠，易伟，等．不同长度 PVA 纤维对建筑石膏性能的影响研究［J］．非金属矿，2018，41（06）：42-44.

作者简介

张永进，男，1978 年生，博士，研发工程师，从事砂浆、腻子、涂料等建材领域的研究工作，联系地址：上海市静安区江场三路 252 号 20B，邮编：200436，邮箱：yongjin. zhang@davco. cn，电话：13681926046。

不同稳定剂对脱硫石膏基自流平砂浆性能的影响

户岗　严煌　罗慧

广东龙湖科技股份有限公司武汉技术中心，武汉，430000

摘　要　研究了两种不同稳定剂和低黏度纤维素醚对石膏基自流平砂浆标准加水量、抗泌水性能、抗折、抗压强度以及尺寸变化率的影响。结果表明：稳定剂A对石膏基自流平砂浆抗泌水性能最好，其次为稳定剂B，而低黏度纤维素醚最差。相比于只添加纤维素醚的试块，添加了稳定剂B的试块1d抗折强度和1d抗压强度提高了17%和25%，7d抗折强度和7d抗压强度提高了17%和33%。而添加稳定剂A的试块相比较只添加纤维素醚的试块，28d抗折强度提升36%，28d抗压强度提升16%，相比较添加了稳定剂B的试块，28d抗折强度提升29%，28d抗压强度提升6.8%。同时添加稳定剂A和B的石膏基自流平砂浆尺寸变化率均要小于添加低黏度纤维素醚的石膏基自流平砂浆，且添加稳定剂A的石膏基自流平砂浆的尺寸变化率最小。

关键词　稳定剂；标准加水量；抗折抗压；尺寸变化率

Effects of Different Stabilizers on Self-leveling Properties of Desulfurized Gypsum Base

Hu Gang, Yan Huang, Luo Hui

Guangdong Longhu Science and Technology Co., LTD., Wuhan Technology Center, Wuhan, 430000, China

Abstract　The effects of two different stabilizers and low viscosity cellulose ether on the standard water addition, bleeding resistance, flexural compressive strength and size change rate of gypsum based self leveling mortar were studied. The results show that stabilizer a has the best anti bleeding performance forgypsum based self leveling mortar, followed by stabilizer B, and low viscosity cellulose ether is the worst. Compared with the test block with only cellulose ether, the 1D flexural strength and 1D compressive strength of the test block with stabilizer B increased by 17% and 25%, and the 7d flexural strength and 7d compressive strength increased by 17% and 33%. Compared with the test block with only cellulose ether, the 28d flexural strength increased by 36% and the 28d compressive strength increased by 16%. Compared with the test block with stabilizer B, the 28d flexural strength increased by 29% and the 28d compressive strength increased by 6.8%. At the same time, the size change rate of gypsum based self leveling with stabilizer A and B is less than that with low viscosity cellulose ether, and the size change rate of gypsum based self leveling with stabilizer A is the smallest.

Keywords　stabilizer; standard water addition; flexural and compressive strength; dimensional change rate

0 引言

石膏基自流平砂浆是由石膏、骨料、填料及外加剂混合均匀而成的一种用于建筑物地面精准找平的理想材料，可作为各类地面装饰材料的铺垫基底，也可直接作为面层地坪。由于石膏基自流平砂浆的主要胶凝材料是石膏，并且具有自动流平的性能，这就使得石膏基自流平砂浆施工时具有轻松方便，效率高，耗时短等优点[1]。但从现场施工来看，一般工人师傅会根据自身经验对石膏基自流平浆料的稀稠度做出判断，这种情况下就会出现多加水而泌水的情况。由于在石膏基自流平砂浆配方设计时为确保流动度、强度、尺寸变化率以及优秀的抗泌水性能，对石膏基自流平砂浆的标准加水量都有明确的规定，此时的强度、抗泌水性能以及尺寸变化率均为最佳。如果在此基础上多加水，就会破坏整个石膏基自流平砂浆体系，从而对流动度、强度、尺寸变化率以及抗泌水性能都产生一定的影响。为了解决工人在正常施工时加水量偏高出现泌水的情况，常规的解决方案是通过增加低黏度的纤维素醚添加量来提高石膏基自流平砂浆的抗泌水性能[2]，但这类纤维素醚对加水量较为敏感，在加水量变化不大时还可以保持石膏基自流平砂浆不泌水，一旦加水量偏高，此时加低黏度纤维素醚将不会对石膏基自流平砂浆的抗泌水有效果，这时就需要更好的稳定剂在更大的加水量范围内保证石膏基自流平砂浆不出现泌水情况[3-4]。本文就不同稳定剂在不同加水量下对石膏基自流平砂浆流动度、抗泌水性能、强度和尺寸变化率的影响进行试验，最终得出石膏基自流平砂浆稳定剂与添加低黏度纤维素醚相比较的优势所在。

1 原材料及测试

1.1 原材料

（1）石膏采用烟气脱硫石膏，由武汉某建材科技有限公司提供，主要性能指标见表1。

表1 脱硫石膏主要性能指标

石膏	标准稠度/%	凝结时间/min		2h强度/MPa		三相/%		
		初凝	终凝	抗折	抗压	Ⅲ型无水	半水	二水
脱硫石膏	60	20	28	3	6.8	7	78	7

（2）水泥由华新水泥股份有限公司提供，为P·O 42.5水泥，主要化学成分见表2。

表2 水泥的主要化学成分 %

Al_2O_3	CaO	SiO_2	MgO	SO_3	Fe_2O_3	Loss
6.77	63.54	23.55	3.02	2.28	2.25	2.79

（3）重钙由武汉广福建材有限公司提供，目数为325目。

（4）减水剂：高性能石膏专用聚羧酸减水剂Hanrius® P-49，浅黄色至浅灰白色粉末，堆积密度≥450kg/m³，0.2%添加量下减水率为36.1%。

（5）消泡剂：以无机材料为载体的聚合物消泡剂BYK-1691 SD，零VOC，白色粉末，堆积密度450～650kg/m³。

（6）缓凝剂：意大利SICIT 2000公司PLAST RETARD XCP。

（7）低黏度纤维素醚：HPMC 500，白色至微黄色粉末，黏度（NDJ旋转黏度计，2%，20℃）：350～650mPa·s。

（8）稳定剂：①KEVIWOL® WD-230，特殊高分子材料复合而成，代号稳定剂A，白色粉末，黏度（NDJ旋转黏度计，2%，20℃）400～600mPa·s，堆积密度（900±100）g/L；②国产稳定剂，代号稳定剂B，白色粉末，黏度（NDJ旋转黏度计，2%，20℃）：300～700mPa·s。

1.2 测试方法

石膏基自流平砂浆流动度、尺寸变化率及强度均按照 JC/T 1023—2021《石膏基自流平砂浆》进行测试。

抗泌水性能测试方法：按照 GB 8076—2008《混凝土外加剂》中 6.5.3 规定测试。

1.3 石膏基自流平砂浆基本配比

石膏基自流平砂浆的基本配比见表 3，各成分以 1kg 为基准。

表 3 石膏基自流平砂浆基本配比

组分	添加量/‰
脱硫石膏	800
重钙	150
水泥	50
P49	2.0
P849	0.5
XCP	0.3
稳定剂	0.5

本文稳定剂 A、稳定剂 B 和 HPMC 500 添加量固定为 0.5‰，研究各试样在相同稳定剂掺量下，不同环境温度、不同加水量对石膏基自流平砂浆流动度、防泌水性的影响。同时研究了在标准养护条件（20℃、湿度 50%）下，不同加水量对石膏基自流平砂浆不同养护龄期时的强度影响。

2 试验结果与讨论

2.1 加水量、环境温度对石膏基自流平砂浆工作性能的影响

不同加水量时，稳定剂 A、B 以及纤维素醚 HPMC 500 在 20℃和 40℃环境下对石膏基自流平砂浆流动度以及抗泌水性能的测试结果见表 4。

根据 JC/T 1023—2021《石膏基自流平砂浆》要求，石膏基自流平砂浆的标准加水量为初始流动度在 140～150mm 之间时的用水量。从表 4 可以看出，稳定剂 A、稳定剂 B 以及纤维素醚 HPMC 500 在相同掺量下的加水量具有一致性，在 20℃环境下和 40℃环境下的标准加水量均为 41%。

表 4 测试结果

分组	添加量/‰	加水量/%	20℃初始流动度/mm	20℃30min流动度/mm	20℃泌水率	40℃初始流动度/mm	40℃30min流动度/mm	40℃泌水率
稳定剂 A	0.5	39	135	120	0	133	121	0
		41	143	131	0	145	134	0
		43	149	140	0	150	139	0
		45	156	144	0	158	142	0
		47	162	151	0	164	153	0
稳定剂 B	0.5	39	132	119	0	134	121	0
		41	145	130	0	145	132	0
		43	150	141	0	152	143	0
		45	158	147	0	163	150	0
		47	165	153	0	170	158	1.2

续表

分组	添加量/‰	加水量/%	20℃初始流动度/mm	20℃30min流动度/mm	20℃泌水率/%	40℃初始流动度/mm	40℃30min流动度/mm	40℃泌水率/%
HPMC500	0.5	39	133	100	0	138	117	0
		41	143	117	0	147	125	0
		43	150	134	0	158	142	0.9
		45	161	149	3.5	165	152	4.8
		47	176	158	8.3	178	160	9.6

从表4中20℃时的测试数据可以看出，当加水量在39%时，稳定剂A、B以及HPMC 500的初始流动度接近，但添加HPMC 500的30min流动度要比添加稳定剂A和稳定剂B的30min流动度接近小10mm。当加水量为45%时，添加稳定剂A、稳定剂B以及HPMC 500的初始流动度仍然比较接近，且添加三种稳定剂的石膏基自流平砂浆30min流动度均已经达到JC/T 1023—2021《石膏基自流平砂浆》标准中要求≥140mm，但添加HPMC 500的石膏基自流平砂浆在此加水量下已经出现泌水，泌水率为3.5%。当加水量为47%时，添加稳定剂A的石膏基自流平砂浆流动度与添加稳定剂B的石膏基自流平砂浆流动度接近且两种自流平砂浆泌水率均为0，但此时添加HPMC 500的石膏基自流平砂浆泌水率增大为8.3%，泌水的同时伴随有离析和沉降的产生，而初始流动度也要高于添加稳定剂A和稳定剂B的石膏基自流平砂浆初始流动度10mm左右。

从表4中40℃时的测试数据可以看出，掺有稳定剂A的石膏基自流平砂浆初始流动度和30min流动度与20℃时的测试数据基本接近，且在加水量47%时仍然没有泌水现象出现，说明温度对添加了稳定剂A的石膏基自流平砂浆流动度及抗泌水性影响较小；掺有稳定剂B的石膏基自流平砂浆在40℃，加水量为39%～43%时的流动度与20℃时的流动度差别不大，但在加水量为45%～47%时的流动度要高于20℃的流动度，而且在加水量为47%时出现泌水，泌水率为1.9%，说明温度的升高会提高添加了稳定剂B的石膏基自流平砂浆流动度且会降低其抗泌水性；掺有HPMC 500的石膏基自流平砂浆40℃时的流动度均要高于20℃时的流动度，同时在加水量为43%时就开始泌水，泌水率为0.9%，说明温度的升高对添加了HPMC 500的石膏基自流平砂浆流动度有明显提高且会大幅降低其抗泌水性。

通过对表4的结果分析可知，稳定剂A对石膏基自流平砂浆的稳定效果最佳，其次为稳定剂B，而添加HPMC 500对石膏基自流平砂浆的稳定效果最差。这是因为稳定剂A由特殊高分子材料复合而成，当溶解在水中时，高分子材料能在石膏基自流平砂浆中形成特殊且稳定的网络状结构，这种网络状的结构相互交织，将石膏基自流平砂浆中的颗粒和粉料固定在原来的位置，阻止其因重力作用而下沉，且这种结构不会因为温度的升高而被破坏，这就使得无论20℃温度下还是40℃温度下，稳定剂A对石膏基自流平砂浆均具有优秀的防泌水和稳定性能。稳定剂B虽然在20℃时能够保持使石膏基自流平砂浆不泌水，但随着温度的升高，稳定剂B对石膏基自流平砂浆的稳定效果也变差，而HPMC 500仅仅只依靠纤维素醚提供的黏度来保证浆料整体密度的稳定性，加水量过多时这种稳定状态就极易被打破[5]，当温度在40℃时，HPMC 500自身的黏度发生改变而降低，此时HPMC 500对石膏基自流平砂浆的稳定性进一步降低，这也就导致在40℃泌水时的加水量要比20℃时的泌水加水量低，且最终泌水率增大。

2.2 稳定剂对石膏基自流平砂浆力学性能的影响

2.2.1 24h强度的影响

在标准条件下（温度20℃，湿度50%），稳定剂A、稳定剂B以及HPMC 500在不同加水量下对石膏基自流平砂浆24h的强度影响如图1所示。

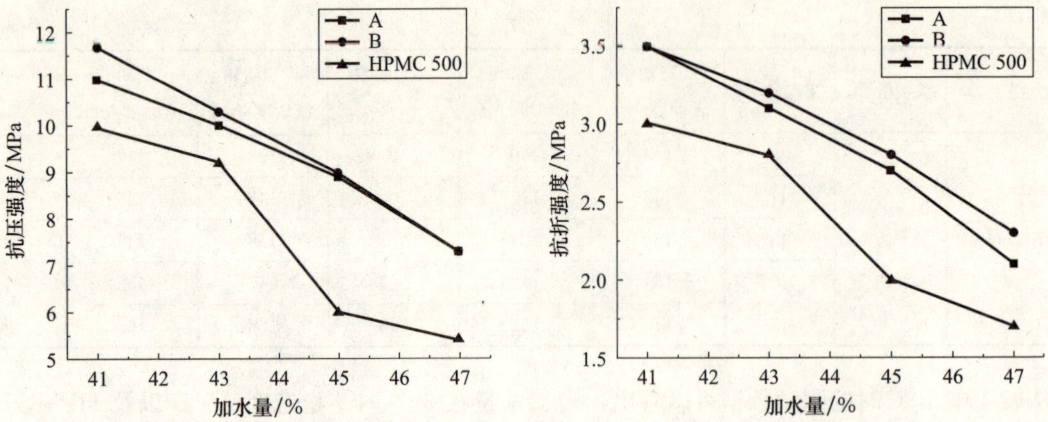

(a) 24h 抗压强度　　　　(b) 24h 抗折强度

图 1　不同加水量下石膏基自流平砂浆的 24h 强度

从图 1 中可以看出，石膏基自流平砂浆中掺加稳定剂 A、稳定 B 以及 HPMC 500 时，随着加水量的增加，24h 抗折、抗压强度均下降。添加稳定剂 A 和稳定剂 B 的石膏基自流平砂浆 24h 强度接近且下降趋势基本保持一致。添加 HPMC 500 的石膏基自流平在加水量为 41%～43%时下降趋势比较平缓，而在 43%～45%时强度有比较明显的骤降，45%～47%时下降趋势恢复平缓，这是因为掺加 HPMC 500 的自流平砂浆在加水量为 41%～43%时整个砂浆体系处于无泌水稳定状态，但当加水量为 45%时石膏基自流平砂浆开始出现泌水，浆料状态发生变化，石膏基自流平砂浆稳定体系被破坏，从而导致其强度下降得比较明显。综合对比分析来看，掺加稳定剂 B 的石膏基自流平砂浆试块 24h 抗折、抗压强度最高，其次为添加稳定剂 A 的试块，最后为添加 HPMC 500 的试块。

2.2.2　7d 强度影响

在标准条件下（温度 20℃，湿度 50%），石膏基自流平砂浆添加稳定剂 A、B 以及纤维素醚 HPMC 500 在不同加水量时对其 7d 强度影响如图 2 所示。从图 2 可以看出，添加相同稳定剂的条件下，石膏基自流平砂浆试块 7d 的抗折、抗压强度随着加水量的增加随之下降。但与 24h 强度不同的是，添加 HPMC 500 的石膏基自流平砂浆试块 7d 抗折强度在加水量为 43%～45%时并没有出现大幅度降低，反而在加水量为 45%～47%时下降比较明显，可能原因为虽然在加水量 45%时出现泌水，但由于放置 7d 时整个砂浆体系完全凝固，此时泌水对强度的影响降低，同时因为在加水量为 47%时石膏基自流平砂浆出现沉降，随着放置时间的推移，自流平砂浆体系出现离析分层，反而导致强度有比较大的下降趋势。从图 2（b）看出，添加稳定剂 B 的石膏基自流平砂浆试块在 7d 时抗压强度要明显高于其他两者，而添加稳定剂 A 的试块抗压强度和添加 HPMC 500 的试块抗压强度非常接近。

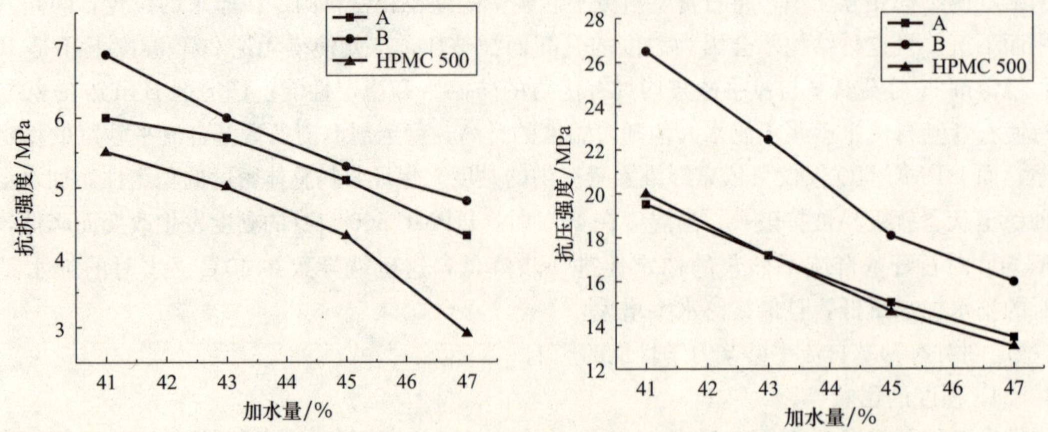

(a) 7d抗折强度　　　　(b) 7d抗压强度

图 2　标养 7d 后试块的抗折强度、抗压强度

2.2.3 28d 绝干强度影响

图 3 为在标准条件下（温度 20℃，湿度 50%），各试块 28d 的绝干抗折、抗压强度。

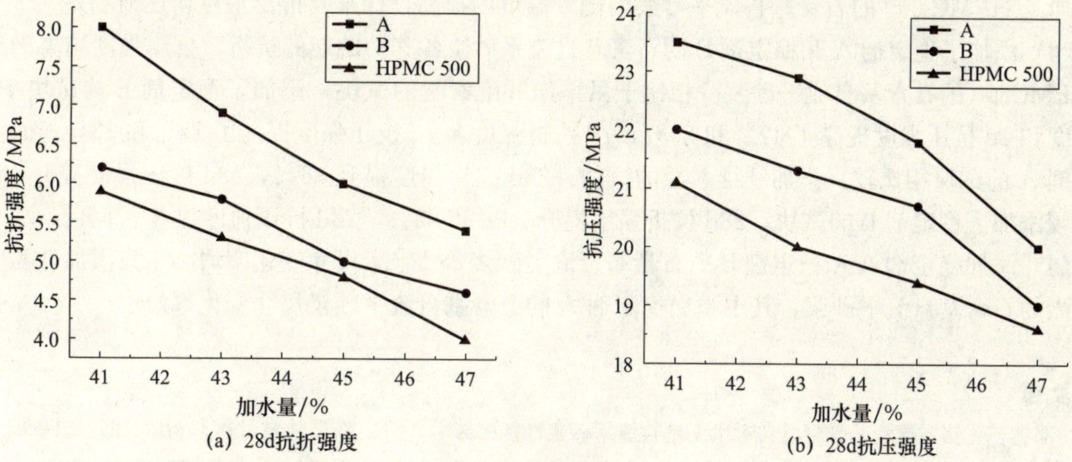

图 3 28d 绝干强度

从图 3 中可以看出，稳定剂对石膏基自流平砂浆 28d 强度的影响与对 24h 和 7d 时强度的影响趋势基本相同，也是随着加水量的增加其强度随之下降。有所不同的是，在 28d 时，石膏基自流平砂浆中添加稳定剂 A 的抗折、抗压强度是最高的，添加稳定剂 B 的次之，添加 HPMC 500 的最差。而且当加水量为 43%时，添加 HPMC 500 的石膏基自流平砂浆试块 28d 抗折、抗压强度已接近 JC/T 1023—2021《石膏基自流平砂浆》标准要求的抗折 5.0MPa，抗压 20.0MPa，加水量为 45%时达不到标准要求。而添加稳定剂 B 的石膏基自流平砂浆试块在加水量为 47%时 28d 抗折强度仍然符合标准要求的抗折强度，但抗压强度达不到标准要求。添加稳定剂 A 的 28d 绝干抗折、抗压强度均符合标准要求。

2.3 尺寸变化率

图 4 为试块在不同加水量下标准养护 28d 后，在烘箱中烘至绝干的尺寸变化率。

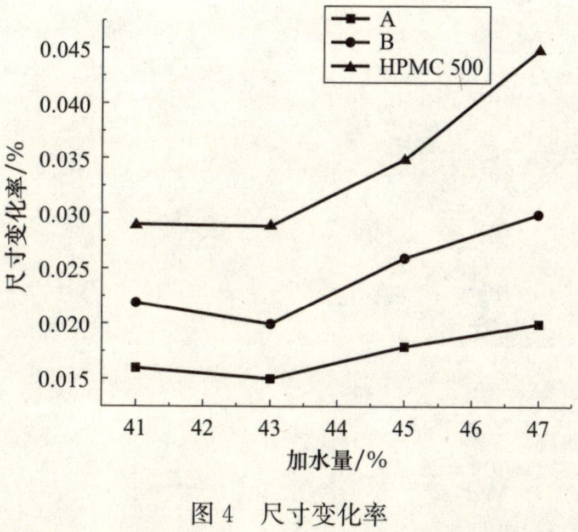

图 4 尺寸变化率

从图 4 可以看出，石膏基自流平砂浆试块在添加相同的稳定剂时，其 28d 绝干尺寸变化率都会随着加水量的增加而呈现变大趋势。同时可以看出，添加 HPMC 500 的石膏基自流平砂浆试块尺寸变化率要高于添加了稳定剂 A 和 B 的试块，其中添加稳定剂 A 的石膏基自流平砂浆试块尺寸变化率最小。

3 结论

（1）添加了稳定剂 A 和稳定剂 B 的石膏基自流平砂浆相比于添加了 HPMC 500 的石膏基自流

平砂浆，具有更优的抗泌水和抗沉降性能，其中稳定剂 A 的抗泌水性和抗沉降性能最佳。

（2）温度对稳定剂 A 的影响最小，随着温度的升高，稳定剂 A 仍然有较好的保水抗泌水性。而添加了 HPMC 500 的石膏基自流平砂浆，随着温度的提高，保水及抗泌水性均逐渐变差。

（3）添加了稳定剂 A 和稳定剂 B 的石膏基自流平砂浆各养护龄期的抗折、抗压强度均高于只添加 HPMC500 的石膏基自流平砂浆。相比于只添加纤维素醚的试块，添加了稳定剂 B 的试块 1d 抗折强度和 1d 抗压强度提高了 17％和 25％，7d 抗折强度和 7d 抗压强度提高了 17％和 33％；而添加稳定剂 A 的试块相比较只添加纤维素醚的试块，28d 抗折强度提升 36％，28d 抗压强度提升 16％，相比较添加了稳定剂 B 的试块，28d 抗折强度提升 29％和 33％，28d 抗压强度提升 6.8％。

（4）添加稳定剂 A 和稳定剂 B 的石膏基自流平砂浆 28d 绝干尺寸变化率均小于只添加低黏度纤维素醚的石膏基自流平砂浆，其中添加稳定剂 A 的石膏基自流平砂浆尺寸变化率最小。

参考文献

［1］ 邓鑫，张铭，曹青．胶凝材料对水泥基自流平砂浆性能的影响［J］．新型建筑材料，2013（2）：51-53.

［2］ 吴芳，任增洲．稳定剂对水泥基自流平砂浆基本性能的影响［J］．化学建材，2009，25（6）：41-44.

［3］ 翟亚南，M MAIER，K WUTZ. 新型减水剂和稳定剂在自流平砂浆中的应用［C］//2008 第三届（中国）国际建筑干混砂浆生产应用技术研讨会论文集，219-225.

［4］ 黎力，吴芳．自流平材料的应用发展综述［J］．新型建筑材料，2006（4）：7-11.

［5］ 吴金明，唐凯靖．纤维素醚与脱硫石膏基自流平砂浆相容性试验研究［J］．混凝土与水泥制品，2018（11）：74-77.

作者简介

户岗，男，1996 年生，助理工程师，联系地址：湖北省武汉市东西湖区新城十四路盈创动力产业园 1 栋 3 单元 1 楼，邮编：430040，电话：15271864840。

底层抹灰石膏与水泥基面层腻子匹配性的应用研究

杨成贵　卢云飞　麦观水

德高（广州）建材有限公司，广东广州，510931

摘　要　本文研究底层抹灰石膏与不同胶凝材料组成的面层腻子匹配性，尤其它们之间的层间附着力会直接影响到面层腻子后期的性能。本文结合实际应用情况，选择了中性Y型腻子、灰钙基腻子、N型水泥基耐水腻子及常用界面处理剂，将这些材料组合成多个方案，分别施工在底层抹灰石膏面上进行对比测试验证。研究表明：底层抹灰石膏与中性Y型腻子、灰钙基腻子的匹配性较好，与N型水泥基耐水腻子的匹配性较差，但通过做界面处理、解决了底层抹灰石膏与N型水泥基耐水腻子的层间附着问题，还提高了整个涂装体系的防潮性，使整个涂装体系能达到它的最佳效果。

关键词　底层抹灰石膏；中性Y型腻子；灰钙基腻子；N型水泥基耐水腻子

Application Research on the Matching of Bottom Gypsum Plaster and Putty

Yang Chenggui, Lu Yunfei, Mai Guanshui

Davco (Guangzhou) Co., Ltd., Guangzhou, 510931, China

Abstract　Novel the matching between bottom gypsum plaster and putty composed of different cementing materials were studied, especially the late-age properties of the putty would be directly affected by ply adhesion of them. Combined with the actual application situation, Y-style neutral putty, grey calcium-based putty, N-style cement-based waterproof putty and interface treating agent were chose to combine multiple schemes respectively, while these materials were applicated on the surface of bottom gypsum plaster for comparative test and verification. Studies have shown that, the bottom gypsum plaster was matched well with Y-style neutral putty and grey calcium-based putty but N-style cement-based waterproof putty is poor. However, the ply adhesion problem between bottom gypsum plaster and N-style cement-based waterproof putty was solved and also the moisture resistance of the coating system was improved through interface processing, so that the whole coating system can be achieved its best effect.

Keywords　bottom gypsum plaster; Y-style neutral putty; Grey calcium-based putty; N-style cement-based waterproof putty

0　引言

随着石膏产品在市场上的应用推广，我国近5年来，无论是石膏产品的技术研发，还是石膏产品的市场认可度，都得了较好的增长，应用领域也得到不断扩大，尤其是在国家政策导向下，“碳达峰、碳中和”目标要求下，“降耗增效、持续发展”已成为建筑行业的主旋律[1]。工业副产石膏资源化利用良性发展就是一个绿色低碳、减碳的重要行为。随着石膏行业发展，利用脱硫石膏等工业副产石膏代替天然石膏，大大降低成本，相关技术也更加成熟。

随着国家大力推动工业固废综合利用，底层抹灰石膏、石膏基自流平砂浆等石膏基产品迅猛发展，石膏利用总量突破 1.4 亿吨，如图 1 所示，工业副产石膏约占 80%的比重，产业产值 2018 年在 400 亿元左右，2020 年约为 477 亿元[2]，稳健增长，石膏粉产量每年以超过 10%～15%速度增长。从图 1 可看出石膏市场容量十分巨大。腻子作为一种找平材料，按胶凝材料来分，可分为有机胶凝材料和无机胶凝材料；有机胶凝材料包括中性腻子，无机胶凝材料包括水泥基腻子、灰钙基腻子及石膏基腻子等。

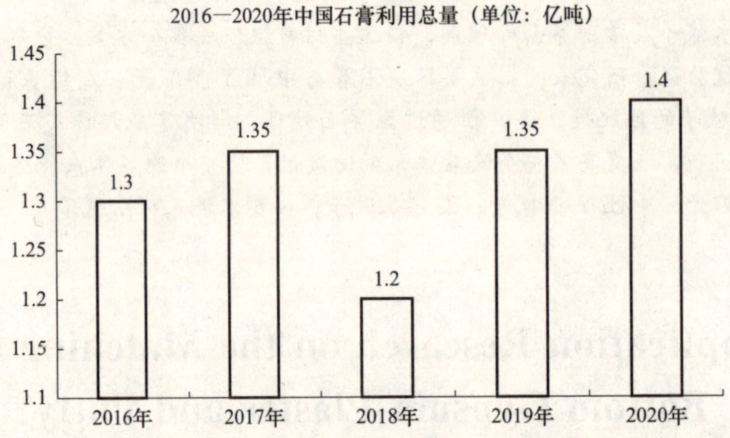

图 1　2016—2020 年中国石膏利用总量变化趋势[2]

传统理论一般认为，底层抹灰石膏基材料与覆面水泥基材料交界面易发生脱层。原因如下：底层抹灰石膏亦称粉刷石膏，是以半水石膏和Ⅱ型无水硫酸钙单独或两者混合后成为主要胶凝材料的找平材料。本身性能具有溶解性，表面硬度相对较低，其表面有可能发生矿物反应[3]等特性，因而底层抹灰石膏与面层腻子的匹配性应用研究就显得十分有意义。通过测试验证，规避了底层抹灰石膏与 N 型水泥基耐水腻子匹配时出现开裂、脱层等层间附着问题，还提高了整个涂装体系的防潮性，而与底层抹灰石膏配套的常见面层腻子有：CMC 体系中性 Y 型腻子、HPMC 体系灰钙基腻子、HPMC 体系 Y 型腻子、HPMC 体系 N 型水泥基腻子、石膏基腻子，下文针对这几类常见腻子展开试验探究。

1　试验部分

1.1　主要原材料

表 1　试验样品信息

产品名称	执行标准	主要性能
重质底层粉刷石膏	GB/T 28627—2012《抹灰石膏》-底层抹灰石膏	石膏基材料、快干、不收缩、室内干区、单道施工厚度 3～10mm 找平，重质
轻质底层抹灰石膏	GB/T 28627—2012《抹灰石膏》-底层抹灰石膏	石膏基材料、快干、不收缩、室内干区、单道施工厚度 3～10mm 找平，轻质
渗透型墙面加固剂	I 型 JC/T 907—2018《混凝土界面处理剂》	单组分乳液胶粘材料、渗透、封闭、加固

续表

产品名称	执行标准	主要性能
内墙耐水腻子（底层）	SZ N JG/T 298—2010《建筑室内用腻子》	水泥基材料，坚固、耐水底层腻子、单道施工厚度3～5mm
内墙耐水腻子（面层）	SZ N JG/T 298—2010《建筑室内用腻子》	水泥基材料，坚固、耐水面层腻子、单道施工厚度1～2mm
内墙防潮防霉面层腻子（灰钙基）	Y型JG/T 298—2010《建筑室内用腻子》	灰钙基材料，坚固、耐水面层腻子、单道施工厚度1～2mm
中性面层腻子（Y型）	中性Y型JG/T 298—2010《建筑室内用腻子》	有机胶粉胶凝中性材料、中性面层腻子、与涂料匹配性好、单道施工厚度1～2mm

1.2 试验方法

环境温度：室内$T=23℃$、室外$T=15\sim24℃$；

环境相对湿度：室内$RH=50\%\sim60\%$、室外$RH=55\%\sim65\%$；

在上述施工条件下，抹灰墙上每个测试样施工3m^2，施工完后持续观察6个月，拉拔强度参照GB/T 28627—2012《抹灰石膏》进行测试。

1.3 试验方案

首先在抹灰墙上做底层抹灰石膏粗找平（1遍），其次在底层抹灰石膏面上做界面处理（1遍）（分有做界面处理和无做界面处理），再次做各种常见腻子精找平（2遍），最后做试件在不同环境条件下的拉拔强度及持续观察其匹配性。

2 结果与讨论

2.1 底层粉刷石膏与水泥基面层腻子匹配性测试

由表2可知，底层粉刷石膏与方案1水泥基耐水面层腻子匹配时在无界面剂的情况下，水泥基面层腻子批3mm厚度时有开裂、脱层的情况，原因分析：底层粉刷石膏是以石膏为胶凝材料的气硬性材料，其具有溶解性，表面硬度较低，石膏材料干燥后再施工水泥基材料，特别是水泥基材料施工过厚，由于石膏材料大量吸水，导致水泥材料保水性能严重下降，缺水养护，水泥水化不充分，强度不能正常发展，尤其在与石膏材料的交界面部位石膏要微膨胀，最终导致两者不粘，甚至脱层；而与方案2/3/4里水泥基面层腻子匹配无异常，原因是面层腻子施工较薄水泥水化充分或做了界面剂有效避免以上的情况发生，试验证明通过做界面处理，解决了底层抹灰石膏与N型水泥基耐水腻子的层间附着问题，还提高了整个涂装体系的防潮性。

表2 底层粉刷石膏与水泥基面层腻子匹配性方案和结果

编号	测试方案1	测试方案2	测试方案3	测试方案4
粗找平（1遍）	底层粉刷石膏	底层粉刷石膏	底层粉刷石膏	底层粉刷石膏
界面处理（1遍）	无	渗透型墙面加固剂	无	渗透型墙面加固剂
精找平（2遍）	3mm厚耐水面层腻子	3mm厚耐水面层腻子	2mm厚耐水面层腻子	2mm厚耐水面层腻子
试验结果（6个月后）	开裂、脱层	无开裂	无开裂	无开裂

续表

编号	测试方案 1	测试方案 2	测试方案 3	测试方案 4
图片（6 个月后）				

2.2 底层粉刷石膏与灰钙基面层腻子匹配性测试

由表 3 可知，底层粉刷石膏与灰钙基面层腻子匹配持续观察 6 个月后无异常，试验验证了底层粉刷石膏与灰钙基面层腻子匹配性较好，其原因是：灰钙基面层腻子是以灰钙为胶凝材料的气硬性材料，和底层粉刷石膏硬化相近，层间不会发生不良反应，故底层粉刷石膏与灰钙基面层腻子匹配性较好。

表 3　底层粉刷石膏与灰钙基面层腻子匹配性方案和结果

编号	测试方案 5	测试方案 6	测试方案 7	测试方案 8
粗找平（1 遍）	底层粉刷石膏	底层粉刷石膏	底层粉刷石膏	底层粉刷石膏
界面处理（1 遍）	无	渗透型墙面加固剂	无	渗透型墙面加固剂
精找平（2 遍）	3mm 厚灰钙基面层腻子	3mm 厚灰钙基面层腻子	2mm 厚灰钙基面层腻子	2mm 灰钙基面层腻子
试验结果（6 个月后）	无开裂	无开裂	无开裂	无开裂
图片（6 个月后）				

2.3 底层粉刷石膏与中性面层腻子匹配性测试

由表 4 可知，底层粉刷石膏与中性面层腻子匹配持续观察 6 个月后无异常，试验验证了底层粉刷石膏与中性面层腻子匹配性较好，其原因是：中性面层腻子是以有机胶粉为胶凝材料的腻子，和底层粉刷石膏硬化相近，层间不会发生不良反应，故底层粉刷石膏与中性面层腻子匹配性较好。

表 4　底层粉刷石膏与中性面层腻子匹配性方案和结果

编号	测试方案 9	测试方案 10	测试方案 11	测试方案 12
粗找平（1 遍）	底层粉刷石膏	底层粉刷石膏	底层粉刷石膏	底层粉刷石膏
界面处理（1 遍）	无	渗透型墙面加固剂	无	渗透型墙面加固剂
精找平（2 遍）	3mm 厚中性面层腻子	3mm 厚中性面层腻子	2mm 厚中性面层腻子	2mm 厚中性面层腻子
试验结果（6 个月后）	无开裂	无开裂	无开裂	无开裂

续表

编号	测试方案 9	测试方案 10	测试方案 11	测试方案 12
图片（6 个月后）				

2.4 轻质抹灰石膏与水泥基面层匹配性测试

由表 5 可知，底层轻质抹灰石膏与方案 13 水泥基耐水面层腻子匹配时在无界面剂的情况下水泥基面层腻子批 3mm 厚有开裂，而与方案 14、15、16 里面层腻子匹配无异常，原因分析与 2.1 相同，试验验证了底层轻质抹灰石膏与水泥基耐水面层腻子匹配时做界面处理可降低开裂、脱层的风险，还提高了整个涂装体系的防潮性。

表 5　轻质抹灰石膏与水泥基面层匹配性方案和结果

编号	测试方案 13	测试方案 14	测试方案 15	测试方案 16
粗找平（1 遍）	轻质抹灰石膏	轻质抹灰石膏	轻质抹灰石膏	轻质抹灰石膏
界面处理（1 遍）	无	渗透型墙面加固剂	无	渗透型墙面加固剂
精找平（2 遍）	3mm 厚耐水面层腻子	3mm 厚耐水面层腻子	2mm 厚耐水面层腻子	2mm 厚耐水面层腻子
试验结果（6 个月后）	开裂	无开裂	无开裂	无开裂
图片（6 个月后）				

2.5 轻质抹灰石膏与灰钙基面层腻子匹配性测试

由表 6 可知，底层轻质抹灰石膏与灰钙基面层腻子匹配持续观察 6 个月后无异常，试验验证了轻质抹灰石膏与灰钙基面层腻子匹配性较好，原因分析与 2.2 相同。

表 6　轻质抹灰石膏与灰钙基面层腻子匹配性方案和结果

编号	测试方案 17	测试方案 18	测试方案 19	测试方案 20
粗找平（1 遍）	轻质抹灰石膏	轻质抹灰石膏	轻质抹灰石膏	轻质抹灰石膏
界面处理（1 遍）	无	渗透型墙面加固剂	无	渗透型墙面加固剂
精找平（2 遍）	3mm 厚灰钙基面层腻子	3mm 厚灰钙基面层腻子	2mm 厚灰钙基面层腻子	2mm 厚灰钙基面层腻子
试验结果（6 个月后）	无开裂	无开裂	无开裂	无开裂

续表

编号	测试方案 17	测试方案 18	测试方案 19	测试方案 20
图片（6 个月后）				

2.6 轻质抹灰石膏与中性面层腻子匹配性测试

由表 7 可知，底层轻质抹灰石膏与中性面层腻子匹配持续观察 6 个月后无异常，试验验证了轻质抹灰石膏与中性面层腻子匹配性较好，原因分析与 2.3 相同。

表 7　轻质抹灰石膏与中性面层腻子匹配性方案和结果

编号	测试方案 21	测试方案 22	测试方案 23	测试方案 24
粗找平（1 遍）	轻质抹灰石膏	轻质抹灰石膏	轻质抹灰石膏	轻质抹灰石膏
界面处理（1 遍）	无	渗透型墙面加固剂	无	渗透型墙面加固剂
精找平（2 遍）	3mm 厚中性面层腻子	3mm 厚中性面层腻子	2mm 厚中性面层腻子	2mm 厚中性面层腻子
试验结果（6 个月后）	无开裂	无开裂	无开裂	无开裂
图片（6 个月后）				

2.7 底层抹灰石膏与水泥基腻子-实验室潮湿养护测试

由表 8 可知，在潮湿环境下底层抹灰石膏与方案 1 水泥基耐水面层腻子匹配时在无界面剂的情况下，水泥基面层腻子批 3mm 厚度时有脱层的情况，而与方案 2、3、4 里水泥基面层腻子匹配无异常，原因分析与 2.1 相同，试验验证底层抹灰石膏与水泥基耐水面层腻子匹配在潮湿环境下做界面处理可降低开裂、脱层的风险，还提高了整个涂装体系的防潮性。

表 8　底层抹灰石膏与水泥基腻子-实验室潮湿养护方案和结果

编号	测试方案 1	测试方案 2	测试方案 3	测试方案 4
粗找平（1 遍）	底层抹灰石膏	底层抹灰石膏	底层抹灰石膏	底层抹灰石膏
界面处理（1 遍）	无	渗透型墙面加固剂	无	渗透型墙面加固剂
精找平（2 遍）	3mm 厚耐水底层腻子	3mm 厚耐水底层腻子	2mm 厚耐水面层腻子	2mm 厚耐水面层腻子
养护方式	腻子施工完成 7d 后，放入恒温恒湿养护箱，保持 20℃、$RH>95\%$养护			

续表

编号	测试方案 1	测试方案 2	测试方案 3	测试方案 4
试验结果（6 个月后）	无开裂、但轻微脱层	无开裂、脱层	无开裂、脱层	无开裂、脱层
图片（6 个月后）	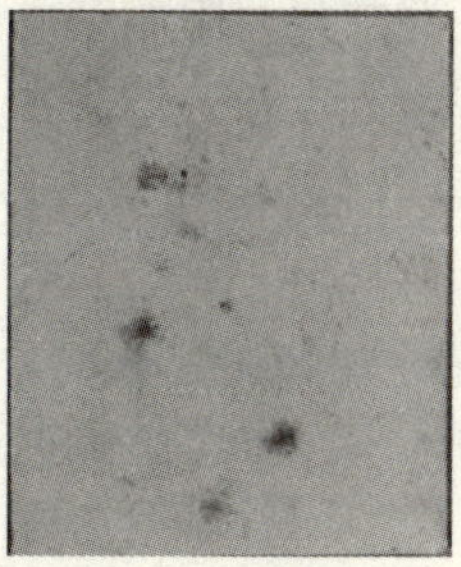			

2.8 底层抹灰石膏与水泥基腻子-实验室潮湿养护测试拉拔强度（切割拉拔）

由表 9 可知，在潮湿环境下切割拉拔数据都较低，底层抹灰石膏与水泥基耐水面层腻子匹配时，无做界面处理的情况下，拉拔数据均低于有做界面处理的，且无做界面处理的有界面断裂的情况，原因分析与 2.1 相同，试验验证了底层抹灰石膏与水泥基耐水面层腻子匹配时做界面处理可提高层间附着力，还提高了整个涂装体系的防潮性。

表 9　底层抹灰石膏与水泥基腻子-实验室潮湿养护拉拔强度（切割拉拔）测试方案和结果

编号	测试方案 1	测试方案 2	测试方案 3	测试方案 4
粗找平（1 遍）	底层抹灰石膏	底层抹灰石膏	底层抹灰石膏	底层抹灰石膏
界面处理（1 遍）	无	渗透型墙面加固剂	无	渗透型墙面加固剂
精找平（2 遍）	3mm 厚耐水底层腻子	3mm 厚耐水底层腻子	2mm 厚耐水面层腻子	2mm 厚耐水面层腻子
养护方式	腻子施工完成 7d 后，放入恒温恒湿养护箱，保持 20℃、RH>95%养护。			
28d 拉拔强度/MPa	0.13 有 33%界面断裂	0.22 断裂面在石膏基内部	0.16 断裂面在石膏基内部	0.24 断裂面在石膏基内部
图片（28d）	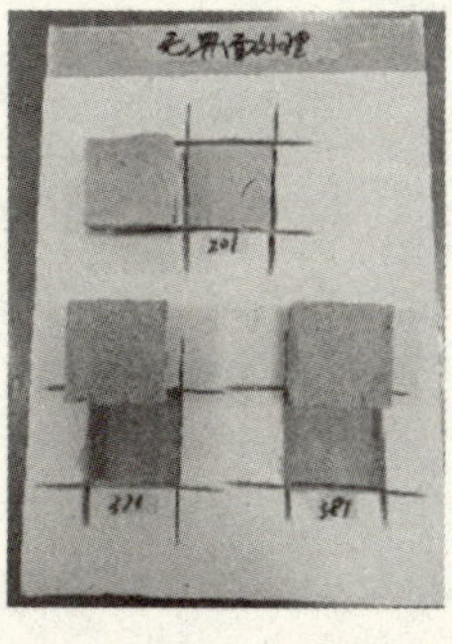	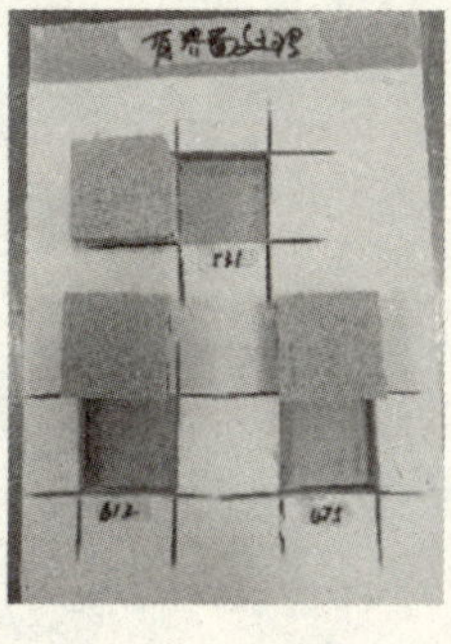	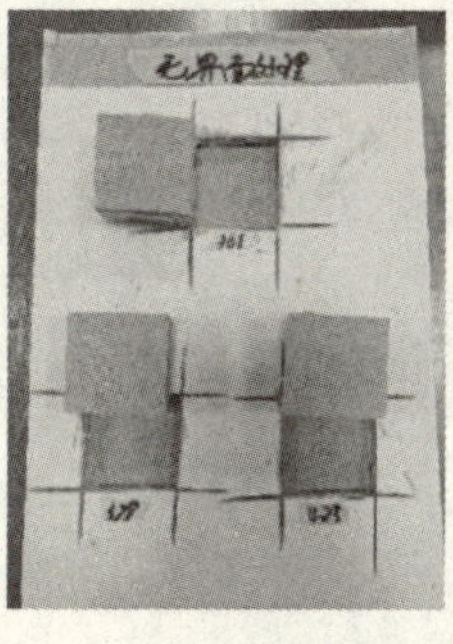	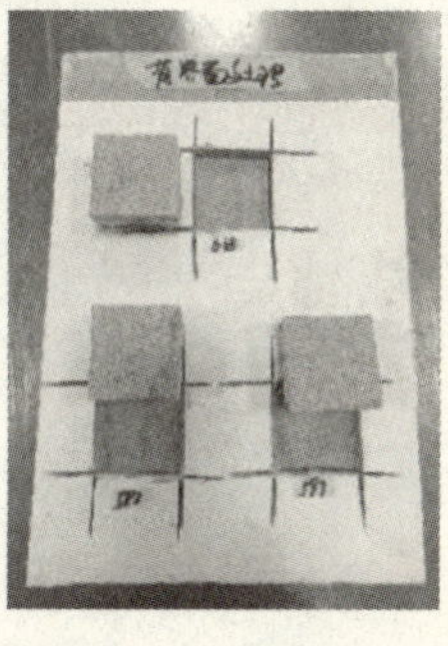

2.9 小结与思考

由以上测试可知，底层抹灰石膏与水泥基耐水面层腻子匹配时，在无界面剂进行界面处理的情况下，水泥基面层腻子批刮 3mm 厚度时有开裂、脱层现象，而与其余方案里面层腻子匹配时无异常。因此，在底层抹灰石膏上施工水泥基材料时，无做界面剂进行界面处理时有开裂、脱层风险，其原因是：

（1）底层抹灰石膏与水泥基材料匹配时，已经硬化的二水石膏是水泥的缓凝剂，和石膏材料接触部位的水泥材料就会被缓凝，强度降低，粘结强度也降低；

（2）石膏材料干燥后再施工水泥基材料，由于石膏材料大量吸水，导致水泥材料保水性能严重下降，缺水养护，水泥水化不充分，强度不能正常发展，特别是在与石膏材料的交界面部位石膏要微膨胀，最终导致两者不粘，甚至脱层；

（3）石膏材料是偏柔性材料，水泥基材料是刚性材料，刚性的水泥基材料限制了基层和石膏层释放应力而导致水泥层开裂、脱落。

3 结论

（1）底层抹灰石膏与中性Y型腻子、灰钙基腻子等常见腻子匹配性较好；

（2）底层抹灰石膏上施工水泥基耐水面层腻子单遍施工厚度（约1mm）风险较低，需预先涂刷界面剂进行封闭处理；

（3）底层抹灰石膏上施工水泥基耐水底层腻子（较厚）时易出现开裂、脱层风险，需预先涂刷界面剂进行封闭处理解决层间附着问题，提高整个涂装体系的安全性。

参考文献

[1] 胡晓军．超高层建筑绿色施工水平评价研究［D］．郑州：郑州大学，2019.

[2] 石宗利，朱桂华，刘文伟．工业副产品石膏在墙体材料中的应用研究［J］．中国建材，2008（11）：4.

[3] 朱利文，王力．生石膏在不同溶液中的溶解性能研究［J］．现代矿业，2009（8）：4.

作者简介

杨成贵，男，1973年生，工程师，联系地址：广东省广州市从化区明珠工业园兴园南路23号，邮编：510931，邮箱：chenggui，yang@davco.cn，电话：18688720466。

轻质保温石膏基自流平砂浆试验研究

申蓓蓓　严兴李　王文萍　赵 伦　于 鹏
东方雨虹砂粉科技集团有限公司，北京，101307

摘　要　文章通过对玻化微珠、减水剂、悬浮剂等原材料的筛选，研究了玻化微珠、减水剂、悬浮剂对石膏自流平砂浆导热系数、抗折抗压强度、拉伸粘结强度、砂浆流动性等的影响。结果表明：玻化微珠添加量越大，体积密度越小，导热系数越低，导热系数与玻珠添加量成正比。同时选择合适的减水剂和悬浮剂至关重要，直接关系到砂浆的最终效果和体系的稳定性。通过上述研究，得到最佳的轻质石膏基自流平砂浆配比，并测试其最终物理力学性能和热工性能。

关键词　楼地面保温砂浆；隔声；石膏基自流平

Study on the Thermal Insulation of Light Gypsum-based Self-leveling Mortar

Shen Beibei，Yan Xingli，Wang Wenping，Zhao Lun，Yu Peng
Beijing Oriental Yuhong Waterproof Technology Co.，Ltd.，Beijing，101307，China

Abstract　Through the selection of raw materials such as vitrified beads，water reducing agent and retarder，tested the influence of different raw materials on the thermal conductivity，the fluidity and strength of the gypsum based self-leveling mortar. The results show that the larger the amount of vitrified beads，the smaller the bulk density，and the lower the thermal conductivity. The thermal conductivity is proportional to the amount of vitrified beads. At the same time，it is very important to select appropriate water reducing agent and suspending agent，which is directly related to the final effect of mortar and the stability of the system. Through the above research，the best proportion of lightweight gypsum based self-leveling mortar is obtained，and its final physical and mechanical properties and thermal properties are tested.

Keywords　ground floor insulation mortar；acoustic insulation；gypsum based self-leveling mortar

0　引言

降低建筑能耗是目前亟待解决的一个重大问题。我国建筑能耗占全国总能耗的20%以上[1]，其中围护结构的传热耗热量所占比重相当大，达到70%多[2]。建立绿色建筑保温体系能减少建筑材料生产过程中的能耗，因此，发展高效节能墙体、保温楼地面等围护体系是建筑节能的关键。随着我国建筑节能要求不断提高，对分户楼板的热工性能也提出了相应要求，而钢筋混凝土楼板的 K 值较大，同样不能满足标准要求，其中 2018 浙 J76《居住建筑楼板保温设计构造》规定了分户楼板的传热系数 $K \leqslant 2.0$，上海市工程建设规范 DGJ 08—205《居住建筑节能设计标准》规定分户楼板的传热系数 $K \leqslant 2.0$。

据现行国家标准 GB 50118《民用建筑隔声设计规范》规定：住宅楼板撞击声（现场测量）≤75dB，高要求住宅≤65dB；上海地方标准 DGJ 08—20《住宅设计标准》中规定：全装修住宅建筑的卧室、起居室的分户楼板构件计权规范化撞击声压级（实验室测量）应小于 65dB，现场计权标准化撞击声压级（现场测量）应小于等于 65dB。同时，GB 50118 标准里说明 120mm 厚的钢筋混凝土楼板的撞击声压级在 80dB 左右，仅靠光裸的钢筋混凝土楼板无法达到相关标准对撞击声隔声性能的要求。

石膏基材料具有良好的保温隔热性能，能够调节室内温度和湿度，可提高居住的舒适度，同时材料的成本低于水泥基自流平，具有经济优势[3]。本研究致力于轻质保温隔声自流平砂浆，从玻化微珠、减水剂、悬浮剂的选择进行了配方的研制。在轻质保温自流平层上再浇筑高强石膏自流平，在保温隔声的同时，满足地坪对强度的要求。

1 原材料

建筑脱硫石膏（宜兴子贤，具体性能指标见表 1），玻化微珠，缓凝剂，保水剂，消泡剂，减水剂，悬浮剂。

表 1 脱硫 β 半水石膏基本性能

标准稠度/%	初凝/min	终凝/min	2h 抗折强度/MPa	2h 抗压强度/MPa	绝干抗折强度/MPa	绝干抗压强度/MPa
55	12	16	3.4	10	7.2	24.2

2 试验方法

以脱硫 β 半水石膏为胶凝材料，按设计配合比加入减水剂，缓凝剂，保水剂，消泡剂，可再分散胶粉等外加剂和石英砂，混合均匀后加入一定量的水，在搅拌器内搅拌。用搅拌的自流平砂浆进行性能测试和试件成型。本试验中相关部分的性能和性能检测方法，均采用 JC/T 1023—2007《石膏基自流平砂浆》标准中的相关规定。

3 结果与讨论

3.1 玻化微珠

楼面上的弹性材料可以降低撞击声的传递，因此在楼面所使用的砂浆中加入某些柔性材料或多孔材料，以使得楼面砂浆层具有减少振动传播的能力，以实现隔绝固体声。目前与砂浆具有较好复合性的材料有：废轮胎橡胶粉、陶砂粒、粒状矿棉、漂珠、玻化微珠、EPS 颗粒等。本试验采用玻化微珠来测试。

3.1.1 玻化微珠添加量对抗折抗压强度和导热系数的影响

从图 1 可以看出，随着玻珠添加量的增加，自流平砂浆试块的体积密度减小，导热系数也随之降低。玻珠添加量从 9%增加到 38%时，导热系数发生直线下降。体积密度越小，导热系数越低。体积密度 280kg/m^3 左右时，导热系数达到 0.076W/（m·K）。

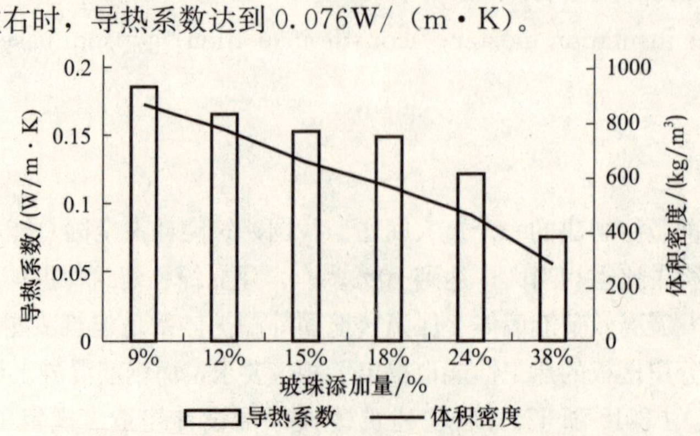

图 1 玻珠添加量对体积密度和导热系数的影响

从图2可以看出，随着玻珠添加量的增加，试块体积密度降低，越来越轻，抗折抗压和拉伸粘结强度都呈下降趋势。当玻珠添加量达到18%时，强度出现明显的下降。玻珠添加量为38%时，抗压强度较低，为1.2MPa，此时导热系数0.076W/（m·K）。

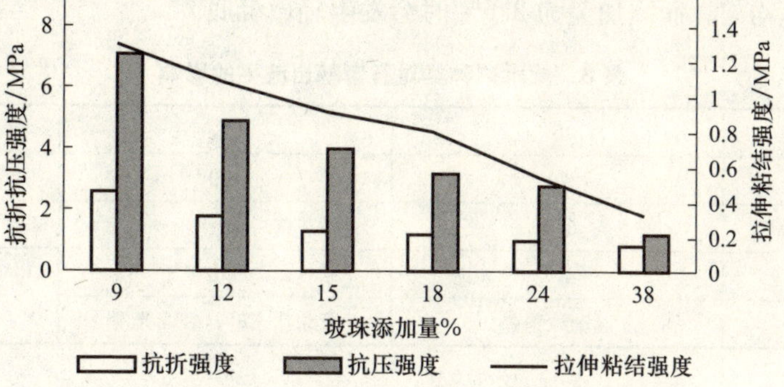

图2 玻珠添加量对抗折抗压拉伸粘结强度影响

3.1.2 不同规格玻化微珠对强度的影响

从图3可以看出，玻珠规格对抗折抗压拉伸粘结强度的影响很大。玻珠A和B为闭孔珍珠岩，C为开孔珍珠岩，闭孔珍珠岩比开孔珍珠岩强度更好。玻珠A为30～50目，B为50～70目，B表观效果更细腻，流动度更好，30min流动度100mm。玻珠A添加量20%时，抗折强度1.5MPa，抗压强度3.32MPa，拉伸粘结强度0.94MPa，而同等添加量玻珠B抗折强度1.6MPa，抗压强度4.4MPa，拉伸粘结强度1.11MPa。

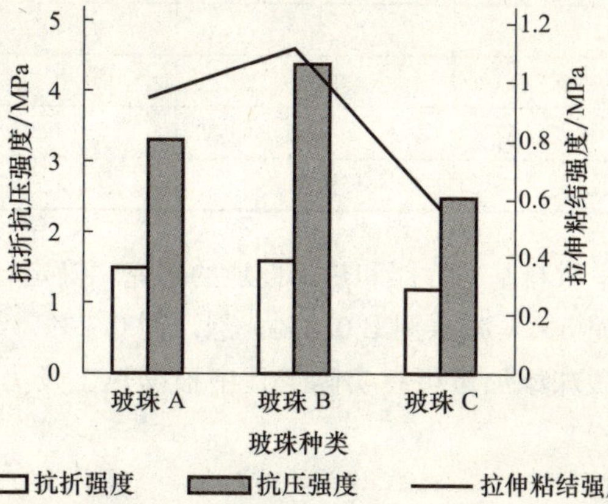

图3 不同玻珠规格对抗折抗压强度、拉伸粘结强度的影响

3.2 减水剂对石膏基自流平流动度和强度的影响

3.2.1 减水剂种类对石膏基自流平的影响

从表2可以看出，减水剂B流动性最佳，30min后可以达到100mm，流动损失小，表面效果好，无开裂、发花等问题。同时配方里添加水泥会降低石膏自流平的流动损失，所以本试验选取减水剂B。

表2 减水剂种类对石膏基自流平的影响

	减水剂A	减水剂B	减水剂C	减水剂D
30min后流动度/mm	80	100	100	70
表观效果	无发花、浮油	无发花、浮油	泌水	流动度小

3.2.2 减水剂掺量对石膏基自流平的影响

试验选用减水剂B，添加量1.5‰、2‰、2.5‰三个比例。玻珠选取玻珠B，掺量24%进行试验。初始流动度90～100mm。

由表3可以看出，减水剂B添加量为2‰时，石膏自流平砂浆流动度100mm，流动状态好，实干后表面细腻，颜色均匀。而添加量为2.5‰时会发生轻微沉底。

表3 减水剂种类对石膏基自流平的影响

	1.5‰	2‰	2.5‰
30min流动度/mm	70	100	100
28d抗折强度/MPa	1.6	1.7	1.7
28d抗压强度/MPa	4.2	4.8	5.2
表观状态	流动性稍差	流动状态好，表面光滑	轻微沉底

3.3 悬浮剂对石膏自流平砂浆流动度和强度的影响

因轻质保温石膏自流平添加了大量的玻化微珠骨料，所以对体系的防沉降、防泌水提出了很高的要求。

本试验防沉降采用纤维素醚加悬浮剂的组合，悬浮剂添加量小于2‰时，石膏自流平有泌水和沉底现象。添加量2.5‰时，浆料太稠，无法流动。最终悬浮剂添加量选择2‰（表4）。

表4 悬浮剂对石膏自流平砂浆流动度和强度的影响

	0	1‰	2‰	2.5‰
初始流动度mm	100	100	90	70
保水率%	77	86	89	90
尺寸变化率7d	−0.746	0.019	0.025	0.019
尺寸变化率28d	−0.682	0.001	0.01	−0.041
表观状态	泌水	轻微沉底	无分层	基本无法流动

基于以上对石膏基自流平材料基本性能和热工性能的研究，确定轻质保温石膏基自流平材料的配合比如下：普通硅酸盐水泥5%、减水剂B 0.2%；悬浮剂0.2%，纤维素醚0.2%，缓凝剂添加量根据凝结时间调整，玻化微珠添加量可在实际工程中根据热工及力学要求在优化范围内进行选择，其余用石膏配平。

4 结论

（1）不同玻化微珠对石膏自流平砂浆流动性和强度影响度很大，最终选择闭孔，目数50～70，堆积密度130kg/m^{3}的玻化微珠，此时砂浆流动性好，表观细腻。且抗折抗压强度、拉伸粘结强度好于其他规格玻化微珠。

（2）玻化微珠的添加量直接影响到自流平砂浆的导热系数，随着玻珠添加量的增大，自流平砂浆体积密度降低，导热系数也越来越低，体积密度与导热系数成正比。玻珠添加量38%时，导热系数达到0.076W/（m·K）。

（3）减水剂的选择对自流平来说至关重要，添加聚羧酸减水剂B，自流平砂浆流动性好，无泌水发花问题。当添加量为2‰时，效果最佳，自流平表面细腻，颜色均匀。

（4）纤维素醚和悬浮剂在配方里起到防沉降、防分层的作用。添加量为2‰时，自流平砂浆状态均匀，无泌水沉降，且流动性好。

（5）现有的保温隔声地坪系统存在表面不平整、空鼓、开裂严重，施工效率低、后期维修严重等问题，采用轻质保温石膏自流平＋薄层石膏自流平的施工方式可提供保温隔声功能基础上解决这些问题，这种石膏基保温隔声地坪系统具有保温隔声功能，不易开裂、空鼓，凝结时间快，大幅节省工期。

参考文献

［1］ 中国建筑节能协会能耗统计专委会．2018中国建筑能耗研究报告［J］．建筑，2019.

［2］ Lam J. C. Hui S. C. M. Outdoor design conditions for HVAC system design and energy Simulation for buildings in Hong Kong. Energy and Buildings，1995

［3］ 李逸晨．石膏行业的发展现状及趋势［J］．硫酸工业，2019（11）：8.

作者简介

申蓓蓓，女，1981年生，工程师，联系地址：北京市顺义区顺平路沙岭段甲2号，邮编：101307，电话：010-59031997。

JC/T 1023—2021《石膏基自流平砂浆》标准解读

段赛红[1,2]　张吉秀[1,2]　张 晔[1,2]　苗元超[1,2]
1 北京建筑材料科学研究总院有限公司，北京，100041；
2 固废资源化利用与节能建材国家重点实验室，北京，100041

摘　要　建材行业标准 JC/T 1023—2021《石膏基自流平砂浆》已于 2021 年 7 月 1 日起实施。为贯彻实施该标准的具体要求和规定，本文介绍了该标准修订的目的，新版标准与原行业标准的差异，标准的验证试验情况、主要技术指标和试验方法的确定，并与目前国内外相关标准、规程、试验方法进行了比较。

关键词　石膏基自流平砂浆；主要技术指标；标准解读

Standard Interpretation of JC/T 1023—2021 *Gypsum Based Self-leveling Compound for Floor*

Duan Saihong[1,2], Zhang Jixiu[1,2], Zhang Ye[1,2], Miao Yuanchao[1,2]
1 Beijing Building Materials Academic of Sciences Research Co., Ltd., Beijing, 100041, China;
2 National Key Laboratory of Solid Waste Resource Utilization and Energy-saving Building Materials, Beijing, 100041, China

Abstract　The building materials industry standard JC/T 1023—2021 "gypsum base self-leveling compound for floor" was implemented on July 1, 2021. In order to carry out the specific requirements and regulations for the implementation of the new standard, the article introduces the standard, including the purpose of revision, the differences between new standard and the original industry standard, the situation of the verification test, the determination of main technical indexes and test methods, Moreover, the relevant standards, procedures and test methods at home and abroad are compared.

Keywords　gypsum based self-leveling compound for floor; main technical indicators; standard interpretation

1　标准制定的目的

2007 年由北京建筑材料科学研究总院有限公司和建筑材料工业技术监督研究中心组织起草的 JC/T 1023—2007《石膏基自流平砂浆》行业标准对该产品的早期研发和性能提高起到了指导和引领作用。但 JC/T 1023—2007 标准制定时，我国石膏基自流平砂浆尚处于初级阶段，随着近年来石

项目信息：国家重点研发计划资助项目（2020YFB0606304）。

膏基自流平砂浆行业的不断发展和技术进步，产品的生产和应用形成规模，标准中某些质量指标已不适应自流平材料的发展和指导实际工程，需要修改性能指标，细化原标准中某些试验方法，减少试验影响因素，以正确反映材料性能，同时根据目前快速施工要求，对其性能检测方法的实践性和时效性提出了更高的要求。因此原标准起草单位北京建筑材料科学研究总院有限公司、建筑材料工业技术监督研究中心和中国建筑材料联合会预拌砂浆分会在调研和征求生产企业、设计单位及用户意见基础上，对标准进行修订。

2 验证试验工作

在对国内外相关标准及试验方法进行总结归纳的基础上，根据石膏基自流平砂浆材料特点、应用情况和现有技术的发展状况，制定了试验方案。本标准验证试验共采集石膏基自流平样品 19 个。样品中半水石膏含量≥40%样品 13 个；半水石膏含量≤40%样品 6 个。样品验证试验工作主要由北京建筑材料科学研究总院有限公司、北京建筑材料检验研究院股份有限公司和北新集团建材股份有限公司承担。

3 标准技术要求和试验方法

本标准规定了石膏基自流平砂浆的术语和定义、分类与标记、一般要求、技术要求、试验方法、检验规则以及包装、标志、运输和贮存。适用于室内地面找平用石膏基自流平材料。本标准在总结石膏基自流平砂浆的生产及应用情况和实践经验的基础上，根据现有产品品种和工程设计要求，通过验证试验的对比分析，对部分技术指标设置和技术要求提出了修订，以便为生产、检测、使用等单位继续提供技术依据，确保石膏基自流平砂浆的材料性能和施工质量，进而推动我国建筑室内地面材料和施工的技术进步。现将标准的指标要求及试验方法简单介绍如下：

3.1 术语和定义

本标准将石膏基自流平砂浆定义为“以半水石膏为主要胶凝材料，与骨料、填料及外加剂组成，与水搅拌后具有一定流动性的室内地面用自流平材料。”

通过对国外自流平产品及相关标准调研，德国等自流平产品发展较早的国家已经出现Ⅱ型无水石膏为主要胶凝材料的石膏基自流平砂浆，且技术较为成熟。但从本标准验证试验采样和试验结果来看，我国尚未开发出成熟的Ⅱ型无水石膏为主的石膏基自流平砂浆产品，同时也没有实际工程案例。因此本次修订的标准暂未将以Ⅱ型无水石膏为主要胶凝体系的石膏基自流平砂浆列入。

3.2 产品分级

修订后的标准将石膏基自流平砂浆产品按 28d 绝干抗折抗压强度分为 G20 型和 G25 型。

产品分级是本标准修订的主要内容之一，近年来随着原材料性能的提高和外加剂的多样化，石膏基自流平砂浆产品质量出现较大提升，抗压强度较之前有显著提高。为规范和提高石膏基自流平砂浆的质量，本标准的修订对其强度等级进行了分级细化。从表 1 国内外相关标准对比可知，国外相关标准抗折强度均不低于 5.0MPa，抗压强度不低于 20MPa，法国自流平性能要求抗压强度不低于 25MPa。国内标准中，JC/T 985—2017《地面用水泥基自流平砂浆》抗折强度设有 F4，抗压强度设有 C16 级别，但 DB11/T 511—2017《自流平地面施工技术规程》中规定了基层应坚固、密实，且基层抗压强度不应小于 20MPa。因此作为垫层使用的石膏基自流平砂浆，其最低抗压强度不应低于 20MPa。

表 1 相关标准绝干抗折抗压强度限值

标准名称	抗折强度/MPa	抗压强度/MPa
JC/T 1023—2007《石膏基自流平砂浆》	F7.5	C20
JC/T 985—2017《地面用水泥基自流平砂浆》	F4、F6、F7、F8、F10	C16、C20、C25、C30、C35、C40
CSTB 法国自流平性能要求	F5	C25

续表

标准名称	抗折强度/MPa	抗压强度/MPa
韩国 KSF4041《水泥基自流平砂浆》	—	C20
英国的 EFNARC 协会（自流平砂浆）性能要求	F5	C20
JC/T 1023—2021《石膏基自流平砂浆》	F5，F7	G20，G25

3.3 外观

外观是对砂浆质量最直观最快速的认定。石膏基砂浆产品易受潮导致结块，引起性能劣化。本标准与原标准外观规定一致，规定石膏基自流平砂浆外观均匀、无结块、无杂物。

3.4 30min 流动度

本标准将原标准中“30min 流动损失”修订为“30min 流动度”，便于试验操作与计量。

流动度是表征自流平产品施工特性的重要控制指标，也是本标准修订的主要内容之一。原标准为测定 30min 流动度损失，对自流平砂浆的流动度随时间的变化做出了规定，但在实际操作中测定流动度损失，结果重现性和可操作性较低，在 JC/T 985—2017《地面用水泥基自流平砂浆》中也采用了流动度而非流动度损失进行表征，因此，直接测量 30min 流动度更加便于施工操作和控制。对于流动度测量时间的选择，水泥基自流平砂浆由于其干燥收缩性能较差，在实际工程应用中，铺设厚度通常不超过 1cm，20min 流动度可以满足工程施工需求，但石膏基自流平砂浆在实际工程中通常铺设较高厚度，相比水泥基自流平需要更长的施工操作时间。表 2 为国内外相关标准流动度限值对比，不同国家测试模具也有所不同。综合以上考虑，本标准将该指标修订为直接测定 30min 流动度。

表 2 国内外相关标准流动度限值

标准名称	流动度指标及限值	测试模具尺寸
JC/T 1023—2007《石膏基自流平砂浆》	30min 流动度损失不大于 3mm， 凝结时间 1～6h［初始流动度（145±5）mm］	内径（30±0.1）mm 高度（50±0.1）mm
JC/T 985—2017《地面用水泥基自流平砂浆》	初始流动度≥130mm 20min 流动度≥130mm	内径（30±0.1）mm 高度（50±0.1）mm
CSTB 法国自流平性能要求	150～157mm，5、10、15min 流动度； 凝结时间 140～200min	内径（30±0.1）mm 高度（50±0.1）mm
韩国 KSF4041《水泥基自流平砂浆》	初始流动度≥180mm 凝结时间≥1h	内径（50±0.1）mm 高度（51±0.1）mm
JASS 15 M—103《地坪材料的质量规程》	初始流动度≥190mm， 凝结时间≥1h	内径（50±0.1）mm 高度（51±0.1）mm
英国的 EFNARC 协会（自流平砂浆）性能要求	初始流动度≥220mm 30min，≤20%	跳桌法
JC/T 1023—2021《石膏基自流平砂浆》	30min 流动度≥140mm ［初始流动度（145±5）mm］	内径（30±0.1）mm 高度（50±0.1）mm

3.5 24h 抗折抗压强度

本标准 24h 抗折抗压强度测定方法与原标准保持一致。24h 抗折强度由原标准的“不小于 2.5MPa”修改为“不小于 2.0MPa”。

除以硬石膏为主要胶凝材料的自流平砂浆外，大多石膏基自流平砂浆具有早强的特点，该指标是对石膏基产品特点的重要表征，对实际施工中如上人时间、下一步的操作时间具有较大的指导意义，也对保证施工效率具有重要意义。从验证试验数据来看，24h 抗压强度不小于 6.0MPa 的样品占整个样品的 58%；达到 24h 抗折强度不小于 2.5MPa 的样品合格率仅为 47%，样品合格率不足

50%。从表3相关标准的24h限值来看，国外相关自流平标准未规定24h力学性能指标，我国JC/T 985—2017《地面用水泥基自流平砂浆》对24h强度做了规定，因应用领域相同并结合验证试验结果，本标准参考JC/T 985—2017《地面用水泥基自流平砂浆》中指标，将24h抗折强度调整为“不小于2.0MPa”，调整后的样品合格率为63%。

表3 相关标准24h抗折抗压强度限值

标准名称	24h抗折强度/MPa	24h抗压强度/MPa
JC/T 1023—2007《石膏基自流平砂浆》	不小于2.5	不小于6.0
JC/T 985—2017《地面用水泥基自流平砂浆》	不小于2.0	不小于6.0
CSTB法国自流平性能要求	—	—
韩国KSF4041《水泥基自流平砂浆》	—	—
英国的EFNARC协会（自流平砂浆）性能要求	—	—
JC/T 1023—2021《石膏基自流平砂浆》	不小于2.0	不小于6.0

3.6 28d绝干抗折抗压强度

本标准将原标准中“绝干抗折抗压强度”修订为“28d绝干抗折抗压强度”。基本测试方法与原标准保持一致，区别在于将成型后的试件龄期的养护修订为28d，试件养护至28d龄期，烘干至恒量，进行抗折抗压测定。

绝干抗折抗压强度是衡量自流平砂浆作为地坪材料强度的重要性能指标。不同胶凝体系的石膏基自流平砂浆其在养护龄期内抗折、抗压强度的发展情况有所不同。目前，大多石膏基自流平砂浆产品中都采用了以半水石膏为主，Ⅱ型无水石膏为辅的胶凝体系，该体系强度发展周期较长，根据验证试验结果，其在28d的抗折抗压强度较成型脱模后的绝干抗折抗压强度仍有所增长。根据验证试验测试结果，养护28d后测得的绝干抗折与抗压强度均大于原标准方法测得的绝干抗折与抗压强度。因此，本标准修订中，将“绝干抗折与抗压强度”修订为“28d绝干抗折与抗压强度”，以更好地适应产品的技术变化特点。

3.7 28d烘干拉伸粘结强度

本标准将原标准中“绝干拉伸粘结强度”修订为“28d烘干拉伸粘结强度”。基本测试方法与原标准保持一致，区别在于将成型后的试件龄期的养护修订为28d，试件养护至28d龄期，烘干48h，进行抗折抗压测定。

28d烘干拉伸粘结强度是硬化体自身内聚力和硬化体与其他材料界面结合性能的表征，是保证与基层楼板以及粘结饰面层粘结牢固，避免空鼓、开裂的重要指标。考虑石膏基自流平砂浆的胶凝材料如含一定掺量的无水石膏，较短龄期的拉伸粘结强度无法表征其真实强度，因此本标准将该指标修订为28d烘干拉伸粘结强度。良好的粘结强度是地面无空鼓裂缝的重要保证指标。验证试验结果显示28d烘干拉伸粘结强度略高于短期拉伸粘结强度。国内外相关标准对拉伸粘结强度的要求比较一致，均为不小于1.0MPa，见表4。同时地面装饰面层如PVC地板和木地板，对地面基材粘结强度的要求也为不小于1.0MPa，因此，本标准28d拉伸粘结强度指标设定为不小于1.0MPa。在测定方法中，由于较大尺寸的基材容易产生形变问题，因此本标准中对其试验基材进行了修订，规定为试验混凝土板性能符合JC/T 547附录A的要求，尺寸为70mm×70mm×20mm。成型框由硅橡胶制成，尺寸为70mm×70mm，内框尺寸为50mm×50mm，厚度为5mm，内框尺寸精确至±0.2mm。

表4 相关标准拉伸粘结强度限值

标准名称	28d拉伸粘结强度/MPa	绝干拉伸粘结强度/MPa
JC/T 1023—2007《石膏基自流平砂浆》	—	不小于1.0
JC/T 985—2017《地面用水泥基自流平砂浆》	不小于1.0	—

续表

标准名称	28d拉伸粘结强度/MPa	绝干拉伸粘结强度/MPa
CSTB法国自流平性能要求	不小于1.0	—
韩国KSF4041《水泥基自流平砂浆》	不小于0.8（通用型）不小于1.2（专用型）	—
英国的EFNARC协会（自流平砂浆）性能要求	不小于1.0	—
JC/T 1023—2021《石膏基自流平砂浆》	不小于1.0	—

3.8 尺寸变化率

本标准将原标准中“收缩率”修订为“尺寸变化率”。原标准测定方法为24h脱模后的试件干燥处理后进行尺寸变化率的测定，修订后的方法为试件养护至28d龄期后，进行尺寸变化率的测定。

施工后自流平砂浆硬化后的尺寸变化将直接关系着地面是否开裂，该指标是自流平砂浆最重要的表征。对石膏而言，其良好的尺寸稳定性是区别于其他自流平砂浆的显著特征。石膏基产品通常具有微膨胀性能，原标准中“收缩率”未能准确描述石膏产品的性能，从表5与国内外相关标准的限值来看，大多标准指标名称为“尺寸变化率”，因此本标准将该项技术指标名称修订为“尺寸变化率”。同时，在试验验证方法上，将原标准“成型后24h测定绝干尺寸变化率”修订为“在标准规定试验条件下养护28d后进行尺寸变化率的测定”，养护时间与养护条件与实际工程更为接近，更能反映自流平产品在实际使用过程中的尺寸变化规律，同时与JC/T 985保持一致，易于产品指标的选择比较，突出石膏基产品的优势。

表5　相关标准尺寸变化率限值

标准名称	技术指标名称	限值/%
JC/T 1023—2007《石膏基自流平砂浆》	收缩率	不大于0.05
JC/T 985—2017《地面用水泥基自流平砂浆》	尺寸变化率	±0.15
CSTB法国自流平性能要求	收缩率	不大于0.1
韩国KSF4041《水泥基自流平砂浆》	尺寸变化率	±0.05
英国的EFNARC协会（自流平砂浆）性能要求	尺寸变化率	±0.02
BS—EN—13454—2《用于地面找平层的硫酸钙基胶凝材料、复合胶凝材料和工厂预拌的混合物》	3d、7d、14d、28d测试	±0.02
JC/T 1023—2021《石膏基自流平砂浆》	尺寸变化率	±0.05

3.9 pH值

修订后的标准中增加了对pH值的限定。

目前石膏基自流平产品原料来源广泛，更多的副产石膏的应用，对石膏基产品的pH带来较大影响，继而影响其实际应用，如烟气脱硫石膏pH为5～9；部分磷石膏则低至3～4，其在应用过程中需对pH进行调和，为防止原料的波动对产品性能产生不利影响，本标准对pH进行限定。在DIN EN13454《用于地面找平层的硫酸钙基胶凝材料、复合胶凝材料和工厂预拌的混合物》中要求石膏基胶凝材料的pH不小于7.0，同时考虑到pH越低的石膏中混有杂质越多，做成自流平产品容易产生刺激性气味，对人体产生危害，不符合环保要求，因此本标准pH设定为不小于7.0。

3.10 抗冲击性

修订后的标准中增加了对抗冲击性能的要求。

抗冲击性能是产品抵抗冲击负荷作用的能力，JGJ/T 175—2018《自流平地面工程技术标准》在垫层验收中增加了抗冲击性能测试指标，将抗冲击性能作为其抗冲击能力和对基材复合状态的表征。表6列出了相关标准的抗冲击性能指标值的比较，由此可见，抗冲击性能是自流平砂浆重要的技术指标之一。测定方法同JC/T985—2017《地面用水泥基自流平砂浆》。

表 6　相关标准抗冲击性能的比较

标准名称	标准指标	限值
JC/T 1023—2007《石膏基自流平砂浆》	无	无
JC/T 985—2017《地面用水泥基自流平砂浆》	抗冲击性	无开裂或脱离底板
CSTB 法国自流平性能要求	无	无
韩国 KSF4041《水泥基自流平砂浆》	抗冲击性	无开裂或脱离底板
JASS 15 M—103 地坪材料的质量规程	抗冲击性	无开裂或脱离底板
英国的 EFNARC 协会（自流平砂浆）性能要求	抗冲击性 ISO 6272	≥4Nm
JC/T 1023—2021《石膏基自流平砂浆》	抗冲击性	无开裂或脱离底板

3.11　总体测定情况说明

基于以上验证试验结果、国内外情况调研分析及广泛征求意见，修订后的标准技术要求如表 7 所示。本次验证试验共收集试样 19 个，合格产品 10 个，合格率 53%。其中符合 G25 产品要求 6 个，占 32%；符合 G20 产品要求 4 个，占 21%。不合格产品 9 个，占比 47.3%。各项指标详细情况为：30min 流动度≥140mm 的样品合格率为 100%；24h 抗折强度≥2.0MPa 样品合格率 63%；24h 抗压强度≥6.0MPa 的样品合格率为 58%；28d 烘干拉伸粘结强度≥1.0MPa 的样品合格率为 84%；尺寸变化率达到±0.05%的产品占 84%，抗冲击性能样品合格率为 89%。

表 7　技术性能指标

项目	性能指标	
	G20	G25
外观	均匀、无结块、无杂物	
30min 流动度/mm	≥140	
24h 抗折强度/MPa	≥2.0	
28d 绝干抗折强度/MPa	≥5.0	≥7.0
24h 抗压强度/MPa	≥6.0	
28d 绝干抗压强度/MPa	≥20.0	≥25.0
28d 烘干拉伸粘结强度/MPa	≥1.0	
尺寸变化率/%	−0.05～+0.05	
pH 值	≥7.0	
抗冲击性	无开裂或脱离底板	

4　结语

（1）近年来，随着建筑业机械化程度和人民生活水平的不断提高，对地坪材料无裂缝施工和快速施工提出了更高的要求，石膏基自流平砂浆以其早期强度高、施工工艺简单等特点得到快速发展，石膏基自流平砂浆的生产和应用数量也逐渐扩大，其产品在 2017—2018 年出现明显增长，仅在京津冀、河南等地，石膏基自流平生产厂家就达到 17 家，2020 年石膏基自流平砂浆产量已突破 100 万吨[1]。产品的生产和应用形成规模，同时其应用范围也有所扩展。原有的 JC/T 1023—2007《石膏基自流平砂浆》标准已实施 12 年，标准中某些质量指标已不适应自流平材料的发展和指导实际工程，市场需要新的标准规范和引领自流平产业的发展。

（2）本标准主要修订的指标有：①增加了合适的产品分级标准；②增加了产品 pH 值和抗冲击性能的指标要求；③考虑到目前石膏自流平砂浆产品多数为复合胶凝体系的特点，对砂浆流动度、砂浆抗折与抗压强度、尺寸变化率等指标和测试方法进行了更新和细化，使标准的内容更贴合于工程实际。

（3）本标准的修订主要特点有：第一，与石膏基自流平砂浆技术的发展水平相适应；第二，扩宽石膏原材料来源；第三，突出石膏基自流平特点，重视标准在实际工程中的可操作性。

（4）本标准的修订从石膏基自流平砂浆的应用需求和使用特点出发，通过对国内外相关标准的调研和样品的性能验证，对其力学性能、工作性能进行梳理、细化，在原标准工作基础上提出修订内容目的为规范和提高石膏基自流平砂浆的质量，为生产、检测、使用等单位提供技术依据，确保石膏基自流平砂浆的材料性能和施工质量，推动我国建筑室内地面材料和施工的技术进步。

参考文献

[1] 杨再银．中国工业副产石膏利用现状及“十四五”展望［J］．硫酸工业，2021（7）：5.

作者简介

段赛红，女，1993年生，工程师，联系地址：北京市石景山区金顶北路69号院，邮编：100041，电话：18401576813。

DG/TJ08—2390—2022《外墙内保温系统应用技术标准（纸面石膏板复合聚苯板）》标准解读

柳建峰

圣戈班高科技材料（上海）有限公司，上海，201201

摘　要　复合板外墙内保温系统是欧洲的成熟系统，在国内长江流域有大量的成功案例。该系统具有安全可靠、升降温快、防火防撞、施工快捷、房间方正、方便维护、寿命长久、解放建筑外立面等显著特点，尤其适用于间歇式采暖、间歇式空调的模式。本文结合复合保温板国标、工标、图集和以往大量内保温案例实践经验，介绍了 DG/TJ08—2390—2022《外墙内保温系统应用技术标准（纸面石膏板复合聚苯板）》修订的相关信息，对标准的修订背景、编制目标、适用范围、技术指标等内容进行了分析说明。

关键词　外墙内保温系统；纸面石膏板复合聚苯板；防火；安全；低烟低毒；室内环保

Standard Interpretation of DG/TJ08—2390—2022 *Technical Standard for Application of External Wall Internal Insulation System* (*Polystyrene Board-gypsum Plasterboard Composite Panel*)

Liu Jianfeng

Saint-Gobain High-Tech Material (Shanghai) Co., Ltd., Shanghai, 201201, China

Abstract　The exterior wall internal insulation system with composite panels is a well-established system in Europe, and there are many successful cases in the Yangtze River valley in China. The system has the obvious characteristics of safety, reliability, rapid temperature rise and fall, fire prevention and collision avoidance, quick construction, square room, convenient maintenance, long service life, liberation of building facade, etc., especially suitable for intermittent heating and intermittent air conditioning. Combined with the national standard, industrial standard and atlas of composite insulation board and the previous practical experience of a large number of internal insulation cases, this paper introduces the relevant information of the revision of DG/TJ08—2390—2022 "Application Technical Standard for External Wall Internal Insulation System (Paperboard Composite Polystyrene Board)", and analyzes and explains the revision background, compilation target, application scope and technical indexes of the standard.

Keywords　external wall internal insulation system; gypsum board composite polystyrene board; fire prevention; safety; low smoke and low toxicity; indoor environmental protection

0 引言

建筑节能是我国的基本国策，也是我国实现3060双碳目标的重要途径。我国分为5大气候分区，不同气候分区所面临的气候条件区别巨大。建筑节能需要统筹考虑节能效果、耐久性能、防火性能、安全性能、抗震性能、防台风性能等诸多因数。

纸面石膏板复合聚苯板外墙内保温系统（以下简称内保温复合板系统）是在工厂流水线上将纸面石膏板与聚苯板通过粘贴复合方式生产而成的大规格成品复合保温板（以下简称复合保温板），用粘结材料（粘结石膏和粘结胶浆）固定于外墙内侧，进行接缝处理所形成的外墙内保温系统。

日本、韩国、法国、英国等国外的建筑外墙内表面通常采用复合保温石膏板替代抹灰层的作法，因其位于建筑外墙的内侧，打开暖气或空调后，无须先加热或冷却建筑物墙体，即可达到使室内空气升温或降温的目的。因此，对于在夏热冬冷地区使用间歇供暖或供冷的建筑物，变温速度快，保温性好。此外，纸面石膏板复合聚苯板内保温系统还可明显提升室内的隔声、吸声的效果。

外墙内保温系统以安全可靠、升降温快、防火防撞、施工快捷、房间方正、方便维护、寿命长久、解放建筑外立面等显著特点，尤其适用于间歇式采暖、间歇式空调的模式。

复合板内保温系统是应用最广的内保温系统。相对于国内原来较普遍使用的增强粉刷石膏聚苯板内保温系统，内保温复合板采用系统工厂化成品复合保温板，保温层的有效厚度、保温板的防火等级和环保指标、纸面石膏板防护层的厚度都是有保障的，无法现场人为作假，质量有保障。该系统干法作业，方便快捷，节省工期。

2006年起，内保温复合板系统在我国长江流域及长江流域以南地区逐步得到广泛应用，取得良好的社会效应。2008年内保温复合板系统取得了住建部新科技成果推广认证。JC/T 2077—2011《复合保温石膏板》[1]、11J122《外墙内保温建筑构造》[2]、JGJ/T 261—2011《外墙内保温工程技术规程》[3]、GB/T 30593—2014《外墙内保温复合板系统》[4]和16J908—7《既有建筑节能改造》[5]也先后陆续发布实施。内保温复合板系统得到了市场较广泛的认可。GB 50016《建筑设计防火规范》[6]也对外墙内保温系统提出严格的要求。

1 编制背景

上海胶州路11·15外保温火灾、北京央视新大楼北配楼2·9外保温火灾、沈阳皇朝万鑫国际酒店2.3外保温火灾让人触目惊心。台风导致的外保温脱落事故也严重影响上海市及其他沿海地区老百姓的生命和财产安全。

沪建交联〔2014〕9号《上海市保障性住房建筑节能设计指导意见》要求高度不超过100m的新建保障性住房的建筑节能设计时，建筑外墙应优先采用外墙内保温系统，保温层设置范围应为套内空间的外墙或与公共部位隔墙的内表面。建筑围护结构内保温材料的燃烧性能等级不应低于B_1级，且应优先选择烟气生成速率指数和试验600s总烟气生成量低的材料。

内保温复合板系统的行标、工标和国标对内保温行业的发展起到了引领作用。但目前这些标准中某些质量指标已不能完全适应上海市对新的节能、安全和环保形式的要求和对工程实际指导作用，需要修订完善材料和系统的性能指标，优化施工工艺，因此需要编制上海市《外墙内保温系统应用技术标准（纸面石膏板复合聚苯板）》地方标准。

2 编制目标

总结上海市建设工程中成熟的外墙内保温系统技术，对“聚苯板复合纸面石膏板外墙内保温系统”提出系统组成和材料的性能指标、设计要求、施工和验收规定以及检测、试验方法。

3 DG/TJ08—2390—2022《外墙内保温系统应用技术标准（纸面石膏板复合聚苯板）》的技术指标、主要内容

3.1 与GB/T 30593—2014《外墙内保温复合板系统》和JGJ/T 261—2011《外墙内保温工程技术规程》相比，DG/TJ08—2390—2022《外墙内保温系统应用技术标准（纸面石膏板复合聚苯板）》（以下简称上海市内保温复合板系统地标）修订的材料和系统性能主要技术指标对比如表1、表2、表3、表4、表5所示。

3.1.1 内保温复合板系统性能指标，增加了系统低烟低毒性能，见表1。

表1 内保温复合板系统性能指标对比

项目		DG/TJ08—2390—2022	GB/T 30593—2014	JGJ/T 261—2011
耐久性		无可见裂缝、空鼓和剥离现象	无可见裂缝、空鼓和剥离现象	—
系统拉伸粘结强度/MPa		≥0.035	≥0.035	
抗冲击性/次		≥10	≥10	
吸水量[a]/（kg/m²）		—	系统在水中浸泡1h后的吸水量不应大于1.0	
热阻/[（m²·K）/W]		应符合设计要求	应符合设计要求	
防护层水蒸气渗透阻[a]		应符合设计要求	应符合设计要求	
燃烧性能		B_1级	不低于B级	B_1级[b]
燃烧性能附加分级	产烟量	—	—	不低于s2级[b]
	燃烧滴落物/微粒	—	—	不低于d1级[b]
	产烟毒性	—	—	不低于t1级[b]

[a]用于厨房、卫生间等潮湿环境时，要求此指标。[b]燃烧性能分级采用GB 8624—2006

3.1.2 结合以往工程实践，本标准在基本规定中要求卫生间、浴室等潮湿空间的墙体和用火、燃油、燃气的房间墙体不应采用复合板内保温系统。内保温复合板组成材料中取消了无石棉硅酸钙板面层和无石棉纤维水泥平板面层，只保留了市场上应用成熟的、具有呼吸功能、不易开裂变形、经济适用的纸面石膏板面层，同时增加了内保温复合板甲醛释放量和总挥发性有机化合物释放量（TVOC）限值，见表2。

表2 内保温复合板性能指标对比

项目	DG/TJ08—2390—2022	GB/T 30593—2014			JGJ/T 261—2011		
	纸面石膏板面层	纸面石膏板面层	无石棉硅酸钙板面层	无石棉纤维水泥平板面层	纸面石膏板面层	无石棉硅酸钙板面层	无石棉纤维水泥平板面
断裂荷载（抗弯荷载）/N	横向方向≥200	—	—	—	宽度方向≥160	≥G（板重）	≥G（板重）
	纵向方向≥520				长度方向≥160		
拉伸粘结强度/MPa	≥0.035	≥0.035，且纸面与保温板界面破坏	≥0.10，且保温板破坏		≥0.035，且纸面与保温板界面破坏	≥0.10，且保温板破坏	
抗冲击性/次	≥10	≥10			≥10		
面板收缩率/%	—	—	≤0.06		—	≤0.06	
甲醛释放量（环境舱法）/（mg/m³）	≤0.124	—	—	—	—	—	—

续表

项目		DG/TJ08—2390—2022	GB/T 30593—2014			JGJ/T 261—2011		
		纸面石膏板面层	纸面石膏板面层	无石棉硅酸钙板面层	无石棉纤维水泥平板面层	纸面石膏板面层	无石棉硅酸钙板面层	无石棉纤维水泥平板面
总挥发性有机化合物释放量（TVOC）/［mg/（m²·h）］		≤0.300	—	—	—	—	—	—
燃烧性能		—	—	—	—	不低于 B 级		
燃烧性能附加分级	产烟量	—	—	—	—	不低于 s2 级		
	燃烧滴落物/微粒	—	—	—	—	不低于 d1 级		
	产烟毒性	—	—	—	—	不低于 t1 级		

3.1.3 欧洲目前最主流的外保温系统保温材料依然是以 EPS 和岩棉为主，环保的植物纤维保温材料也逐步开始应用。国内大的开发商在外墙外保温系统也几乎都不采用 XPS 薄抹灰系统。

GB 50016—2014《建筑设计防火规范》强制性条文明确要求：对于人员密集场所，用火、燃油、燃气等具有火灾危险性的场所以及各类建筑内的疏散楼梯间、避难走道、避难间、避难层等场所或部位，应采用燃烧性能为 A 级的保温材料。对于其他场所，应采用低烟、低毒且燃烧性能不低于 B_1 级的保温材料[6]。

PU 保温性能优异，但低烟、低毒的要求对 PU 来讲非常困难。结合以往案例实践和本次标准编制的验证试验结果，本标准只选择 EPS（033 和 039 级）和 XPS（030 级和 034 级）两种有机保温材料，同时对两种材料的尺寸稳定性、垂直于板面方向的抗拉强度、氧指数等技术指标提出了更严格的要求。在热工设计章节，明确了 EPS 板和 XPS 板的导热系数的修正系数分别为 1.05 和 1.10。

采用 XPS 板的复合板粘贴上墙前，其粘贴面宜涂刷乳液型界面剂进行毛面处理，当采用带表皮的 XPS 板时，其粘贴面应满涂乳液型界面剂。

内保温复合板系统保温材料性能指标对比详见表 2。

表 3　保温材料性能指标对比

项目		DG/TJ08—2390—2022				GB/T 30593—2014			JGJ/T 261—2011		
		EPS		XPS		EPS	XPS	PU	EPS	XPS	PU
		033 级	039 级	030 级	034 级						
密度/（kg/m³）		18～22（表观密度）		22～35（表观密度）		18～22	22～35	35～45	18～22	22～35	35～45
导热系数/［W/（m·K）］		≤0.033	≤0.039	≤0.030	≤0.034	≤0.039	≤0.024	≤0.032	≤0.039	≤0.024	≤0.024
压缩强度/kPa		—		≥150		—		—		—	
垂直于板面方向的抗拉强度/MPa		≥0.10		≥0.15		≥0.10					
尺寸稳定性/%		≤0.3［（70±2）℃，48h］		≤1.2［（70±2）℃，48h］		≤1.0	≤1.5	≤1.5	≤1.0	≤1.5	≤1.5
厚度偏差/mm		+1.0～0				—	—	—	—	—	—
燃烧性能		B_1级				不应低于 B_1 级			不应低于 D 级		
燃烧性能附加分级	产烟量	不低于 s2 级				不低于 s2 级			—		
	燃烧滴落物/微粒	不低于 d1 级				不低于 d1 级			—		
	产烟毒性	不低于 t1 级				不低于 t1 级			—		
氧指数/%		≥30				≥30			≥30	≥26	≥26

3.1.4 为了保证居住环境的安全健康，本标准要求复合板内保温系统必须使用的纸面石膏板、粘结石膏和嵌缝石膏三种石膏基产品，严禁使用磷石膏。

粘结石膏具有塑性好、强度高、凝结硬化时间较短、终凝后无须养护、快凝、早强、可快速固定内保温复合板等特性，可以灵活适应施工现场粘结层空腔大小多变的情况，便于施工作业，是内保温复合板与墙体粘结的首选粘结材料。

当采用粘结石膏时，粘结面积应不小于复合板面积的30%。

粘结石膏性能指标对比见表4。

表4 粘结石膏性能指标对比

<table>
<tr><th colspan="2">项目</th><th>DG/TJ08—2390—2022</th><th>GB/T 30593—2014</th><th>JGJ/T 261—2011</th></tr>
<tr><td rowspan="2">细度/%</td><td>1.18mm 筛网筛余</td><td>0</td><td colspan="2">0</td></tr>
<tr><td>150μm 筛网筛余</td><td>≤25</td><td colspan="2">≤25</td></tr>
<tr><td rowspan="2">凝结时间/min</td><td>初凝</td><td>≥25</td><td colspan="2">≥25</td></tr>
<tr><td>终凝</td><td>≤120</td><td colspan="2">≤120</td></tr>
<tr><td colspan="2">抗折强度/MPa</td><td>≥5.0</td><td colspan="2">≥5.0</td></tr>
<tr><td colspan="2">抗压强度/MPa</td><td>≥10.0</td><td colspan="2">≥10.0</td></tr>
<tr><td>拉伸粘结强度（与聚苯板）</td><td>原强度/MPa</td><td>≥0.10，破坏发生在保温板中</td><td colspan="2">≥0.10</td></tr>
<tr><td>拉伸粘结强度（与水泥砂浆）</td><td>原强度/MPa</td><td>≥0.5</td><td>≥0.5</td><td>≥0.50</td></tr>
<tr><td colspan="2">水溶性五氧化二磷（P_2O_5）（干基）/%</td><td>≤0.02</td><td colspan="2">—</td></tr>
<tr><td rowspan="2">放射性核素限量</td><td>内照射指数 I_{Ra}</td><td>≤1.0</td><td colspan="2">—</td></tr>
<tr><td>外照射指数 I_r</td><td>≤1.0</td><td colspan="2">—</td></tr>
</table>

3.1.5 水泥基粘结砂浆的初凝时间远大于粘结石膏，强度增长需要一定的时间，粘贴复合板时调整平整度比较方便，一般用于粘结层空腔小于10mm时基层情况，粘贴复合板时复合板底部和正面需要临时支撑限位。

单张复合板的自重一般都大于20kg，远重于传统的外墙薄抹灰保温系统中保温材料的质量，粘贴复合板时要求粘结材料具有早强、抗滑移的特性。本标准特别提出了48h与水泥砂浆和复合板的拉伸粘结强度指标。

采用水泥基粘结胶浆时，粘结面积应不小于复合板面积的40%。

水泥基粘结胶浆性能对比详见表5。

表5 水泥基粘结胶浆性能指标对比

<table>
<tr><th colspan="3">项目</th><th>DG/TJ08—2390—2022</th><th>GB/T 30593—2014</th><th>JGJ/T 261—2011</th></tr>
<tr><td rowspan="4">拉伸粘结强度（与聚苯板）/MPa</td><td colspan="2">原强度（48h）</td><td>≥0.05 破坏发生在保温板中</td><td>—</td><td>—</td></tr>
<tr><td colspan="2">原强度（28d）</td><td>≥0.10 破坏发生在保温板中</td><td>≥0.10 破坏发生在保温板中</td><td>≥0.10 破坏发生在保温板中</td></tr>
<tr><td rowspan="2">耐水[a]</td><td>浸水2d，干燥2h</td><td>—</td><td>≥0.3</td><td>≥0.06</td></tr>
<tr><td>浸水2d，干燥7d</td><td>—</td><td>≥0.6</td><td>≥0.10</td></tr>
<tr><td rowspan="4">拉伸粘结强度（与水泥砂浆）/MPa</td><td colspan="2">原强度（48h）</td><td>≥0.3</td><td>—</td><td>—</td></tr>
<tr><td colspan="2">原强度（28d）</td><td>≥0.6</td><td>≥0.6</td><td>≥0.60</td></tr>
<tr><td rowspan="2">耐水[a]</td><td>浸水2d，干燥2h</td><td>—</td><td>≥0.06</td><td>≥0.30</td></tr>
<tr><td>浸水2d，干燥7d</td><td>—</td><td>≥0.10</td><td>≥0.60</td></tr>
</table>

续表

项目	DG/TJ08—2390—2022	GB/T 30593—2014	JGJ/T 261—2011
可操作时间/h	≤1.0	1.5～4.0	1.5～4.0

[a]用于厨房、卫生间等潮湿环境时，要求此指标。

3.2 相对于国标和工标，上海市内保温复合板系统地标强化了生产要求，复合保温板的产品质量得到了进一步的保障。

3.2.1 复合板采用的聚苯板不得使用再生料。

3.2.2 复合板内保温系统所用石膏板的公称厚度不应小于12.0mm。

3.2.3 对采用XPS保温板的复合板提出陈化天数和不可转移生产日期标识的规定。

3.2.4 对复合板中采用XPS板提出了专用界面剂的规定。

3.2.5 复合板应在工厂生产，严禁在工地现场进行聚苯板和石膏板复合。

3.3 相对于国标和工标，上海市内保温复合板系统地标细化了复合保温板构造做法，便于设计选型和现场施工管理。

3.3.1 住宅、宿舍等居住建筑外墙内保温的保温层设置范围可为套内空间的外墙和与公共部位隔墙的内表面。公共部位隔墙的复合板内保温系统应设在户内一侧。

3.3.2 窗口内侧应采用耐水纸面石膏板的复合板。

3.3.3 在基层墙体采用抹灰石膏找平时，粘结层不应采用水泥基粘结胶浆。

3.3.4 复合板的板间接缝和阴角应采用接缝纸带，阳角宜采用金属护角纸带，绘制节点详图时应标明接缝纸带、金属护角纸带。

3.4 相对于国标和工标，上海市内保温复合板系统地标对复合板施工提出精细化要求，便于施工落地，可以系统性地避免开裂等质量缺陷。

3.4.1 门窗洞口转角处应沿洞口边线的接缝，不应采用L形复合板。

3.4.2 复合板的保温板的水平接缝不得大于一条。

3.4.3 采用粘结石膏安装复合板，应在整面墙复合板粘贴施工完成24h后安装锚栓。

3.4.4 不得采用安装锚栓方式加固已松动的复合板。

3.4.5 复合板松动时，应拆除复合板，清理粘结层，重新安装复合板。

3.5 相对于国标和工标，上海市内保温复合板系统地标为厨房、卫生间等防火、防潮、防水功能要求提出创新解决办法。

当厨房、卫生间外墙内保温采用水泥基无机保温砂浆时，应采取以下措施：

3.5.1 外墙内表面应采用厚度不小于20mm的水泥基无机保温砂浆，其性能参数应符合上海市现行工程建设规范DG/TJ08—2088《无机保温砂浆系统应用技术规程》的规定。

3.5.2 厨房、卫生间与相邻房间隔墙应设置保温层。

3.5.3 当厨房、卫生间与相邻房间隔墙采用复合板内保温系统或其他材料保温系统时，内保温系统应设在相邻房间一侧的墙面。

6 结语

DG/TJ08—2390—2022《外墙内保温系统应用技术标准（纸面石膏板复合聚苯板）》是上海市第一本内保温地方标准，也深受全国同行关注。该标准充分考虑到节能、安全、环保和健康等相关的影响因素，在复合保温板国标、工标和图集和以往大量内保温案例实践的基础上，补充和完善了复合板内保温系统指标要求，对复合保温板的生产、设计、精细化施工和厨卫间的防火构造都提出了具体的要求。它的修订对于推动长江流域保温行业的技术进步必将起到巨大的示范效应，对节能减排、降低室内污染、保护人民身体健康具有十分积极的意义。

参考文献

[1] 中国新型建筑材料工业杭州设计研究院．复合保温石膏板：JC/T 2077—2011［S］．北京：中国建材工业出版社，2011.

[2] 中国建筑标准设计研究院．外墙内保温建筑构造：11J122［S］．北京：中国计划出版社，2011.

[3] 中国建筑标准设计研究院．外墙内保温工程技术规程：JGJ/T 261—2011［S］．北京：中国建筑工业出版社，2011.

[4] 中国建筑标准设计研究院．外墙内保温复合板系统：GB/T 30593—2014［S］．北京：中国标准出版社，2014.

[5] 中国建筑标准设计研究院．既有建筑节能改造：16J908—7［S］．北京：中国计划出版社，2016.

[6] 中华人民共和国住房和城乡建设部．建筑设计防火规范（2018年版）：GB 50016—2014［S］．北京：中国计划出版社，2016.

作者简介

柳建峰，男，1972年生，高级工程师，联系地址：上海市浦东新区王桥路968号，邮编：201201，电话：13801886589。

三、固废资源化利用

Ⅲ. Resource Utilization of Solid Waste

建筑固废再生砖砂在湿拌砂浆中的应用研究

童小根　张凯峰　罗作球　孟　刚　王　敏　胡宇博　王佳敏　徐志强

中建西部建设北方有限公司，陕西西安，710116

摘　要　利用建筑固体废弃物黏土砖经破碎、筛分后作为再生细骨料部分或全部取代天然河砂得到废砖再生混合砂，通过梯度试验设计，研究了再生砖砂取代率对所制备 M5 和 M10 湿拌砂浆稠度、表观密度和抗压强度的影响。结果表明：随着再生砖砂取代率的增加，在控制新拌砂浆初始稠度相近时，其 2h 稠度损失率不断增大，而湿表观密度却表现为相反的变化趋势；当再生砖砂取代率不超过 50%时，所制备 M5 和 M10 再生湿拌砂浆硬化试件的抗压强度均可满足使用要求。

关键词　再生砖砂；湿拌砂浆；稠度；表观密度；抗压强度

Research on the Application of Construction Solid Waste Recycled Brick Sand in Wet-mixed Mortar

Tong Xiaogen, Zhang Kaifeng, Luo Zuoqiu,

Meng Gang, Wang Min, Hu Yubo, Wang Jiamin, Xu Zhiqiang

China West Construction North Group Co., Ltd., Xi'an, 710116, China

Abstract　The reclaimed mixed sand of waste bricks was obtained by using the construction solid waste clay bricks after crushing and screening as regenerated fine aggregates to partially or completely replace natural river sand. and M10 wet mix mortar consistency, apparent density and compressive strength. The results show that: with the increase of the replacement rate of recycled brick sand, when the initial consistency of the fresh mortar is controlled to be similar, the 2h consistency loss rate increases continuously, while the wet apparent density shows an opposite trend; when the recycled brick sand replaces ratio is not more than 50%, the compressive strength of the prepared M5 and M10 regenerated wet-mixed mortar hardened specimens can meet the requirements for use.

Keywords　recycled brick sand; wet mix mortar; consistency; apparent density; compressive strength

0　引言

随着我国基础建设的蓬勃发展，每年新建和旧建筑物拆迁改造过程中必然会产生数亿万吨的建筑垃圾，若大量露天堆弃与简易填埋处置，不仅占用有限的土地资源，而且也会造成资源严重浪费，同时给环境保护带来巨大威胁[1-2]。由此可见，建筑垃圾资源化循环利用问题就显得尤为关键。而在所统计的建筑垃圾构成中，废弃黏土砖是其中占比较大的主要组分之一，通常按照不同颗粒级

项目信息：中建西部建设北方有限公司科技研发项目（项目编号：BF202109）。

配及粒形要求将建筑垃圾经过破碎、筛分等工艺处理得到相应的再生粗、细骨料用于水泥基材料制备中，目前在混凝土中将废弃砖渣作为再生粗骨料的生产应用技术已较为成熟，而对于将废弃黏土砖破碎成粒径小于4.75mm的细骨料颗粒用于湿拌砂浆的生产中还不常见。此外，随着目前优质天然砂资源的日益匮乏，使得湿拌砂浆的推广也受到了一定程度的制约，故开展建筑垃圾再生砖砂替代天然河砂用于湿拌砂浆的生产研究，将对节约资源、保护环境带来十分重要的意义。

国内外仅有少数学者针对建筑垃圾再生砖砂在预拌砂浆中的资源化利用开展了部分试验研究，其中，Corinaldesi[3]、Naceri等[4]学者试验结果表明：利用废砖集料中粒径小于0.075mm的粉料可替代部分水泥用于建筑砂浆，其潜在的火山灰活性对性能具有积极作用；陶李尧等[5]通过试验证明当设定胶砂比为1∶5，砂浆稠度为70mm时，内掺30%的再生砖粉可满足M5级砌筑砂浆的使用要求；张道令等[6]研究发现随着砖砂掺量的增加，所制备干混砂浆7d抗压强度逐渐降低，而后期28d抗压强度呈现先增大后减小的趋势；薛飞等[7]研究发现随再生红砖细集料替代率的增大，砂浆吸水率和2h稠度损失率不断增大。Liu等人[8]的研究表明，再生砖粉细度和养护温度的提高对抗压强度有增强作用；王俭宝等[9]利用废砖再生粗砂与特细砂搭配制备再生砂浆，结果表明随着再生粗砂掺量的增大，稠度值不断减小，而力学强度呈现相反的变化趋势。

为在进一步实现减少碳排放和建筑垃圾的同时，缓解当前砂浆生产成本日益上涨的紧张形势，本文在借鉴前人研究成果的基础上，通过试验研究了再生废砖细骨料部分或全部替代天然河砂组成的混合砂对强度等级M5和M10湿拌砂浆物理力学性能的影响，以期为实际工程应用提供数据参考。

1 原材料与试验方法

1.1 原材料

水泥：声威P·O 42.5普通硅酸盐水泥，各项技术指标符合GB 175—2007《通用硅酸盐水泥》的要求；粉煤灰：华能Ⅱ级粉煤灰，细度为13.1%；天然细集料：陕西柞水产的天然砂，细度模数为2.8，级配为Ⅱ区中砂，其主要物理性能指标见表1；再生废砖细集料：由陕西某建筑垃圾处理厂生产的粒径为0～4.75mm的细骨料，其主要物理性能指标见表2；废砖再生混合砂：由再生砖砂和天然砂复配得到，细集料的筛分析试验结果见表3，级配曲线图如图1所示；外加剂：采用中建自制的砂浆专用外加剂，其中减水剂含固量≥18%，调节剂含固量≥28%，调节剂包含缓凝、引气和增稠等组分，用于调节湿拌砂浆的和易性与凝结时间；试验用水为自来水。

表1 天然河砂性能指标

表观密度/(kg/m^3)	松散堆积密度(kg/m^3)	紧密堆积密度/(kg/m^3)	含泥量/%	泥块含量/%	细度模数（MX）
2620	1580	1620	2.7	0.8	2.8

表2 再生砖砂性能指标

细度模数	表观密度/（kg/m^3）	堆积密度/（kg/m^3）	MB值	含水率/%
2.2	2527	1543	0.75	1.7

表3 细骨料筛分析试验结果

细骨料类别		不同筛孔尺寸对应累计筛余百分数/%						细度模数	级配区
		4.75	2.36	1.18	0.6	0.3	0.15		
天然河砂		7	27	40	58	78	89	2.76	Ⅱ区
再生砖砂		0	7	23	45	67	76	2.18	不合格
再生砖混合砂	30%RZ+70%N	5	21	35	54	75	85.1	2.58	Ⅱ区
	50%RZ+50%N	4	17	32	52	73	82.5	2.46	Ⅱ区
	75%RZ+25%N	2	12	27	48	70	79.3	2.31	Ⅱ区

注：表中“a%RZ+b%N”表示以质量比为a%的再生砖砂（RZ）和b%的天然河砂（T）混合得到的废砖再生混合砂。

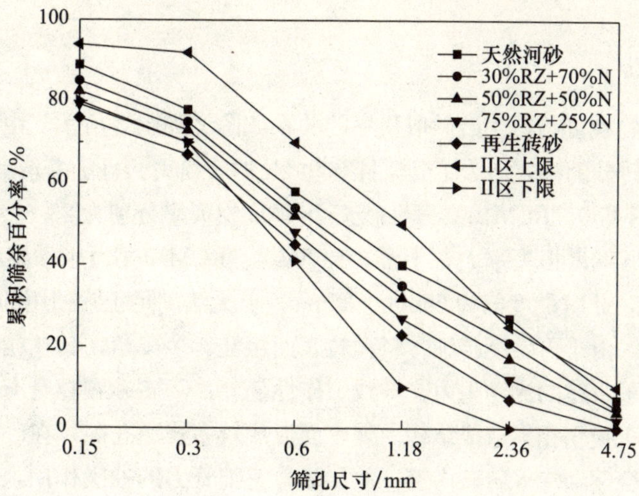

图1　细骨料级配曲线图

由图1绘制的细骨料颗粒级配曲线可见，本研究采用的天然河砂、再生砖砂两种细骨料的级配均不在Ⅱ区中砂的要求范围内，而通过再生砖砂按取代率30%、50%和75%等质量取代部分天然砂后组成的三种再生混合砂，其颗粒级配均接近或完全满足《普通混凝土用砂、石质量及检验方法标准》（JGJ 52—2006）对Ⅱ区砂的要求[10]，适宜用于砂浆生产。

1.2　砂浆配合比设计及测试方法

试验选取某商品混凝土站实际生产应用的强度等级为M5、M10砂浆为基准配比，分别采用再生砖砂以不同取代率0、30%、50%、75%、100%等质量取代天然河砂配制再生湿拌砂浆，为满足实际工程中使用的工作性要求，在保持各试验组水胶比一致的情况下，通过调节外加剂和拌和水用量以控制所配湿拌砂浆稠度值在（90±5）mm范围内，具体的试验配合比见表4。

表4　不同再生砖砂取代率的M5和M10砂浆配合比

强度等级	再生砖砂替代量/%	材料用量					
		水泥/(kg/m³)	粉煤灰/(kg/m³)	河砂/(kg/m³)	砖砂/(kg/m³)	水/(kg/m³)	外加剂/%
RCM5-0	0	170	40	1500	0	240	2.4
RCM5-1	30	170	40	1050	450	270	3.4
RCM5-2	50	170	40	725	725	295	3.9
RCM5-3	75	170	40	375	1125	320	4.4
RCM5-4	100	170	40	0	1500	345	4.9
RCM10-0	0	260	65	1500	0	260	2.4
RCM10-1	30	260	65	1050	450	290	3.4
RCM10-2	50	260	65	725	725	315	3.9
RCM10-3	75	260	65	375	1125	340	4.4
RCM10-4	100	260	65	0	1500	365	4.9

按照JCJ/T 70—2009《建筑砂浆基本性能试验方法》[11]搅拌、制备砂浆试样，分别测试其稠度、密度、抗压强度等基本物理力学性能。

2 结果与讨论

2.1 砂浆拌和物稠度

再生湿拌砂浆拌和物稠度与再生砖砂取代率的关系如图2和图3所示。由图可知，在保持初始稠度相近的情况下，再生砖砂的掺入增大了砂浆拌和物2h稠度损失，且随着取代率的增大而不断增加；未掺砖砂的空白组，RCM5-0、RCM10-0再生砂浆2h稠度损失率分别为23.6%、15.9%；而当再生砖砂取代量为100%时，2h稠度损失率大幅上涨，RCM5-4、RCM10-4再生砂浆相较于初始稠度值分别下降了61.5%、64.0%，此时稠度值为35mm、32mm，已无法满足正常使用的工作性要求。分析其原因主要有以下两方面：①由于再生废砖细骨料颗粒表面粗糙、多棱角，其颗粒之间产生的内摩擦阻力要高于天然河砂，增大了浆体的流动阻力，导致工作性变差；②砖砂颗粒具有疏松多孔的结构，再加之破碎筛分过程中，由于损伤积累造成结构内外表面形成较多连通孔隙，在砂浆拌和物放置过程中随时间延长其中的自由水会逐渐渗入砖砂内部，并伴随着毛细管力的抽吸作用，驱使部分自由水进入到更微小的孔隙内[12]，减少了砂浆中保持流动性的拌和水用量；另外，废砖再生骨料中含有大量高比表面积的微细砖粉，可吸附体系中一定比例的自由水量，在保持出机稠度相近的情况下，所增加的附加水用量不足以弥补砖砂掺入后造成的水分损耗，增大了胶凝材料浆体的黏度，从而使得砂浆2h稠度损失率不断增大。

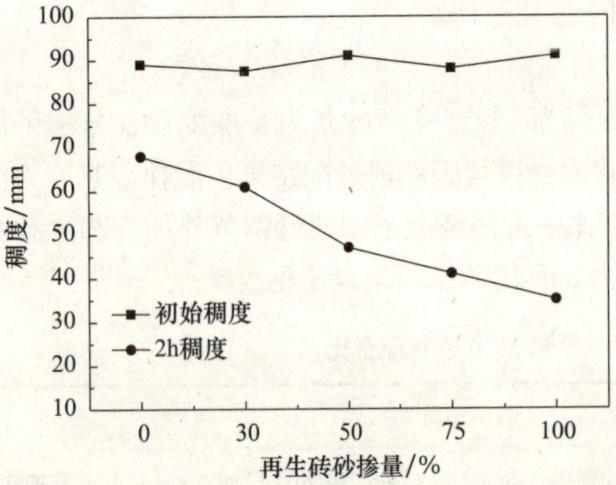

图2 RCM5砂浆稠度与再生骨料掺量的关系

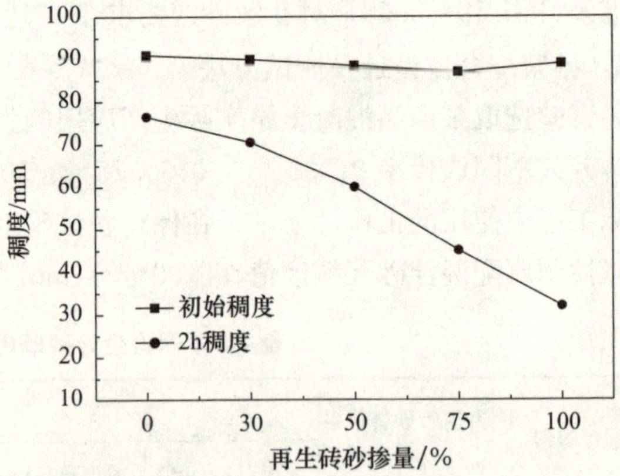

图3 RCM10砂浆稠度与再生骨料掺量的关系

2.2 砂浆拌和物表观密度

再生湿拌砂浆拌和物表观密度与再生砖砂取代率的关系如图4和图5所示。由图可知，砂浆拌和物表观密度均随着再生砖砂取代率的增大而呈现不断下降的变化趋势。当再生砖砂取代率为100%时，RCM5和RCM10砂浆拌和物表观密度均达到最小值，RCM5-4、RCM10-4的表观密度较RCM5-0、RCM10-0分别降低了9.3%、11.6%，其值为1767kg/m^3、1958kg/m^3。但是，从整体曲线图变化来看，不同再生砖砂替代率下M10砂浆的表观密度处于1958～2215kg/m^{3}范围内，满足GB/T 25181—2019《预拌砂浆》性标准中砂浆拌和物表观密度相应的要求。而当再生砖砂取代量超过50%后，M5砂浆的表观密度低于1800kg/m^3，不符合标准规定。再生砖砂掺入对砂浆拌和物表观密度的影响主要因为：一是，由于再生砖砂颗粒疏松多孔，单位体积的砖砂质量要小于天然河砂，随着砖砂等质量替代河砂比例的增大，整个骨料体系的平均表观密度不断降低。二是，与天然河砂相比，再生砖砂中含有较多的微细粉，为了保持砂浆初始稠度一致，在砖砂替代率超过一定范围后，必将要增加外加剂或拌和水用量以缓解微细砖粉强吸附作用造成流动性变差的负面影响，与此同时也会引起砂浆拌和物中形成更多孔隙结构导致表观密度降低。

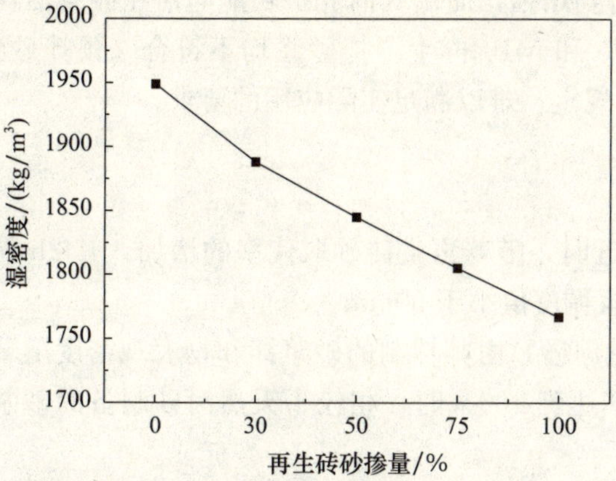

图 4　RCM5 砂浆表观密度与再生骨料掺量的关系

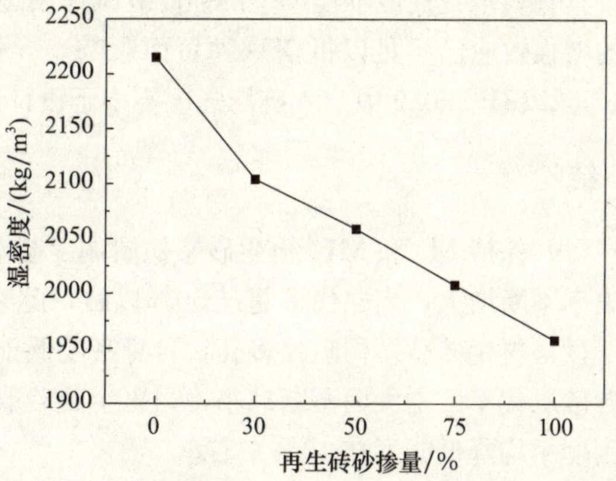

图 5　RCM10 砂浆表观密度与再生骨料掺量的关系

2.3　硬化砂浆试件抗压强度

再生湿拌砂浆试件抗压强度随再生砖砂取代率变化的曲线图如图 6 和图 7 所示。整体而言，掺加不同取代率砖砂的再生砂浆各龄期抗压强度都要低于天然河砂制备的砂浆。由图中曲线变化可见，随着再生砖砂替代天然河砂比例的增大，早龄期砂浆试件 7d 抗压强度逐步下降，这是因为，再生砖砂与天然河砂相比颗粒本身具有硬度低、微粉含量大等特点，其掺入后弱化了整体骨料体系的强度，随着取代率的增大早期抗压强度不断下降；同时，根据表 3 中配合比数据可见，为了达到相近的初始稠度，随砖砂替代率增加所需拌和水用量也呈递增趋势，间接增大了水胶比，一定程度上也会造成早期强度的降低。

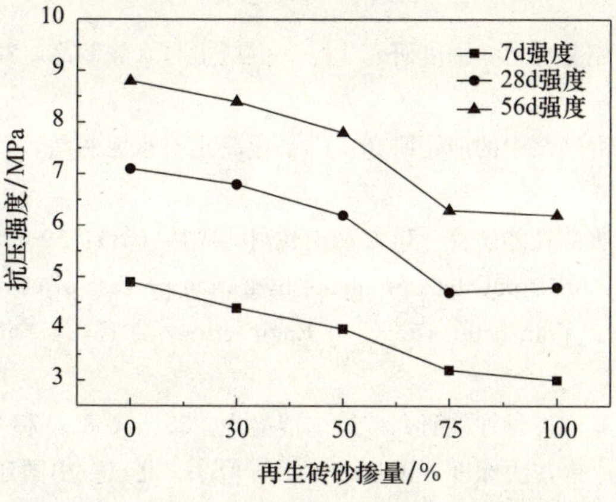

图 6　RCM5 砂浆抗压强度与再生砖砂掺量的关系

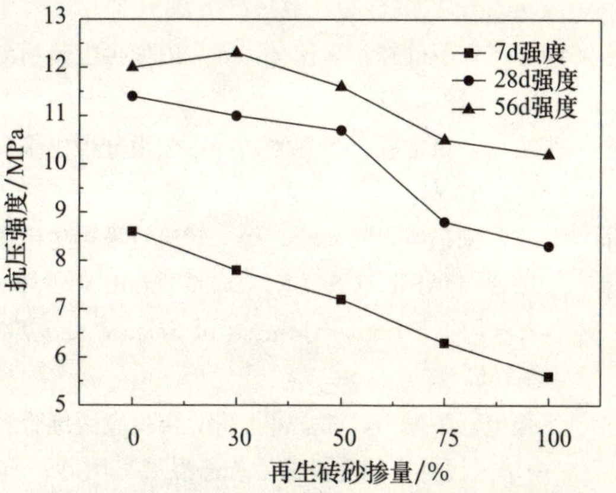

图 7　RCM10 砂浆抗压强度与再生砖砂掺量的关系

但是，随着养护延长至 28d、56d 龄期时，掺入再生砖砂的砂浆后期强度增长率要略快于天然砂制备的砂浆，再生砖砂掺量为 0、30%、50%、75%、100%时，与早龄期 7d 抗压强度相比，M5 再生砂浆 28d 抗压强度增长率分别为 44.9%、54.5%、55.0%、46.8%、60%；56d 抗压强度增长率分别为 79.6%、90.9%、95.0%、96.9%、106.7%；M10 再生砂浆 28d 抗压强度增长率分别为 32.6%、41.0%、48.6%、39.7%、48.2%；56d 抗压强度增长率分别为 39.5%、57.7%、61.1%、66.7%、82.1%。分析其可能的原因为：一方面，水泥水化反应的持续进行，引起后期砂浆内部相对湿度降低，在毛细管力作用下砂浆拌和中砖砂预吸收的附加水被缓慢释放出来，促使未完全水化的水泥颗粒继续发生水化反应[13]；另一方面，由于微细砖粉中富含硅、铝等活性矿物成分具有一定的潜在胶凝活性，在受到后期水泥浆体中碱性环境的激发作用，可生成具有胶结作用的水化产物，此两方面综合作用下提高了后期砂浆抗压强度增长率。然而，当再生砖砂取代率超过 50%

后，其骨料本身性能不佳产生的强度衰减作用逐渐得到增强，而由其内养护功能与潜在胶凝活性产生的增强效应已不足以抵消这种负面影响，导致M5和M10再生湿拌砂浆均不符合《预拌砂浆》GB/T 25181—2019中28d抗压强度不小于设计值的规定，难以满足实际应用的要求。

3 结论

（1）保持M5和M10再生砂浆初始稠度基本接近时，随着再生砖砂取代率的增加，其2h稠度损失率不断增大，当取代率超过50%以后，此时砂浆稠度值小于50mm。

（2）再生砖砂结构疏松多孔，自身密度低于天然河砂，由其拌制的砂浆拌和物表观密度随着再生砖砂取代率的增大而不断减小，当再生砖砂取代率达到100%时，相较于天然河砂制备的砂浆表观密度平均降低幅度在10%左右。

（3）不同再生砖砂取代率下砂浆各龄期的抗压强度均低于天然砂制备的砂浆。与早龄期7d抗压强度相比，掺入再生砖砂的砂浆试件后期28d、56d抗压强度增长率均高于天然砂制备的砂浆；而当再生砖砂取代率超过50%以后，28d抗压强度值已不符合GB/T 25181—2019的要求。

参考文献

[1] 万炳彤，鲍学英，李爱春．再生混凝土细骨料质量等级评价研究［J］．硅酸盐通报，2019，38（09）：2758-2764.

[2] 郝彤，候保星，刘斌．再生细骨料在砂浆中应用的研究与进展综述［J］．混凝土，2019（03）：115-119.

[3] CORINALDESI V，GIUGGIOLINI M，MORIICONI G. Use of rubble from building demolition in mortars［J］．Waste Management，2002，22（8）：893-899.

[4] NACERI A，HAMINA M C. Use of waste brick as a partial replacement of cement in mortar［J］．Waste Management，2009，29（8）：2378-2384.

[5] 陶李尧，罗健林，李秋义，等．内掺再生砖粉湿拌砂浆制备与力学强度研究［J］．混凝土与水泥制品，2018（12）：91-94.

[6] 张道令，吕常胜，张春涛，等．全组分再生细骨料在干混砂浆中的应用研究［J］．混凝土与水泥制品，2017（08）：91-94.

[7] 薛飞，宋福申，郭高峰，等．建筑垃圾再生砖砂预拌砂浆的性能研究［J］．河南建材，2019（01）：50-53.

[8] LIU S，DAI R，CAO K，et al. The role of sintered clay brick powder during the hydration process of cement pastes［J］．Iranian Journal of Science and Technology，Transactions of Civil Engineering，2017，41（2）：159-165.

[9] 王俭宝，梁炯丰，郭立湘，等．再生废砖细骨料混凝土基本力学性能研究［J］．混凝土，2015（08）：78-79.

[10] 中华人民共合国建设部．普通混凝土用砂、石质量及检验方法标准：JGJ 52—2006［S］．北京：中国建筑工业出版社，2007.

[11] 中华人民共和国住房和城乡建设部．建筑砂浆基本性能试验方法标准：JGJ/T 70—2009［S］．北京：中国建筑工业出版社，2009.

[12] 刘俊华，刘凤利，张承志．建筑垃圾再生混合砂砂浆性能正交试验研究［J］．混凝土与水泥制品，2014（1）：131-134.

[13] 付俊飞，杜朝华，刘立新．建筑垃圾再生骨料混凝土力学性能试验研究［J］．铁道科学与工程学报，2010（8）：100-104.

作者简介

童小根，男，1990年生，硕士，工程师，联系地址：西安市鄠邑区沣京工业园中建西部建设北方有限公司技术中心，邮箱：793818815@qq. com，电话：13484513498。

再生砂和再生粉在干粉砂浆中的应用研究

凌刚　徐智勇　胡亮　林希

武汉盛大长青建材有限公司，湖北武汉，430000

摘　要　社会城市化建设的同时，会产生大量的建筑垃圾，从而引起一系列的环境问题。资源化利用是处理城市垃圾的最有效的措施，同时也可以缓解砂石资源短缺的现状。本试验对再生砂和再生粉在干粉砂浆中的应用效果进行研究，通过调整再生砂和再生粉的掺量分别研究了再生砂取代机制砂以及再生粉取代石粉对干粉砂浆性能的影响规律，包括工作性能、力学性能、微观结构和水化产物等。研究结果表明：再生砂和再生粉对砂浆的工作性能均有一定的不利影响，但是通过控制再生砂的掺量不超过40%，再生粉的掺量不超过60%，可以显著降低再生砂和再生粉对砂浆性能的影响。通过微观分析可以发现再生骨料有利于增强砂浆界面过渡区，而再生粉则可以促进水泥的水化。

关键词　再生砂；再生粉；性能；微观结构

Application of Recycled Sand and Recycled Powder in Dry Powder Mortar

Ling Gang，Xu Zhiyong，Hu Liang，Lin Xi

Wuhan Shanda Changqing Building Materials Co.，Ltd.，Wuhan，430000，China

Abstract　With the construction of social urbanization，large amount of construction waste has been produced，which has caused serious environmental problems. The recycling of municipal solid waste is the most effective measure for treatment，and it can also alleviate the shortage of gravel resources. In this experiment，the application effect of recycled sand and recycled powder in dry powder mortar is studied. By adjusting the content of recycled sand and recycled powder，the effects of recycled sand replacing machine-made sand and recycled powder replacing stone powder on the performance of mortar are studied，including working performance，mechanical properties，microstructure and hydration products. The results show that recycled sand and recycled powder have certain adverse effects on the working performance of mortar，but the influence of recycled sand and recycled powder on the performance of mortar can be significantly reduced by controlling the content of recycled sand not more than 40% and recycled powder not more than 60%. Through microscopic analysis，it can be found that recycled aggregate is conducive to strengthen the mortar interface transition zone，while recycled powder can promote the hydration of cement.

Keywords　recycled sand；recycled powder；performance；microstructure

0 引言

随着我国城市化建设的推进，建筑行业的发展十分迅速，我国已成为新建建筑最多的国家，建筑材料的用量也逐年增加[1]。砂石作为用量最大的建筑原材料之一，也被快速消耗。同时，建筑物的维护和拆除会产生大量的建筑垃圾，数据显示，建筑垃圾占城市垃圾总量的30%～40%[2]。目前，我国建筑垃圾的利用效率较低，最常见的处理方式是露天堆放和掩埋，这会占用大量的土地资源，同时会引起土壤、地下水、粉尘的污染[3-5]。鉴于此，提高建筑垃圾的资源化利用率也逐渐成为建筑从业者和科研工作人员关注的重点。建筑垃圾的资源化利用一方面可以解决建筑垃圾引起的社会和环境问题，另一方面则可以降低自然资源的消耗，具有显著的社会价值和经济效益。

目前，建筑垃圾的资源化利用的主要方式是生产再生骨料，应用于混凝土和砂浆中。日本、德国、美国等发达国家对建筑垃圾的应用技术也已经较为成熟，其利用效率接近100%[6]。我国对建筑物垃圾的处理和资源化利用的起步较晚，我国相关学者在建筑垃圾的资源化利用方面也做了相当多的工作，并取得了不错的成果[7-8]。李秋义[9]教授提出了再生骨料颗粒整形强化法，可以显著降低骨料的棱角性和吸水量，使其抗压强度显著提高。肖建庄[10]教授提出了废弃混凝土的破碎处理技术以及再生骨料的预润湿技术，可以显著提高再生骨料在混凝土中的应用效果。毋雪梅[11]研究再生粉体作为矿物掺合料取代水泥对混凝土性能的影响，结果表明产量小于10%时，对混凝土的性能影响较小。

目前再生骨料的应用主要集中于混凝土中，再生砂和再生粉在干粉砂浆中的应用技术还有待进一步研究。砂的品质是影响干粉砂浆性能的最重要因素之一，由于黄沙资源的缺乏，干粉砂浆中的用砂逐渐以机制砂为主，组成体系也由水泥-粉煤灰-黄沙体系转变为水泥-石粉-机制砂体系。但是制备机制砂需要消耗大量的原石，为了缓解原石短缺和提高建筑垃圾资源化利用率，再生骨料在干粉砂浆中的应用也逐渐成为趋势。有鉴于此，有必要进行再生砂和再生粉对干粉砂浆性能的影响规律的研究，为再生石在干粉砂浆中的应用提供依据。

1 原材料和试验方法

1.1 试验原材料

本试验所用水泥为来自华新水泥厂的P·O42.5水泥，掺合料为石粉和再生粉，其45μm筛余分别为11.5%和15.2%，28d活性指数为68%和77%，粉料的化学组成如表1所示。骨料为机制砂和再生砂，其物理性能如表2所示。外加剂为干粉砂浆专用外加剂。机制砂、再生砂、石粉、再生粉的实物如图1所示。从图中可以看出，机制砂以青石为主，而再生砂中含有大量的黄沙，再生粉也因此偏黄，其粒度也比再生粉更大。

表1 原材料的化学组成 %

样品	CaO	SiO_2	Al_2O_3	Fe_2O_3	MgO	SO_3	K_2O	Na_2O	LOI
水泥	63.21	18.95	4.69	3.89	0.07	4.51	0.71	0.10	3.31
石粉	49.18	6.24	1.82	0.91	1.01	0.01	0.79	0.04	39.62
再生粉	14.65	49.25	13.12	6.24	2.43	0.56	2.14	1.13	10.23

表2 砂的物理性能

样品	细度模数	MB值	表观密度/（kg/m^3）	堆积密度/（kg/m^3）
机制砂	2.8	2.5	2650	1645
再生砂	2.8	3.5	2493	1522

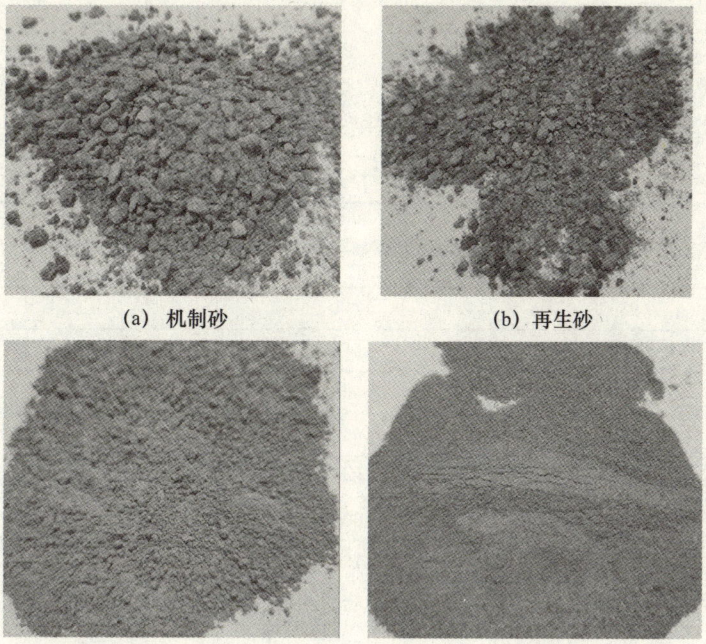

(a) 机制砂　(b) 再生砂　(c) 石粉　(d) 再生粉

图1　原材料实物图

1.2　测试方法

参照JGJ 70—2009《建筑砂浆基本性能试验方法标准》制备砂浆，并对其基本性能包括密度、稠度损失、抗压强度进行测试。采用场发射扫描电镜（SEM）对砂浆的微观结构进行观察，采用X射线衍射分析（XRD）和热重分析（DTG）对砂浆水化产物的物相组成和含量进行测试。

1.3　试验配合比

本试验分别研究了再生砂取代机制砂以及再生粉取代石粉，具体试验配比如表3所示，其中DM0为基准组，DM1～DM5为再生砂取代机制砂试验，取代率分别为20%、40%、60%、80%和100%。DM6-DM10为再生粉取代试验，取代率分别为20%、40%、60%、80%和100%。具体试验配比如表3所示。由于再生砂的吸水率大于机制砂，因此通过调整用水量保证砂浆的初始稠度控制在合适范围。

表3　再生砂和再生粉实验配比　　kg

编号	水泥	机制砂	石粉	再生砂	再生粉	外加剂
DM0	120	780	100	0		1.2
DM1	120	624	100	156		1.2
DM2	120	468	100	312		1.2
DM3	120	312	100	468		1.2
DM4	120	156	100	624		1.2
DM5	120	0	100	780		1.2
DM6	120	780	80		20	1.2
DM7	120	780	60		40	1.2
DM8	120	780	40		60	1.2
DM9	120	780	20		80	1.2
DM10	120	780	0		100	1.2

2 结果与分析

2.1 再生砂和再生粉对砂浆工作性能的影响

再生砂和再生粉对砂浆工作性能的影响试验结果如表 4 所示。

表 4 再生砂和再生粉对砂浆工作性能的影响

编号	需水量/g	密度/（kg/m³）	稠度			保水率/%
			初始	1h	2h	
DM0	280	1711	77	62	57	96.3
DM1	280	1646	82	70	62	97.6
DM2	288	1681	70	58	49	97.1
DM3	305	1662	68	48	34	98.6
DM4	323	1640	75	52	41	98.4
DM5	340	1602	73	52	43	98.7
DM6	280	1726	81	56	52	98.0
DM7	274	1644	80	65	54	98.3
DM8	260	1611	75	63	51	97.5
DM9	245	1605	80	62	45	93.5
DM10	244	1602	88	63	43	92.6

从表 4 中可以看出，再生砂取代机制砂导致砂浆的用水量明显增加，密度有所降低。当再生砂取代量不高于 40%时，砂浆的需水量变化不明显，当再生砂取代量高于 40%时，砂浆需水量迅速增大，再生砂完全取代机制砂时，砂浆需水量从 280g 增加到 340g，增加了 25.0%。除了 DM1 试验组外，砂浆湿密度随着再生砂的取代率增加而逐渐降低。因为再生砂主要是由混凝土结构破坏所得，因此其表面会附有一定量的水泥石，水泥石的孔隙率较大、密度偏小，同时其内部存在一定的裂纹，导致再生砂的需水量明显高于机制砂，同时也导致砂浆的湿密度降低[12]。掺量较低时，再生砂和机制砂的复配可以在一定程度上优化砂浆的级配，使砂浆更加密实，需水量的变化也不明显。从表 4 中还可以看出，再生砂的掺入，会增加砂浆的稠度损失，这主要是因为再生砂的吸水性高于机制砂，再生砂不断吸水导致砂浆的稠度损失加剧，同时再生砂表面附着的水泥石组分会促进水泥水化，进一步增大砂浆的稠度损失。从保水率数据可以看出，再生砂的掺入会提高砂浆的保水率，这与其吸水效应有关。

从表 4 中再生粉对砂浆性能的影响结果中可以看出，再生粉取代石粉后，砂浆的需水率从 280g 逐渐降低至 244g。这主要是由于再生粉的细度大于石粉，其吸水率更低，这也导致了砂浆的密实度性有所下降，砂浆的密度从 1711kg/m³ 逐渐降低至 1605kg/m³。从稠度损失测试试验结果来看，再生粉的掺入加剧了砂浆的稠度损失，这与再生粉持续吸水和促进水化效应有关。从保水率的结果来看，再生粉会降低砂浆保水率，这主要是由于其粒度较大，导致浆体密实度不足，保水率下降。

综合再生砂和再生粉对砂浆工作性能影响的试验结果来看，再生砂取代机制砂的取代率不超过 40%时，再生粉取代石粉的取代率不超过 60%时对砂浆的影响较小。

2.2 再生砂和再生粉对砂浆力学性能的影响

图 2 所示为再生砂掺量对砂浆力学性能的影响规律。从图中可以看出，随着再生砂掺量的增加，砂浆的 3d 强度逐渐降低。当再生砂掺量为 100%时，砂浆的 3d 强度降低了 51.9%，这主要是由于砂浆的需水量增大，导致砂浆早期水灰比较大导致的。从 28d 测试结果中可以看出，再生砂掺量为 20%和 40%时，砂浆抗压强度比基准组分别增加 10.6%和 3.5%，这主要是由于再生砂的早期吸附的水在水泥水化后期会逐渐释放，起到内养护的作用，使砂浆的后期抗压强度增长加快。当再生砂掺量为 60%时，砂浆 28d 强度仍与基准组相当。进一步增加再生砂掺量，砂浆 28d 抗压强度迅

速降低，当再生砂的掺量为100%时，砂浆的28d抗压强度降低33.6%。

图3所示为再生粉掺量对砂浆力学性能的影响规律。从试验结果来看，再生粉掺量对砂浆力学性能无显著影响。虽然再生粉的细度大于石粉，会导致砂浆的密实度降低；但是再生粉中含有大量的水泥水化产物，可以作为“晶核”，促进水泥的水化[13-14]，两种效果的综合作用导致再生粉对砂浆的力学性能无明显影响。

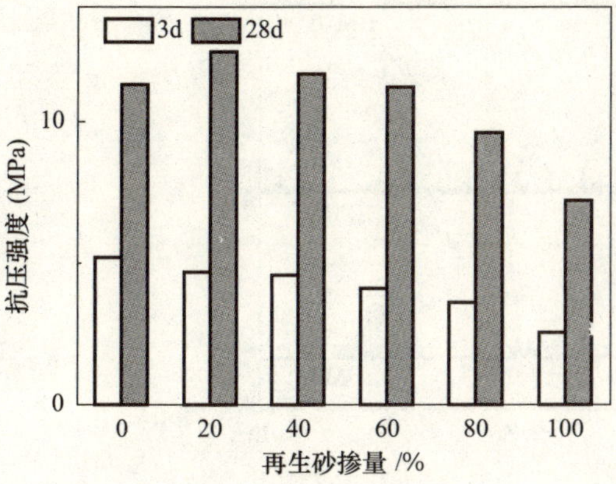

图2　再生砂对砂浆力学性能的影响

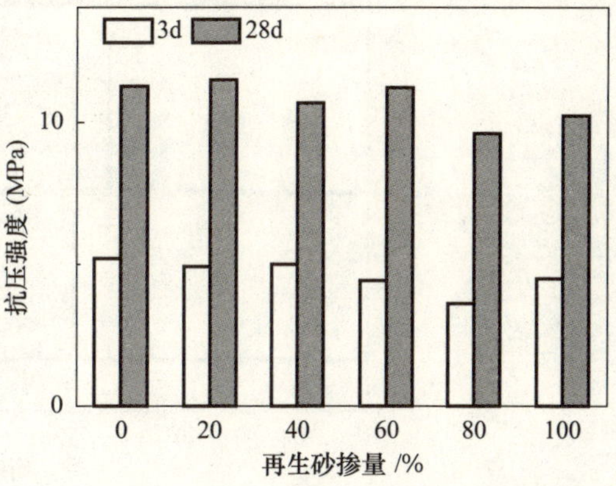

图3　再生粉对砂浆力学性能的影响

2.3　微观结构

图4所示为试样DM0和DM5中浆体与骨料的界面过渡区（ITZ）的微观形貌图。从图中可以看出，DM0试验组砂浆与机制砂存在明显的界面过渡区，这一区域较为松散且强度较低，是砂浆受压破坏时的薄弱环节。而DM5试验组中，砂浆与骨料之间的界面过渡区不如DM0显著。实际上DM5试样存在两个界面过渡区，初始再生砂中骨料和旧水泥浆的界面过渡区，以及水泥浆与水泥浆之间的界面过渡区。一方面，用于制备再生砂的混凝土强度一般较高，骨料与砂浆之间的界面过渡区比普通砂浆更加密实；另一方面，旧砂浆与新砂浆之间的成分差异更小，两者之间粘结性也就更好，同时，再生砂的内养护效应也会促进界面过渡区的水化，这都会使界面过渡区更加密实[15]。这也是掺入适量再生砂会使砂浆抗压强度提高的原因。

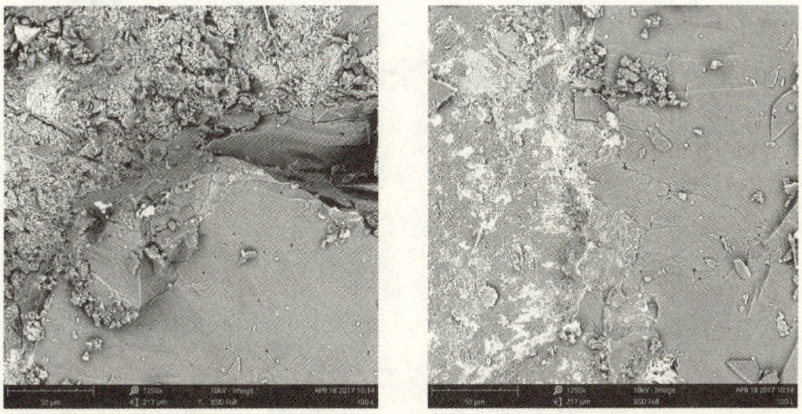

(a) DM0　　(b) DM5

图4　试样DM0和DM5中砂浆界面过渡区图像

2.4　XRD测试

如图5所示为再生砂和再生粉砂浆的物相组成测试结果，从图中可以看出，青石的主要成分为石灰石，而再生石中主要成分为石英和斜绿泥石。从图中还可以看出，试样中含有一定量的未水化的硅酸钙以及水化产物氢氧化钙。从峰的高度上看，试样DM10中的硅酸钙峰低于DM0，同时水化产物氢氧化钙的峰高于 DM0，这进一步证明了再生粉具有的促进水泥水化的效果。

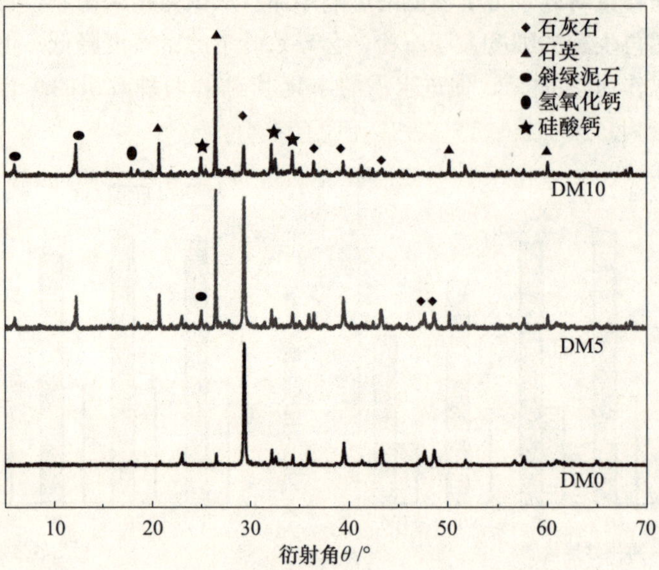

图 5　再生砂和再生粉砂浆的物相分析结果

2.5　DTG 测试

图 6 所示为试样 DM0、DM5 和 DM10 的 DTG 曲线。从图中可以看出，在 DTG 曲线上可以明显观察到试样中水化产物 AFt、C-S-H、AFm 和 Ca（OH）$_2$ 的放热峰。DM0 和 DM5 的 DTG 曲线十分接近，DM5 的水化产物放热峰略大于 DM0，表明 DM5 中水化产物的含量略大于 DM0，即再生砂对水化进程有轻微帮助，这主要是归因于再生砂的内养护作用，水化后期再生砂中吸附的水逐渐释放，有利于水泥的水化。DM10 中水化产物的放热峰明显大于 DM0 试验组。这主要是因为再生粉中含有一定量的水泥石，可以促进水泥的水化，从而生成更多的水化产物。

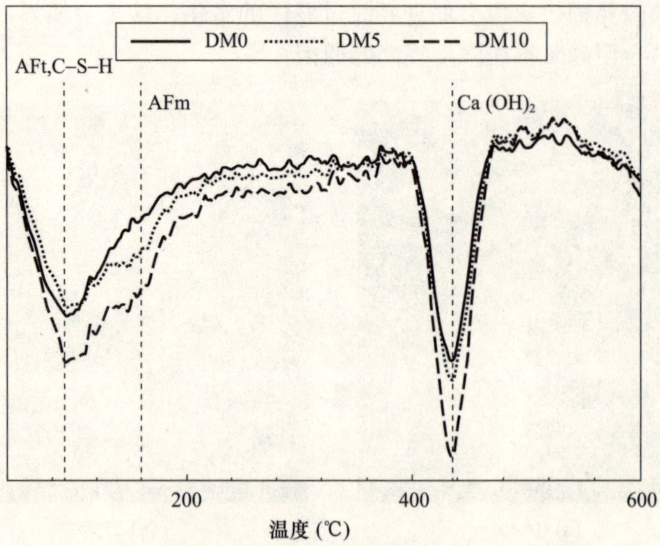

图 6　再生砂和再生粉砂浆 28dDTG 测试结果

3　结论

本论文分别研究了再生砂取代机制砂以及再生粉取代石粉对干粉砂浆工作性能和力学性能的影响规律，并通过 SEM、XRD 和 DTG 测试方法对砂浆的微观结构和水化产物进行分析，得到了以下结论：

（1）再生砂的掺入量不超过40%时，对砂浆的工作性能的影响较小，掺量过高则会导致砂浆吸水率、稠度损失和保水率增加，同时密度降低。再生粉的掺入会降低砂浆用水量、密度和保水率，同时会加剧砂浆的稠度损失，需要控制再生粉的掺量不超过60%。

（2）再生砂使砂浆的3d强度明显降低，但是当再生砂的掺量不超过60%，砂浆的28d抗压强度无显著变化。再生粉对砂浆的抗压强度发展无明显影响。

（3）再生砂的掺入会优化浆体与骨料之间的界面过渡区。再生粉的掺入则会加速水泥的水化，提高砂浆中水化产物的含量。

参考文献

[1] 陆凯安．我国建筑垃圾的现状与综合利用［J］．施工技术，1998，28（5）：44-45.

[2] 罗清海，陈晓明，王衍金，等. 工程建筑垃圾处置的调查和分析［J］. 中国资源综合利用，2009，27（6）：29-31.

[3] MAJOR R，SUDHIRKUMAR B. Studies on recycled aggregates-based concrete［J］. Waste Management and Research，2006，24（3）：225-233.

[4] 教奇枫，张瑜. 建筑垃圾的危害和资源化利用［J］. 建筑工程技术与设计，2015（05）：1258-1258.

[5] 董璇. 建筑垃圾再生利用的环境性能分析［D］. 济南：山东科技大学，2011.

[6] 李湘洲. 国外建筑垃圾利用现状及我国的差距［J］. 砖瓦世界，2012（06）：9-13.

[7] 郭远新，李秋义，汪卫琴，等. 再生粗骨料品质提升技术研究［J］. 混凝土，2015（6）：134-138.

[8] 陈云钢，孙振平，肖建庄．再生混凝土界面结构特点及其改善措施［J］．混凝土，2004（2）：10-13.

[9] 李秋义，李云霞，朱崇绩. 颗粒整形对再生细骨料性能的影响［J］. 新型建筑材料，2006（1）.

[10] J. Z. Xiao，J. B. Li，C. Zhang. Mechanical properties of recycled aggregate concrete under uniaxial loading［J］. Cement and Concrete Research，2005，35（6）：1187-1194.

[11] 毋雪梅，杨久俊，黄明．建筑垃圾磨细粉作矿物掺合料对水泥物理力学性能的影响［J］．新型建筑材料，2004（4）：16-18.

[12] 朋改非，沈大钦，朱海英，等．同配合比条件下再生骨料混凝土与基准混凝土的力学性能比较研究［J］．混凝土，2006（2）：34-38.

[13] 吴姝娴，谈海涛，左俊卿．再生微粉对混凝土强度的影响研究［J］．山西建筑，2011，37（35）：122-123.

[14] 樊耀虎，李滢，康晓明．再生微粉和粉煤灰对胶砂力学性能及微观结构影响研究［J］．硅酸盐通报，2019，38（2）：537-542.

[15] 宋瑞旭，万朝均，王冲，等．高强度再生骨料和再生高性能混凝土试验研究［J］．混凝土，2003（2）：29-31.

作者简介

凌刚，男，1990年生，博士研究生，联系地址：湖北省武汉市黄陂区盘龙城卓尔青年汇G7栋绿茵馆，邮编：432200，电话：15071474132。

天然椰棕颗粒对普通砂浆性能影响研究

仲崇磊　陈杰　李小亮　程金龙
上海三棵树防水技术有限公司，上海，201100

摘　要　通过研究椰棕丝对普通砌筑砂浆性能影响，揭示了按不同比例椰棕丝替代普通砌筑砂浆中的细骨料，从对保水率、凝结时间、2h稠度损失率、抗冻性、抗压强度性能的影响规律做了简单分析。结果表明，椰棕丝颗粒对砌筑砂浆强度产生明显的不利影响，普通砌筑砂浆中椰棕丝颗粒细骨料占比≤0.2L时，可满足现有普通砌筑砂浆M5的技术指标，且满足施工性要求。

关键词　保水率；凝结时间；稠度损失率（2h）；抗冻性；抗压强度；施工性

Feasibility Study on Using Natural Coconut Palm Particles to Replace Fine Aggregate in Common Masonry Mortar

Zhong Chonglei，Chen Jie，Li Xiaoliang，Cheng Jinlong
Shanghai 3trees Waterproof Technology Co.，Ltd.，Shanghai，201100，China

Abstract　By studying the influence of coconut brown silk on the performance of ordinary masonry mortar，it is revealed that the fine aggregate in ordinary masonry mortar is replaced in different proportions. The influence laws of water retention rate，setting time，consistency loss rate of 2h，frost resistance and compressive strength are simply analyzed. The results show that coconut brown wire particles have an obvious adverse effect on the strength of masonry mortar. When the proportion of coconut brown wire particle fine aggregate in ordinary masonry mortar is ≤0.2L，it can meet the technical index of existing ordinary masonry mortar M5 and meet the construction requirements.

Keywords　water retention rate；setting time；consistency loss rate（2h）；frost resistance；compressive strength；constructability

0　引言

普通砌筑砂浆中，多使用天然砂或机制砂作为细骨料。随着环境保护升级，国家可持续发展战略的推行，砂开采量得到严格控制。人类无节制地破坏自然环境是生态系统被破坏的最主要因素之一，合理利用资源，不过度开采，保护环境，减少污染，治理污染，迫在眉睫[1]。目前很多地方砂供不应求，“砂荒”现象时有发生，寻求砂替代品成为目前紧迫要完成的事情。这其中就有机制砂的出现，其替代天然砂已成为混凝土行业可持续发展的必然选择。建筑垃圾中废弃混凝土，经破碎分级之后的再生骨料，可适当缓解工程建设中骨料的供需矛盾。天然椰棕丝是包裹在椰壳表面的椰棕组织，椰子表面的植物组织是很难得的天然纤维，它质地坚实，耐磨性很好，并且产量巨大。椰棕丝粗细不一，将其粉碎后，可以得到不同粒径大小，不同级配的颗粒，将其替代普通砌筑砂浆中的细骨料，进行可行性研究，对于绿色可持续发展意义重大。

1 试验

1.1 试验原材料

主要包括普通硅酸盐水泥、石英砂、椰棕颗粒、可再分散乳胶粉、纤维素醚、甲酸钙。

（1）普通水泥：安徽海螺水泥有限公司生产 P·O 42.5 普通硅酸盐水泥（表 1）。

表 1 材料化学成分 %

Loss	SiO_2	Al_2O_3	Fe_2O_3	CaO	MgO	SO_3	Na_2O
3.02	25.25	6.55	3.57	59.12	2.20	1.72	1.02

（2）石英砂：凤阳县英武石英砂有限公司，0.1～0.6mm 石英砂。

（3）椰棕颗粒：海南产椰棕丝，经粉碎处理得到 0.1～0.3mm 颗粒（轻质）。

（4）可再分散乳胶粉：瓦克化学（中国）有限公司，VINNAPAS5010 N。

（5）纤维素醚：北方天普化工有限公司，TP-2020P。

（6）甲酸钙：广东龙湖科技有限公司。

1.2 试验方法

1.2.1 保水率的测定

按照 JGJ/T 70—2009《建筑砂浆基本性能试验方法标准》进行测定，其中滤纸应符合 GB/T 1914—2017《化学分析滤纸》规定的中速定性滤纸的要求，定量应为（85±3）g/m^2，直径不应小于 110mm。

1.2.2 凝结时间的测定

按照 JGJ/T 70—2009《建筑砂浆基本性能试验方法标准》进行测定，其中试验结果精确到 0.1h。

1.2.3 稠度损失率（2h）的测定

按照 GB/T 25181—2019《预拌砂浆》附录 C 的规定进行。

1.2.4 抗冻性的测定

按照 JGJ/T 70—2009《建筑砂浆基本性能试验方法标准》进行测定，冻融循环次数，按夏热冬暖地区 15 次、夏热冬冷地区 25 次、寒冷地区 35 次、严寒地区 50 次确定。

1.2.5 抗压强度的测定

按照 JGJ/T 70—2009《建筑砂浆基本性能试验方法标准》进行测定，砂浆强度等级是以边长为 70.7mm 的立方体试块，在标准养护条件［温度（20±2）℃、相对湿度为 95%以上］下，用标准试验方法测得 28d 龄期的抗压强度值（单位为 MPa）确定。

1.3 试验样品制备

普通砌筑砂浆中，使用椰棕丝颗粒替代细骨料，基于工作性能相同的情况下配置 5 组砌筑砂浆配方，配方见表 2 与表 3。

表 2 实验用基料配方

基料	普通水泥	矿粉	乳胶粉	纤维素醚	甲酸钙
质量/g	560	420	10	4	6

表 3 椰棕颗粒体积占比不同配方列表

目录	配方 1	配方 2	配方 3	配方 4	配方 5
基料/g	1000	1000	1000	1000	1000
椰棕颗粒/L	0.2	0.4	0.6	0.8	1.0
加水量/g	240	245	250	255	260

2　分析与讨论

各配方中椰棕颗粒体积占比不同，配制的样品性能也就各异，现从如下几个方面对样品的性能影响加以分析说明。

2.1　配制样品对保水率的测定

各组配比椰棕颗粒体积的占比不同，配制样品的性能也就各异。现从如下几个方面就组成材料对砂浆保水率的影响以分析说明。图1为不同配方保水率测试比较。

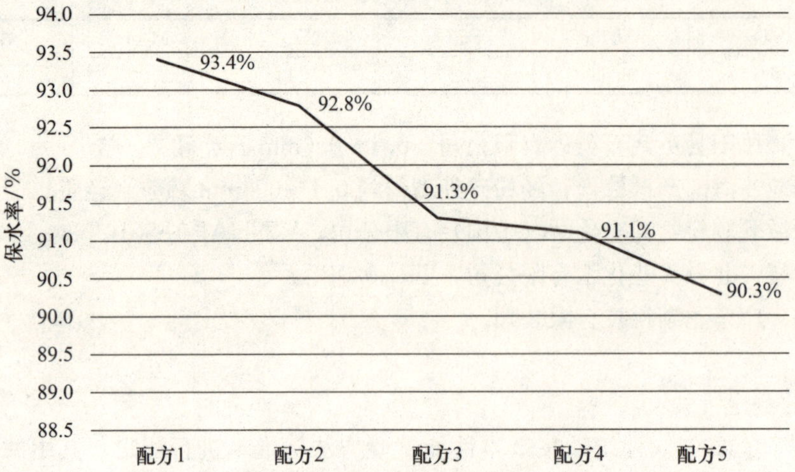

图1　不同配方的保水率测试

从图1中可以看出，椰棕颗粒体积占比不同的配方保水率测试结果不同，配方1的保水率最高，然后依次是配方2、配方3、配方4、配方5，呈下降趋势。椰棕颗粒占比越大，保水率越低。

椰棕丝粉碎至0.1～0.3mm颗粒，重量轻，体积大，作为填料来说，属于轻质填料。在与基料配制中，椰棕颗粒占比越大，所需拌合水越多。椰棕颗粒相对也会吸收一部分拌和水，但主要靠纤维素醚锁住水分。保水率测试，水分含量越大，失水率相对就越大，保水率越低。

2.2　配制样品凝结时间的测定

样品置放于实验室中，温度始终保持在（20±2）℃，测试不同配方凝结时间如下：

从图2中可见，在同一环境下，各配方凝结时间几乎相差不大，配方1与配方5凝结时间相差22min。趋势上看，椰棕颗粒占比较少的配方1凝结时间最长，椰棕颗粒占比最小的配方5凝结时间最短。椰棕颗粒占比越多，材料中胶凝材料分散得更均匀，胶凝材料与水接触的表面积也越大，水化热相对也越快，凝结时间也就越短。

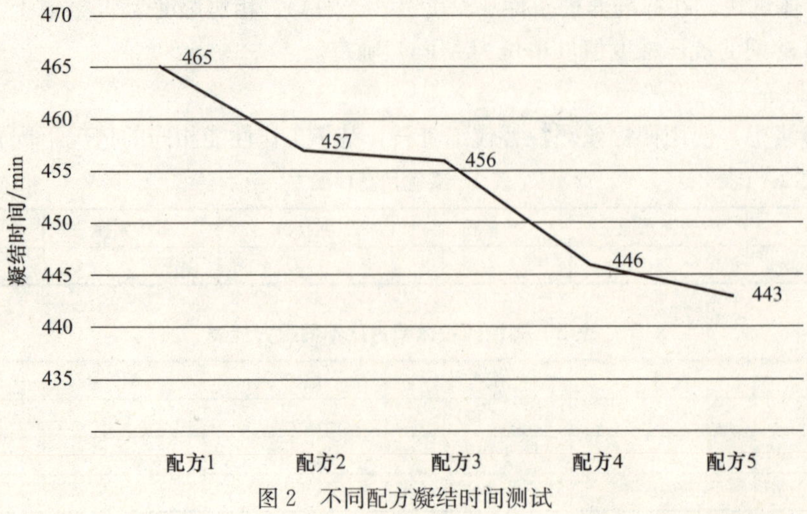

图2　不同配方凝结时间测试

2.3 配制样品对稠度损失率（2h）的测定

图 3 为不同配方 2h 后稠度变化损失率。

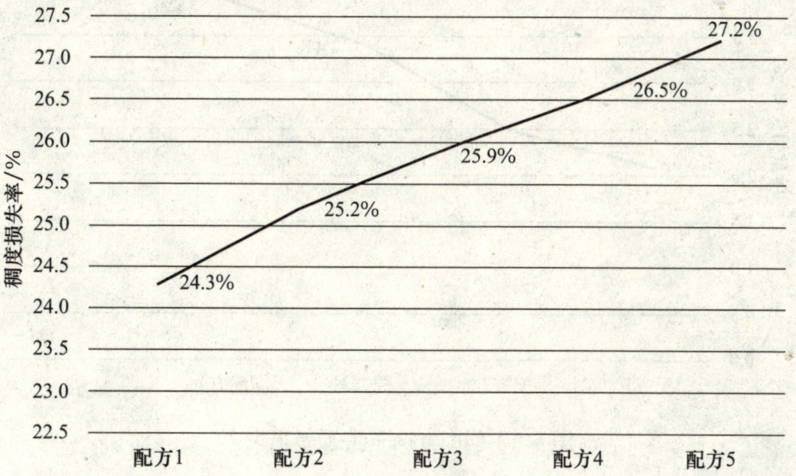

图 3　不同配方稠度损失率（2h）

从图 3 中可见，2h 后的稠度损失率，配方 1 最小，依次是配方 2、配方 3、配方 4，最后最大的是配方 5。椰棕颗粒占比越大，稠度损失率（2h）也越大，稠度损失率主要源于椰棕颗粒吸水后，材料本身水分的减少。随时间的延长，椰棕颗粒占比越大的配方，吸水量越大，使得材料稠度损失率越大。

2.4 配制样品对抗冻性的测定

抗冻性测试分为强度损失率与质量损失率两个方面去分析，图 4 为不同配方强度损失率测试，图 5 为不同配方的质量损失率测试。

从图 4 强度损失率来看，配方 1 到配方 5，强度损失率是逐步增大的，椰棕颗粒占比的增大，会降低材料整体的强度。材料的强度与胶凝材料的组成、骨料的成分数量等息息相关。椰棕颗粒本身硬度强度不高，占比越大的配方，强度自然越低，强度损失率也越大。

从图 5 可以看出，椰棕颗粒占比越高，质量损失率也越大。椰棕颗粒占比越大，吸水的拌和水也越多，在冻融循环结束后，水分损失也相应增大，整体质量损失也就越大。

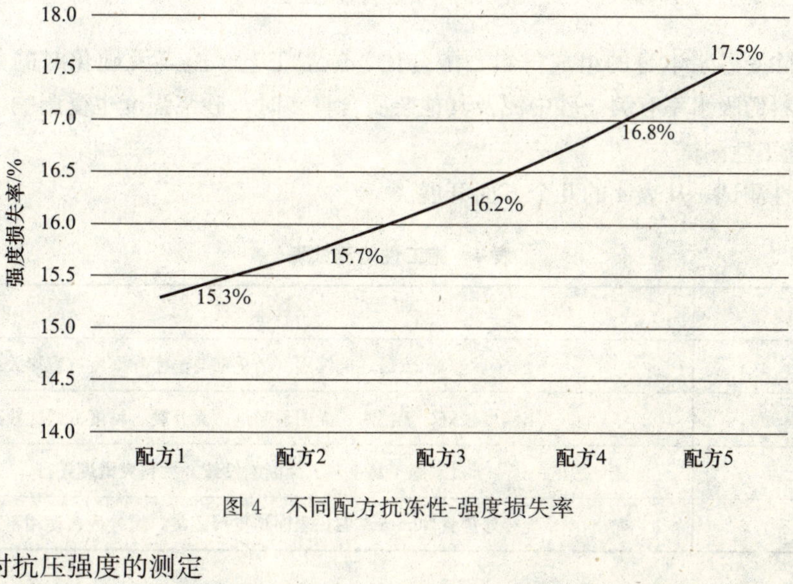

图 4　不同配方抗冻性-强度损失率

2.5 配制样品对抗压强度的测定

图 6 为配方 1 到配方 5 用标准试验方法测得 28d 龄期的抗压强度值（单位为 MPa）。

从图 6 中可以看出，配方 1 到配方 5 强度是逐渐降低的，随着椰棕丝颗粒占比的提高，强度也随之降低，其中配方 1 能达到 M5 的要求。

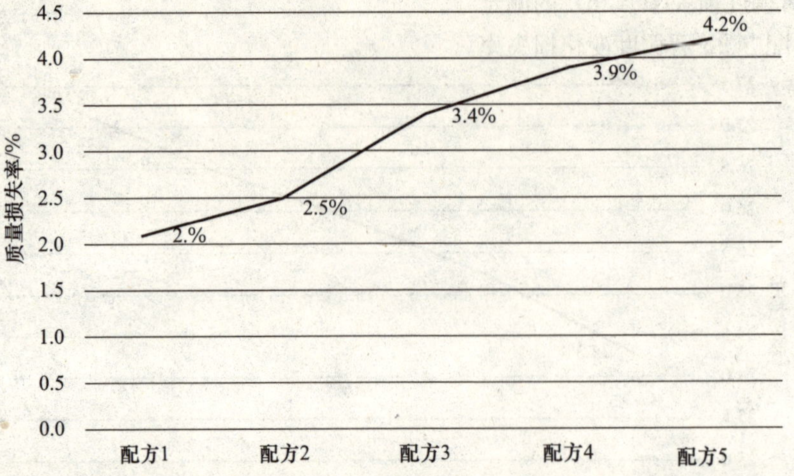

图 5　不同配方抗冻性-质量损失率

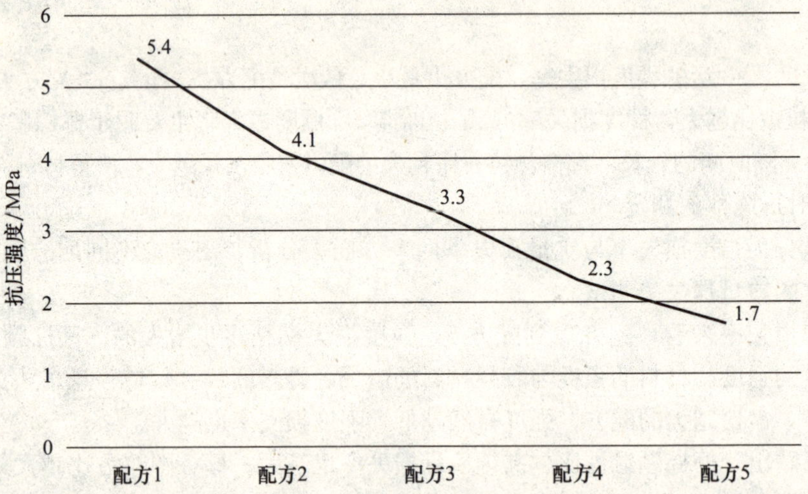

图 6　不同配方抗压强度

砂浆的强度除受砂浆本身的组成材料、配合比、施工工艺、施工及硬化时的条件等因素影响外，还与砌体材料的吸水率有关。砂中泥及其他杂质含量多时，砂浆强度也受影响。

2.6　配制样品施工性测试

样品的施工性测试，从表 4 的几个方面开展。

表 4　施工性能测试表

施工测试项目	具体表现
可操作时间	施工后静置 2h 后还能续用（活化期与温度和湿度有直接关系）
施工和易性	丰满度较好、无泌水、无明显起泡、无开裂、粘度方面比较适中
施工手感	批刮施工易上料、无断断续续、批料爽滑度还行
储罐时间	搅拌好静置 30min 左右，表面结皮很正常，搅拌后再使用不影响

配方 1 到配方 5，施工性测试均达到以上几个方面的施工性测试要求。加水量对聚合物干混砂浆的稠度影响较大，从而进一步影响到其他施工性能，加水量对聚合物干混砂浆的应用性能和施工性能影响较大，因此合理控制加水量是有效使用聚合物水泥砂浆的关键因素之一[3]。

3 结论

（1）配制不同椰棕颗粒占比的样品，椰棕颗粒占比越大，对配制样品的保水率越低，主要基于椰棕颗粒具有一定的吸水性；凝结时间的测试可以看出，椰棕颗粒占比越大，凝结时间呈下降趋势；椰棕颗粒占比越大，稠度损失率（2h）也越大，稠度损失率主要源于椰棕颗粒吸水后，材料本身水分的减少，使得材料稠度损失率变大；在抗冻性方面，随着椰棕颗粒占比增大强度损失率与质量损失率均呈上升趋势。

（2）配制的不同配方，从试验测试结果来看，椰棕颗粒 0.2L 添加量，符合 GB/T 25181—2019《预拌砂浆》普通砌筑砂浆 M5 标准。使用椰棕丝颗粒的砌筑砂浆，强度是短板，比较适用于非承重墙、填充墙强度要求较低的砌筑。

（3）从测试结果简析来看，椰棕颗粒可作为轻骨料在普通砌筑砂浆中使用。如对椰棕颗粒进行预处理，改善其性能，使其具备一定的强度、弹性、稳定性，可作为新型绿色建筑材料，具有一定的可行性研究价值。

参考文献

［1］ 刘婧娟．关于生态环境的保护与发展［J］．资源与环境，2016（35）：158-158.

［2］ 熊丹安，苏明会，赵亮．砌体结构原理与设计［M］．2 版，武汉：武汉理工大学出版社，2014.

［3］ 滕朝晖，王勤旺．加水量对聚合物干混砂浆的影响［A］．第三届全国商品砂浆学术会议，2013：81-85.

作者简介

仲崇磊，1985 年生，化工工程师，从事干粉砂浆研发，联系地址：上海市闵行区申长路 988 弄 1 号 602 室，邮编：201105，邮箱：45009077@qq.com，电话：13916169331。

建筑垃圾尾粉在建筑室内用腻子中的应用

葛志明　高书芳
浙江海申新材料有限公司，浙江绍兴，312366

摘　要　建筑垃圾尾粉用于混凝土或砂浆中掺量不大，为解决建筑垃圾处理过程中富余的大量尾粉，利用建筑垃圾尾粉替代建筑室内用腻子中的重钙可提高尾粉用量。本文通过两种不同类型的腻子配方进行数据对比分析，在水泥基腻子中，在水泥含量相同的情况下，以尾粉或重钙作为填料的室内腻子性能基本接近，调整水泥用量或添加有机聚合物可用于各类型室内腻子。当尾粉替代重钙用于聚合物中性腻子时，其性能与重钙作为填料时的性能大致相同，可满足一般型（Y）室内腻子要求。浸水后黏结强度明显低于水泥基内墙腻子，以尾粉或重钙作为填料的聚合物中性腻子不适合用于耐水型（N）室内腻子。

关键词　建筑垃圾尾粉；水泥基腻子；聚合物中性腻子；中性胶粉

Application of Construction Waste Sand-making Tailing Powder in Putty for Building Interior

Ge Zhiming，Gao Shufang
Zhejiang Haishen New Materials Co.，Ltd.，Shaoxing，312366，China

Abstract　Construction waste tailing powder is used in concrete or mortar with a small amount，in order to solve a large amount of residual powder in the process of construction waste treatment，the use of construction waste tail powder to replace heavy calcium in putty for building indoor use can increase the amount of tail powder. In this paper，data comparison and analysis of two different types of putty formulations are carried out. In cement-based putty，in the case of the same cement content，the performance of indoor putty with tail powder or heavy calcium as filler is basically similar. Adjusting the amount of cement or adding organic polymers can be used for various types of indoor putty. When tail powder replaces heavy calcium for polymer neutral putty，its performance is roughly the same as when heavy calcium is used as a filler，it can meet the requirements of general type（Y）indoor putty. After immersion in water，the bond strength is significantly lower than that of cement-based interior wall putty. Polymer neutral putty with tail powder or heavy calcium as filler is not suitable for water resistant（N）indoor putty.

Keywords　construction waste tailing powder；cement based putty；polymer neutral putty；neutral rubber powder

0　引言

在资源紧缺、环境保护力度加强等背景下，大量石矿被关停，河道非法采砂被禁止，直接导致砂、石资源紧缺，价格高涨。面对这种现状，大量混凝土、砂浆企业采用建筑垃圾加工成粗、细骨料来替代砂、石，利用建筑垃圾加工再生骨料时会产生20%以上粒径为0.075mm以下的尾粉。砂浆和混凝土中的尾粉利用率一般在5%以下，如果不能合理处理尾粉，会严重制约建筑垃圾处理进程，同时也会增加再生骨料的生产成本。由于腻子产品一般都是薄层施工，而传统的腻子主要填料为重钙粉，因此，采用建筑垃圾尾粉代替重钙用于腻子产品是解决建筑垃圾富余尾粉的一种有效途径。

1 试验

1.1 原材料

（1）水泥：江西银杉白水泥股份有限公司生产的白色普通硅酸盐水泥，强度等级为42.5，基本性能见表1。

（2）填料：尾粉为浙江鼎峰科技股份有限公司建筑垃圾制砂尾粉，主要粒径为40～70μm；重钙为长兴华业化工有限公司生产的200目重钙粉。尾粉与重钙的化学组成见表2。

（3）外加剂：保水剂和中性腻子胶粉均为浙江海申新材料有限公司生产，保水剂是腻子专用改性羟丙基甲基纤维素醚，规格为MH3501，黏度40000mPa·s。中性腻子胶粉为公司自配复合外加剂，规格型号为IP05。

表1 水泥基本性能

标准稠度用水量/%	凝结时间/min		抗折强度/MPa		抗压强度/MPa	
	初凝	终凝	3d	28d	3d	28d
26.0	173	234	6.1	8.5	34.9	55.9

表2 尾粉、重钙主要化学组成

成分	CaO	SO_3	SiO_2	Al_2O_3	MgO	Fe_2O_3
尾粉/%	15.18	0.55	48.25	23.45	2.05	2.28
重钙/%	91.12	0.05	0.52	0.32	4.23	0.08

1.2 试验方法

研究建筑垃圾尾粉替代重钙对建筑室内用腻子性能的影响。

常规的建筑室内腻子填料为重钙，室内表面一般做涂料施工，对重钙的白度有要求，而建筑垃圾尾粉白度无法控制，因此，本试验的室内腻子仅应用于无白度要求的非涂料面或涂料面的底层使用。本试验通过采用两种不同胶凝材料的室内腻子配比方案对尾粉替代重钙的可行性进行分析，两种配比分别为水泥基室内腻子和聚合物中性室内腻子。

（1）水泥基室内腻子

表3为重钙与尾粉在水泥基室内腻子中的试验配比，其主要目的为验证重钙与尾粉对水泥基腻子的性能影响，为减少对数据的交互影响，本配比中未掺加灰钙、胶粉等其他材料。在不同水泥掺量情况下对两种不同填料进行性能对比分析。

表3 水泥基室内腻子试验配比

配方序号	配比/%			
	水泥	重钙	尾粉	保水剂
1	10	90	—	0.35
2	15	85	—	0.35
3	20	80	—	0.35
4	10	—	90	0.35

续表

配方序号	配比/%			
	水泥	重钙	尾粉	保水剂
5	15	—	85	0.35
6	20	—	80	0.35

(2) 聚合物中性室内腻子

聚合物中性室内腻子指的是以聚合物为主要胶凝材料的非碱性室内腻子，表4为重钙与尾粉在聚合物中性室内腻子中的试验配比，其主要目的是验证重钙与尾粉在聚合物中性室内腻子中的性能差异。在相同掺量聚合物中性胶粉的情况下，通过调整尾粉和重钙的掺量对其物理性能进行对比试验。

表4 聚合物中性室内腻子试验配比

配方序号	配比/%		
	尾粉	重钙	IP05
1	0	100	0.6
2	20	80	0.6
3	40	60	0.6
4	60	40	0.6
5	80	20	0.6
6	100	0	0.6

2 结果分析

试验方法参照JG/T 298—2010《建筑室内用腻子》[1]要求。

2.1 水泥基室内腻子

水泥基室内腻子测试结果见表5。

根据表5数据分析，尾粉和重钙作为填料时，各配比的施工性、初期干燥抗裂性、打磨性均符合要求。当水泥用量在10%时，1号样和4号样标准状态粘结强度指标均小于0.30MPa，不能满足一般型（Y）内墙腻子粘结强度>0.30MPa的要求，其原因和胶凝材料用量过少有关。而当水泥用量在15%时，2号样、5号样标准状态粘结强度指标均大于0.30MPa，满足了建筑室内腻子一般型（Y）要求。水泥掺量达到20%时，3号样和6号样标准状态粘结强度指标均大于0.50MPa，浸水后粘结强度指标也均大于0.30MPa，3号样和6号样粘结强度指标均可满足耐水型（N）室内腻子要求。

表5 水泥基室内腻子测试结果

配方序号	施工性	初期干燥抗裂性(3h)	打磨性	黏结强度/MPa	
				标准状态	浸水后
1	符合	无裂纹	符合	0.21	0.12
2	符合	无裂纹	符合	0.42	0.28
3	符合	无裂纹	符合	0.67	0.39
4	符合	无裂纹	符合	0.19	0.10
5	符合	无裂纹	符合	0.40	0.24
6	符合	无裂纹	符合	0.62	0.35

2.2 聚合物中性室内腻子

聚合物中性室内腻子测试结果见表6。

根据表6数据分析，在IP05掺量相同的情况下，1号样～6号样施工性、初期抗裂性、打磨性均符合建筑室内腻子基本要求。1号样～6号样标准状态粘结强度均大于0.30MPa，但浸水后粘结强度均小于0.30MPa，不能满足建筑室内腻子耐水型（N）要求。试验证明，在以聚合物外加剂IP05作为胶凝材料时，建筑垃圾尾粉全部或部分替代重钙时腻子的各项性能基本相同。在不添加水泥的情况下，重钙或建筑垃圾尾粉用于聚合物中性腻子时，其性能指标较难满足建筑室内腻子耐水型（N）要求。

表6　聚合物中性室内腻子测试结果

配方序号	施工性	初期干燥抗裂性（3h）	打磨性	粘结强度/MPa	
				标准状态	浸水后
1	符合	无裂纹	符合	0.38	0.16
2	符合	无裂纹	符合	0.37	0.18
3	符合	无裂纹	符合	0.36	0.15
4	符合	无裂纹	符合	0.39	0.17
5	符合	无裂纹	符合	0.38	0.15
6	符合	无裂纹	符合	0.35	0.12

3　结论

（1）相同水泥掺量时以尾粉作为填料时室内腻子粘结强度稍低于重钙，但偏差不大，调整水泥用量或添加有机聚合物可用于各类型室内腻子。

（2）尾粉代替重钙用于聚合物中性室内腻子时，其性能和使用重钙作为填料时大致相同，可满足一般型（Y）室内腻子要求。浸水后粘结强度明显低于水泥基内墙腻子，以尾粉或重钙作为填料的聚合物中性腻子不适合用于耐水型（N）室内腻子。

参考文献

[1]　中华人民共和国住房和城乡建设部．建筑室内用腻子：JG/T 298—2010［S］．北京：中国标准出版社，2010.

作者简介

葛志明，男，1977年生，浙江海申新材料有限公司董事长，主要从事纤维素醚在建筑材料中的应用研究，邮编：312366，电话：13858531177。

再生微粉在抹灰石膏中的应用

祝张法　李焕根　余航斌　方伟烽
浙江益森科技股份有限公司，浙江绍兴，312000

摘　要　随着天然砂资源的日益枯竭，建筑再生骨料被大量应用，加工再生骨料产生的大量再生微粉不能得到充分利用。虽然再生微粉在混凝土和砂浆中的应用比较成熟，但是，当水泥基制品中大量使用再生微粉时，水泥基制品的收缩率会增加，因此，再生微粉不能广泛用于水泥基产品。为扩大再生微粉的用量，抹灰石膏中添加再生微粉来取代重钙粉，并使用氢氧化钙作为碱性激发剂，经过测试和验证，抹灰石膏的初期物理力学性能和软化系数没有提高，但在后期再生微粉活性作用出现后，抹灰石膏的抗折抗压强度明显增强，同时，抹灰石膏的软化系数也得到提高。

关键词　再生微粉；抹灰石膏；活性指数；软化系数

Application of Regenerated Micropowder in Plastering Gypsum

Zhu Zhangfa，Li Huangen，Yu Hangbin，Fang Weifeng，
Zhejiang Yisen Technology Co.，Ltd.，Shaoxing，312000，China

Abstract　With the increasing depletion of natural sand resources，construction recycled aggregates are widely used，the large amount of regenerated fine powder from the processing of regenerated aggregate cannot be fully utilized. Although the application of recycled micropowder in concrete and mortar has been relatively mature，However，when a large amount of recycled micropowder is used in cement-based products，the shrinkage rate of cement-based products will increase. Therefore，recycled micropowder cannot be widely used in cement-based products. In order to expand the dosage of regenerated micropowder，replacing heavy calcium powder by adding regenerated micropowder to plastering gypsum. And use calcium hydroxide as alkaline activator，tested and verified，the initial physical and mechanical properties and softening coefficient of plastering gypsum did not improve，however，the flexural and compressive strength of the plastering gypsum is significantly improved after the active effect of the regenerated micropowder occurs in the later stage. At the same time，the softening coefficient of plastering gypsum is also improved.

Keywords　regenerated micropowder；plastering plaster；activity index；softening factor

0　引言

随着天然砂、石矿资源的日益枯竭，建筑再生骨料被大量应用。再生骨料在生产过程中会产生大量的石粉即再生微粉，一般的再生微粉是在加工再生骨料过程中通过收尘器或选粉机收集而成

的。因收尘、选粉设备及生产工艺不同，所产生的再生微粉细度也各异，通常粒径在150μm以下，其活性指数在50%左右。根据JG/T 573—2020《混凝土和砂浆用再生微粉》要求，再生微粉细度要求在75μm以下，活性指数要求≥60%。因此，通过一般再生骨料生产工艺产生的再生微粉其活性指标不能满足混凝土和砂浆矿物掺和料的要求，同时再生微粉用在水泥基产品中会增大收缩率指标，其掺量也受限。这也导致目前大量的生产再生骨料企业因其副产再生微粉无法利用导致产能受限，成本增加。而抹灰石膏所使用的胶凝材料为建筑石膏，建筑石膏凝结后生成相互交叉的网状晶体，交叉晶体内部含部分微细空隙。通常抹灰石膏配方中会采用重钙粉作为填料，以填补该部分空隙，而目前重钙粉价格也居高不下。采用再生微粉生产抹灰石膏不但能起填料作用，还能利用其活性指数在碱激发条件下提高抹灰石膏的强度及软化系数。由于建筑石膏凝结后具有微膨胀性能，因此再生微粉在抹灰石膏中的掺量可以大幅提高。

本文对再生微粉在碱激发条件下用于抹灰石膏的性能进行验证，和以重钙粉作为填料的抹灰石膏进行性能对比，以验证再生微粉用于抹灰石膏的可行性。

1 原材料和基础配比

1.1 试验原材料

建筑石膏来自宁波益森新型建材有限公司，建筑石膏为脱硫石膏煅烧后的β半水石膏。再生微粉来自浙江益森科技股份有限公司，属于再生骨料加工时通过收尘设备收集而来的再生微粉，平均粒径在40μm左右。粉煤灰取自宁波北仑电厂。重钙粉为浙江长兴某企业市售产品，细度为200目。再生微粉与其他掺合料的化学组成见表1。

表1 再生微粉与其他掺合料的化学组成

成分	CaO	SO_3	SiO_2	Al_2O_3	MgO	Fe_2O_3	其他
再生微粉/%	17.27	0.78	47.12	27.30	2.14	3.19	2.20
粉煤灰/%	0.42	0.12	54.25	41.23	0.22	0.58	3.18
重钙粉/%	90.32	0.05	0.52	0.32	6.23	0.08	2.48

再生微粉和粉煤灰的理化性能见表2。

表2 再生微粉与粉煤灰主要物理性能对比

项目	检测结果	
	粉煤灰	再生微粉
需水量比/%	108	121
烧失量（loss）/%	7.9	10.2
密度/（g/cm^3）	2.5	2.7
强度活性指数/%	78.2	65.6

1.2 基础配比

表1为再生微粉、粉煤灰、重钙粉成分分析对比。从表1数据可以看出，再生微粉成分接近于粉煤灰，其主要成分为具有潜在活性的SiO_2和Al_2O_3，重钙粉主要成分为CaO。张方[1]认为再生微粉通过碱激发后可以释放出活性SiO_2和Al_2O_3粉并与$Ca(OH)_2$发生二次反应，生成强度更高的C-S-H凝胶和钙矾石。

本试验中L1是以重钙粉作为填料的对比基准配方，L2中以再生微粉作为填料，L3、L4配比中均采用再生微粉作为填料，另外添加适量$Ca(OH)_2$为再生微粉的碱激发掺和料。本试验主要目的是验证再生微粉在抹灰石膏中的活性作用，因此简化了氢氧化钙掺量变化试验，只在L4中增加了氢氧化钙的掺量来进行验证，具体配合比见表3。

表3 抹灰石膏配比

配方代号	配比/%				
	建筑石膏	重钙粉	再生微粉	氢氧化钙	外加剂
L1	40	60	—	—	0.25
L2	40	—	60	—	0.25
L3	40	—	50	10	0.25
L4	40	—	40	20	0.25

2 结果与分析

2.1 试验结果

每个配比各做了2组试块，除软化系数指标按浙江省地方标准DB33/T 1159—2018《抹灰石膏应用技术规程》要求进行试验，其余指标均参照国家标准GB/T 28627—2012《抹灰石膏》的要求进行试验和养护。考虑到再生微粉碱激发后出现强度的时间会滞后于建筑石膏，因此软化系数指标增加了28d软化系数测试要求，抗折、抗压强度中增加了14d和28d的强度测试，试验结果见表4。

表4 抗折、抗压强度与软化系数测试结果

配比编号	抗折强度/MPa			抗压强度/MPa			软化系数/%	
	7d	14d	28d	7d	14d	28d	7d	28d
L1	3.2	3.3	3.5	4.9	5.2	5.6	0.35	0.39
L2	3.1	3.4	3.6	5.1	5.3	5.7	0.36	0.37
L3	3.2	3.8	4.5	5.2	5.6	6.6	0.39	0.45
L4	3.1	3.9	4.4	4.8	5.4	6.3	0.37	0.47

2.2 数据分析

2.2.1 抗折强度分析

如图1所示，L1的7d抗折强度为3.2MPa，14d和28d的抗折强度分别为3.3MPa和3.5MPa。L2配方中三个龄期的抗折强度分别为3.1MPa、3.4MPa和3.6MPa，其发展规律和L1

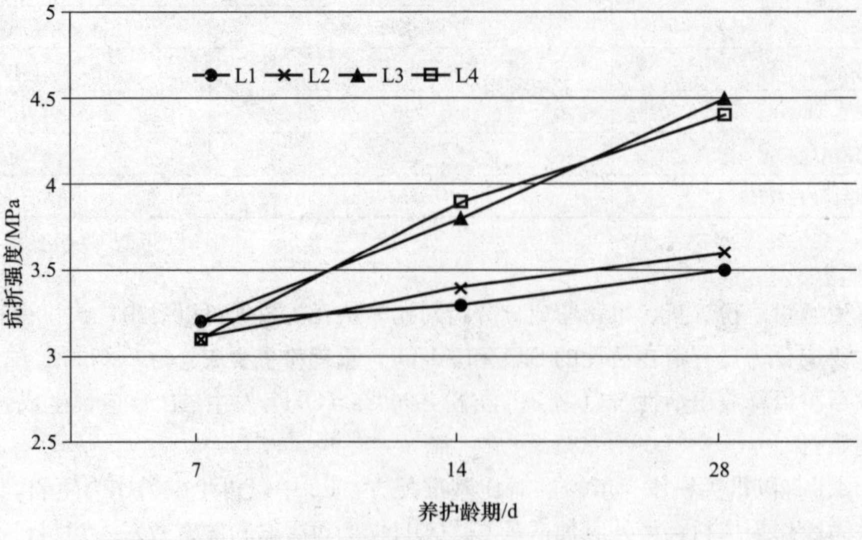

图1 不同配比的抗折强度

相同，L1、L2 的抗折强度随着养护龄期的增长而缓慢增长，但总体变化不大，说明 L1 中的重钙粉和 L2 中的未掺激发剂的再生微粉均不具有活性。L3、L4 的 7d 抗折和基本配方 L1 接近，而 14d 与 28d 的抗折强度则明显增长。主要原因是再生微粉在碱激发的作用下活性效应发展缓慢，前期抗折强度接近是因为四个配方中建筑石膏用量相同，其抗折强度主要来源于建筑石膏。而随着养护龄期的增加，L3 和 L4 中再生微粉在碱激发条件下，释放出活性组分和建筑石膏相互作用而使强度提高。

2.2.2 抗压强度分析

由图 2 可以看出，L1、L2 的抗压强度随着龄期的增长而缓慢增长，但总体变化不大。L3、L4 中 7d 抗压强度和 L1、L2 基本相同，而 14d 与 28d 的抗压强度显著提高，再生微粉活性指数的发展也随着龄期的增加而增加，其规律和图 1 中的抗折关系相对应。L2、L3 的不同龄期抗压强度曲线几乎平行，但 L3 抗压强度要稍低于 L2，可能和氢氧化钙掺量有关，其对应关系需重新试验确认，本文不做探究。

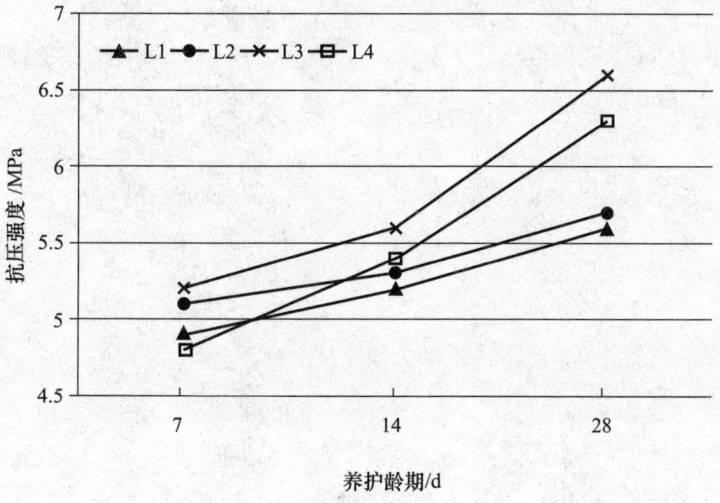

图 2 不同配比的抗压强度

2.2.3 软化系数分析

如表 4 数据所示，L1、L2 的 7d 软化系数和 28d 软化系数基本无变化，符合建筑石膏软化特性。建筑石膏吸水率高、软化系数低，软化系数一般在 0.36 左右[2]。

L3 和 L4 初始软化系数和 L1、L2 接近，和抗折、抗压试验结果相对应，L3 和 L4 的 28d 软化系数明显提高。再生微粉活性效应在 7d 内对抹灰石膏软化系数没有帮助，随着龄期的增加，软化系数持续提高。杨磊[3]等认为粉煤灰、水泥、复合激发剂和脱硫建筑石膏相互作用下可以生成 C-S-H 凝胶和钙矾石晶相，使建筑石膏抗压软化系数提高。

3 结论

(1) 再生微粉在未掺加碱激发材料时没有产生活性效应，抹灰石膏力学及软化系数指标均未提高。当加入碱激发材料后，抹灰石膏强度指标及软化系数均有所提高。说明具有一定活性的再生微粉在石膏体系中可以辅助提高石膏产品的性能。由于脱硫建筑石膏的 pH 值在 6 左右，在脱硫建筑石膏体系中加入适量的碱激发材料可使产品 pH 值在 7～9。常用的外加剂在碱性环境下溶解度更好，因此，抹灰石膏中添加适量的碱激发材料对石膏体系无不利影响。

(2) 再生微粉在掺加碱激发材料后活性指数在 7d 时未见明显提升，14d 后开始有明显提升。抹灰石膏的早期强度由建筑石膏产生，抹灰石膏的凝结时间一般在 2h 左右，随着石膏凝结后晶芽的生成，抹灰石膏强度逐步提高，在绝干时强度最高。由于抹灰石膏标稠需水量较大，上墙后很难达到绝干状态，再生微粉与碱性物质后期继续缓慢水化，使抹灰石膏后期强度持续提高。

参考文献

[1] 张方．碱激发和复合激发下废弃混凝土再生微粉活性分析［J］．墙材革新与建筑节能，2019（3）：58-61.

[2] 王志，俎全高，杜亮波．改善建筑石膏耐水性能的研究［J］．新型建筑材料，2007（4）：64-66.

[3] 杨磊，井敏，宋海霞．脱硫建筑石膏耐水性能研究［J］．硅酸盐通报，2016，35（9）：2787-2792.

作者简介

祝张法，男，1965 年生，高级工程师，浙江益森科技股份有限公司总经理，主要从事水泥、预拌砂浆、建筑石膏、固废再生资源综合利用技术研发、生产，邮编：312010，电话：13606855215。

建筑垃圾再生砂浆的绿色制备研究

李辉灿
福建南方路面机械股份有限公司，福建泉州，362021

摘　要　随着我国城镇建设速度的加快，建筑垃圾的排放量逐渐递增，给生态环境造成的压力越来越大，对建筑垃圾的再生资源化利用迫在眉睫。同时，由于我国各种新型墙材的应用，对砂浆的需求量随之提高，寻找新的骨料来源制备砌筑砂浆和抹灰砂浆势在必行，因此将建筑垃圾制成再生细骨料并将其应用到实际工程，对提高建筑垃圾利用率和环境保护意义重大。本文阐述了再生砂浆的研究现状和发展情况，对再生砂浆的合理制备流程及关键技术进行了分析，从而达到增加建筑垃圾的可回收利用、降低工程成本、提升工程环保以及提高再生砂浆使用率的目的。

关键词　建筑垃圾；再生细骨料；再生粉料；再生砂浆；可持续发展；生产线

Study on Environmental Protection Equipment of Construction Waste Recycled Mortar

Li Huican
Fujian South Highway Machinery Co.，Ltd.，Quangzhou，362021，China

Abstract　With the development of urban construction in China，the emission of construction waste is gradually increasing，which causes greater pressure on the ecological environment. It is urgent to reuse the renewable resources of construction waste. At the same time，due to the application of various new wall materials in China，the production of mortar increases accordingly. It is imperative to find new aggregate to produce masonry mortar and plaster mortar. Therefore，it is of great significance to improve the utilization rate of construction waste and environmental protection to make construction waste into recycled fine aggregate and apply it to practical projects. In this paper，the research status and development of recycled mortar，and the reasonable production process and key technologies of recycled mortar，increase the recycling of construction waste，reduce engineering costs，improve engineering environmental protection and improve the utilization rate of recycled mortar.

Keywords　construction waste ；recycled fine aggregate ；recycled powder ；recycled mortar ；sustainable development ；production line

1　概论

根据建筑垃圾管理与资源化工业委员会数据测算，我国每年产生建筑垃圾35亿吨以上，而且建筑垃圾存量已经超过200亿吨，如果不及时处理和利用，必将给社会、环境和资源带来不利影响。

随着我国经济建设的快速发展，建筑规模逐年剧增，建筑用砂的需求量随之猛增。经过几十年的开采，天然砂资源已经大为减少或接近枯竭，砂资源短缺的问题日益突出。随着社会的发展，市场上越来越多地选择机制砂来代替天然砂，机制砂也叫人工砂，是通过制砂机和其他附属设备加工而成的砂子，成品更加规则，可以根据不同工艺要求加工成不同规则和大小的砂子，更能满足日常需求。

建筑垃圾中的废混凝土就是机制砂原料中的一种，可作为再生的骨料资源重新加以利用。将废弃混凝土破碎筛分后制成再生骨料，不仅可以减少对自然砂石的开采，同时可以减轻固体废弃物对环境的污染。目前，部分建筑垃圾经破碎、筛分分级后，主要利用其中的粗骨料配制再生混凝土，而细骨料没有得到很好的利用，再生骨料的利用率很低。因此如何通过再生混凝土块来生产适合的再生细骨料，部分或全部取代天然砂生产再生砂浆，对节省天然砂资源，提高建筑砂浆的绿色化程度，发展循环经济具有非常积极的意义。

2 再生砂浆的研究现状和发展情况

将废弃混凝土经过破碎、分级后，按照一定的比例混合形成再生细骨料，部分或全部代替天然细集料（0.15～2.36mm）配制的砂浆称为再生砂浆。对于再生砂浆的性能，已经有很多的学者进行了详细的研究，结果表明：

（1）建筑垃圾掺入导致砂浆的吸水率有明显的增加；

（2）建筑垃圾（混凝土）在低等级砂浆（强度等级＜10）中掺入量多少对整体强度没有多大影响，仍满足部分低等级砂浆强度要求；

（3）低等级干粉砂浆占普通干粉砂浆使用量较大，占比70%左右，再生细骨料可以直接应用于大部分干粉砂浆。

但是建筑垃圾再生细骨料应用到预拌砂浆中去，需要注意以下几点：

（1）干粉砂浆标准中细骨料要求含水率最好＜0.5%，不允许超过1%，否则易在设备内部出现凝结现象，在与水泥等搅拌后发生板结现象，影响砂浆的质量和使用。

（2）干粉砂浆标准中细骨料要求含泥量＜5%，泥块含量＜2%。含泥量是指砂中粒径＜0.08mm的含量，泥块含量是指粒径＞1.25mm，经水洗手捏后，变成＜0.063mm颗粒的含量。当含泥量＞5%，泥块含量受制于原材料和工艺处理方式，非常不稳定。但是，经过第二次反击破后产生的细骨料中，泥块的含量＜2%。

（3）建筑垃圾破碎后产生的细骨料（0～3mm），由于含泥量大一般都用于制砖，也可以将破碎后的细骨料通过选粉，去除含泥，再利用到再生砂浆中。

（4）再生细骨料的细度模数对再生砂浆的强度有影响，细度模数高，会提高砂浆的强度和黏性。对高强度等级的砂浆，通过对0～3mm的再生骨料分级后配比，可提高应用范围并提高施工的和易性。通过分级筛，将3mm以下的骨料通过筛选分成三级，可以直接用于各种干粉砂浆中代替河砂。

3 再生砂浆制备流程

再生砂浆的详细制备流程主要是：分拣干净的600mm以下的建筑垃圾混凝土，通过第一道破碎筛分，筛选0～6mm，6～30mm两种级配的砂石，由于建筑垃圾混凝土含水量不可控，如果含水率＞1%，那就需要进入烘干系统预烘干处理，存储在过渡仓内待整形制砂；如果含水率＜1%，可以直接输送到过渡仓待整形制砂。根据制砂的产量及整形效果需要，可选择0～6mm和6～30mm两种级配砂石，按一定的比例输送到整形制砂生产线进行整形制砂，生产出粒形好、含粉低、级配优的0～2.36mm中细砂，制砂设备生产出的0～2.36mm中细砂给干混砂浆应用时还需先进行选粉处理，因为再生骨料的破碎及制砂，含粉量会比原生的多，因此为了满足砂浆的需求，需要进行初选粉系统，其中0～0.15mm通过选粉系统存储在石粉罐里，0.15～2.36mm的中细砂输送到干混砂浆生产主楼进行二次筛分为0.15～1.18mm，1.18～2.36mm给再生干混砂浆生产用。选粉出的0～0.15mm石粉部分严格按一定比例掺配到再生干混砂浆里利用，多余的石粉再考虑外销利用。图1为再生砂浆的制备流程。

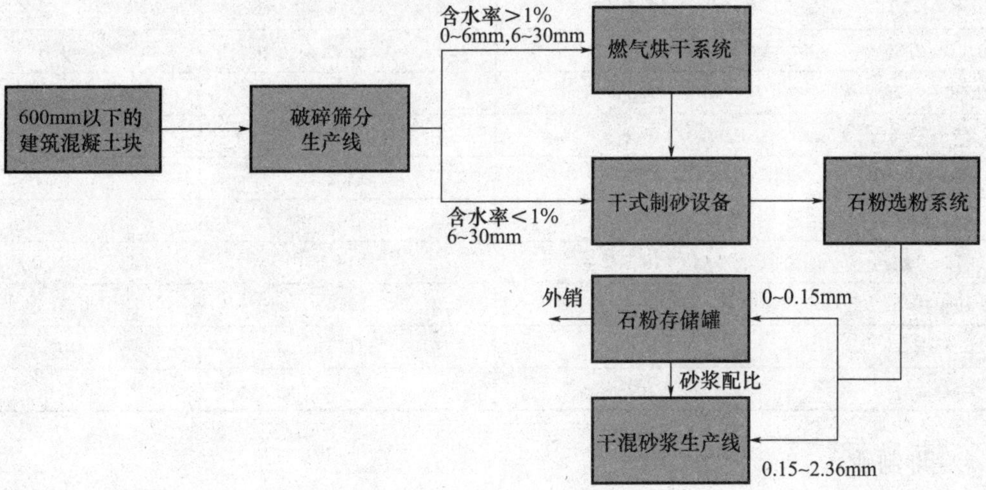

图1　再生砂浆的制备流程

以下对破碎筛分、整形制砂、再生砂浆三大主要环节进行详细解读。

3.1　前端破碎筛分

（1）预筛分——经过分拣干净的建筑垃圾混凝土块原料运送到破碎场，通过自卸车或装载机给料进入篦条给料机，在进入颚式破碎机之前，先进行预筛分，将原料中的100mm以下物料先筛分出来，以此提高毛石料的干净程度。

（2）渣土去除——上述篦条给料机筛下的0～100mm物料经皮带机输送到重型筛分机，将25mm以上的物料筛分出来，经皮带机输送进入圆锥破碎机，25mm以下的物料因含泥量高，经皮带机输送到料库顶的弛张筛，将10～25mm物料筛选入库回收利用，而10mm以下的渣土入库，可用于路面稳定层。

（3）颚式破碎机——预筛分后的大石料通过篦条给料机均匀送到颚式破碎机，进行第一次破碎，使半成品物料达到220mm以下，再经过骨料输送机输送至中转仓，其中皮带机上设计有自卸式除铁器和金属探测仪，去除铁质金属，避免大块金属进入圆锥破碎机。

（4）圆锥破碎机——颚破后的半成品料中转仓底设计有变频振动给料机，确保仓底下料顺畅，输送量可控，经由皮带机将物料送到圆锥破碎后的暂存仓，该皮带机上设计有永磁除铁器，二次除铁。仓底同样设计有变频给料机，确保圆锥进料饱和、均匀、可控，让设备运行更稳定。经圆锥破碎后的骨料进入筛分机进行普通成品骨料筛分。

（5）普通成品骨料筛分机——圆锥破碎后经由皮带机送到筛分机进行筛分，将30mm以上的物料经皮带机输送返回至圆锥破碎机的暂存仓，筛分出的普通成品骨料规格为：0～6mm，6～30mm。0～6mm通过输送存储需要进行干燥。如果含水率大于1%时6～30mm也需要进行干燥处理，再暂存；如果含水率小于1%时6～30mm可以直接暂存作为制砂设备的优质原料。表1为破碎后的砂石级配。通过数据显示，第一道破碎筛分有经过渣土去除环节，成品砂石的含泥还是可控的，能满足砂浆用砂需求。

表1　前端破碎后的砂石级配

物料规格/mm	原料残留率/%	筛孔尺寸/mm	原料通过率/%
0～0.075	0.5	0.075	0.5
0.075～0.15	0.2	0.15	0.8
0.15～0.3	0.2	0.3	0.9
0.3～0.6	0.1	0.6	1.1

续表

物料规格/mm	原料残留率/%	筛孔尺寸/mm	原料通过率/%
0.6～1.18	0.1	1.18	1.2
1.18～2.36	0.1	2.36	1.3
2.36～4.75	1.9	4.75	3.2
4.75～9.5	16.6	9.5	19.8
9.5～13.2	20.8	13.2	40.7
13.2～16	14.3	16	55.0
16～19	18.0	19	73.0
19～26.5	17.2	26.5	90.2
26.5～31.5	9.8	31.5	100.0
总计	100	—	—

3.2 中端整形制砂

（1）整形主机喂料——由提升机输送前端破碎线烘干后的 0～6mm 和 6～30mm 的原料通过一定混合比输送至提升机，为确保主机喂料均匀、连续，提升机出料后经由塔楼置顶平台的皮带机输送，垂直喂料到立轴冲击式破碎主机中进行破碎。其中置顶皮带机设计有第二道永磁除铁装置，避免制砂主机损伤。

（2）整形制砂系统——立轴冲击破碎机安装于破碎平台上，主机利用转子的“类鼓风机”原理，骨料进入转子高速撞击并甩到破碎腔中，粉尘在引风机作用下，经过回收过滤器，粗颗粒在过滤器内被阻挡，经溜道回收进提升机，与原料一起进入主机进行破碎。粗颗粒在下落过程中，在引风机的作用下，粉尘亦同时向过滤器出料口运动，由脉冲清灰除尘器统一收集，从而实现破碎和砂石、石粉的分级。

（3）筛分系统——破碎后的骨料经溜道进入筛分层平台的筛分机中进行筛分，0～2.36mm 的成品砂直接输送到成品砂罐，2.36～12mm，12～20mm，20～30mm 的成品砂可以与 30mm 以上的骨料一起再经过回料皮带机进入制砂主机。溜道设计有防磨装置和分料隔板，确保均匀布料到整片筛网；顶层头部筛网采用聚氨酯材质，延长使用寿命，不堵料；筛分机和整形制砂主机形成密闭空间，筛分过程中产生的粉尘也由除尘器集中回收；筛分机底座设计有翻板装置，可以按需要调整角度，将底部筛网的筛上物分到机制砂仓中。表 2 为整形制砂后的中细砂级配。通过数据显示，成品的再生砂粒度分布都在国家标准用砂二区的上限和下限之间，很好地满足了干混砂浆用砂需求，如图 2 所示。

表 2 整形制砂后的中细砂级配

物料规格/mm	成品砂残留率/%	筛孔尺寸/mm	成品砂通过率/%
0～0.075	6.9	0.075	6.9
0.075～0.15	7.5	0.15	14.4
0.15～0.3	12.6	0.3	26.9
0.3～0.6	15.5	0.6	42.5
0.6～1.18	22.0	1.18	64.5
1.18～2.36	34.4	2.36	98.8
2.36～4.75	1.2	4.75	100.0
总计	100.00	—	—
细度模数		2.53	

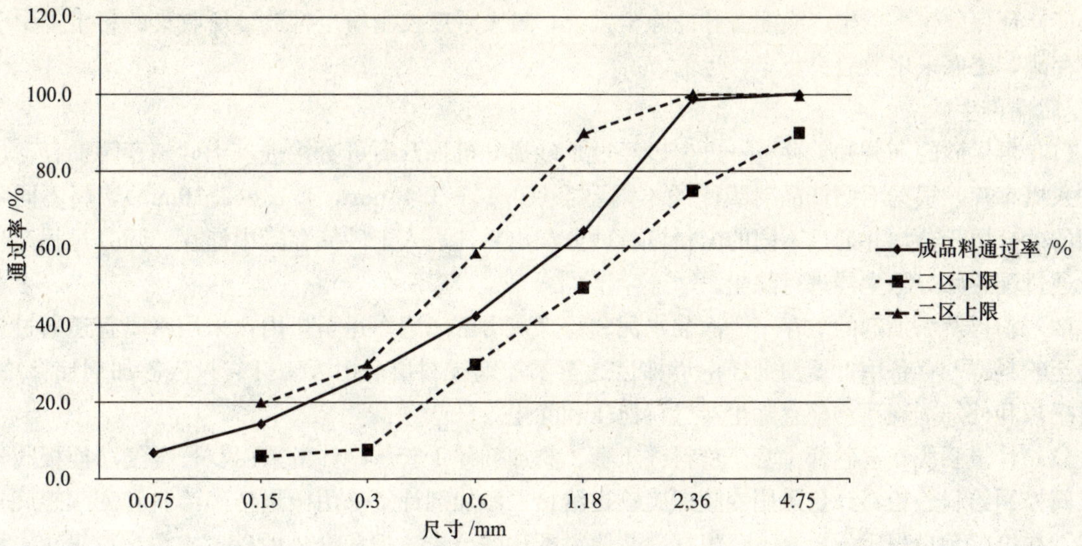

图 2　再生砂粒度分布图

（4）精品再生砂出料——0～30mm 原料经过整形制砂筛分系统处理后，生产出了 0～2.36mm 的中细砂，然后输送提升到选粉系统进行选粉，选出 0～0.15mm 石粉和 0.15～2.36mm 中细砂，然后分别通过皮带输送到石粉暂存罐和中细砂暂存罐。表 3 为石粉的占比。通过数据显示，石粉中粒径 0.075mm 以下的占比只有 30.8%左右，粒径为 0.075～0.3mm 的石粉可以再通过选粉为细砂使用，含粉数量是可控的（图 3）。

表 3　石粉的占比

物料规格/mm	石粉残留率/%	筛孔尺寸/mm	石粉通过率/%
0～0.075	30.8	0.075	30.8
0.075～0.15	67.7	0.15	98.5
0.15～0.3	1.5	0.3	100.0
0.3～0.6	0.0	0.6	100.0
0.6～1.18	0.0	1.18	100.0
1.18～2.36	0.0	2.36	100.0
2.36～4.75	0.0	4.75	100.0
总计	100.00	—	—

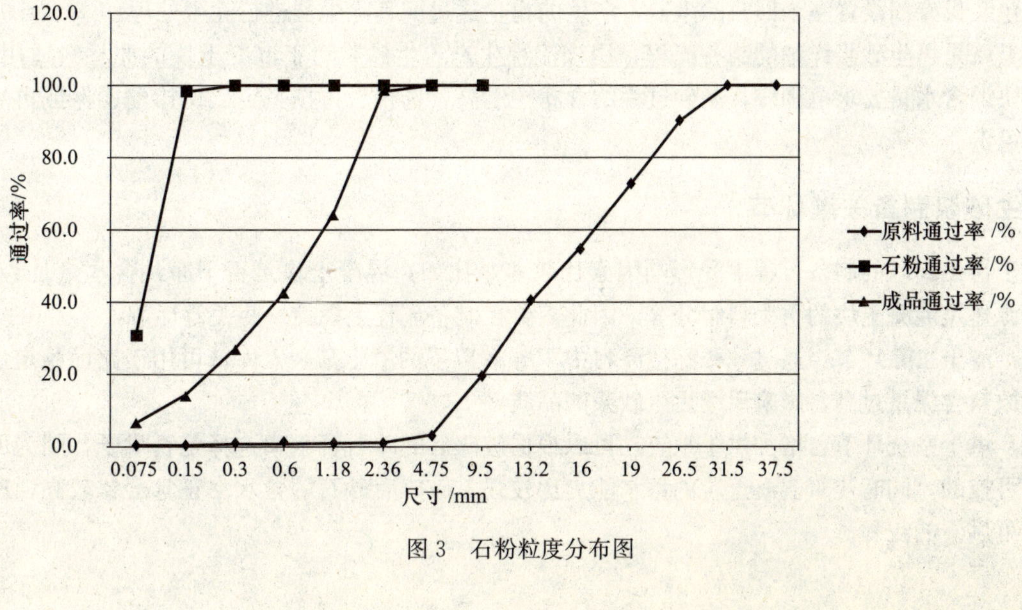

图 3　石粉粒度分布图

（5）环保除尘——生产线配备脉冲除尘系统，最大限度控制粉尘排放，所收集的粉尘集中于石粉暂存罐，罐底采用散装头装车、运输。

3.3 后端再生砂浆

（1）再生砂的筛分和贮存——再生砂经过干砂提升机提升后可直接进入干砂储存罐储存，也可以进入概率筛，根据不同产品对级配的不同要求（0.15～1.18mm，1.18～2.36mm），将不同粒径范围的砂分层筛分，并通过不同的出料口将砂分类出料，进入干砂储存罐中储存。筛分过程产生的扬尘通过配置筛分除尘器进行除尘。

（2）粉料及添加剂的贮存——散装水泥和粉煤灰由密闭罐车运至厂内，采用密闭管道通过气力输送至粉料罐贮存备用；添加剂经由货梯运送至添加剂投料层后由人工拆袋投入添加剂储存罐内。粉料罐顶和外加剂罐顶均配置除尘器进行泄压和除尘。

（3）计量系统——砂秤1套、粉料秤1套、添加剂秤1套。砂计量采用双行程气动插板阀＋气动蝶阀控制给料、粉料计量采用变频螺旋输送给料、添加剂计量采用微量精确给料和变频螺旋输送给料。在电脑预设程序的控制下，根据砂浆原料配比的要求，把筒仓中的砂、水泥、粉煤灰、添加剂等原料倒入计量秤内，通过传感器的数据反馈，实现原料精确计量。筒仓的原料使用状况由料位计来监视，同时控制上料。

（4）混合、卸料系统——计量好后的砂、水泥、粉煤灰和添加剂，在收到卸料指令后通过控制秤下的卸料蝶阀将计量料卸入到搅拌主机进行搅拌混合，在达到预设的混合时间后搅拌主机自行打开主机卸料门将混合后的成品料卸入到主机卸料斗内。搅拌主机上配置了独立的除尘器用来释放主机搅拌过程中的压力和粉尘。搅拌主机上同时还配置了人工投料斗，用于一些微量的不好计量的添加剂的投料。

（5）主楼成品散装系统——主机卸料斗通过叶轮给料器及分料阀可选择直接输送到主楼散装头后直接进入散装罐车运至施工工地。散装头出料口采用负压抽取装置接入散装罐车，产生的粉尘通过配套除尘器进行除尘处理。

（6）成品库散装系统——主机卸料斗通过叶轮给料器及分料阀可选择输送到成品斗提机，成品斗提机将成品砂浆提升进入成品储仓。成品储仓的物料根据工地施工需要，通过控制系统进行选择放料，成品砂浆通过气动阀门进入散装头后直接进入散装罐车运至施工工地。散装头出料口采用负压抽取装置接入散装罐车，产生的粉尘通过配套除尘器进行除尘处理。

（7）成品袋装系统——主机卸料斗通过叶轮给料器及分料阀可选择输送到包装仓。包装仓的物料根据工地施工需要，通过控制系统进行选择放料，成品砂浆通过包装机包装成小袋包装运至施工工地。包装机专门设置一个回收除尘器，产生的粉尘通过配套除尘器进行除尘处理。

以上就是再生砂浆详细的制备流程，用该流程生产再生砂浆对于混凝土块的原材料适用性强，混凝土块的含水量要求范围广，制砂过程的含粉控制高，选粉后再按一定比例掺配能保证再生砂浆性能的稳定。

4 再生砂浆制备关键环节

由于再生细砂的制备过程中受影响因素比较多，比如：混凝土块是否干净，含水量是否可控，不同来源建筑混凝土块的再生料组分等，因此需要在制备流程上把控一些关键环节：

（1）渣土去除环节：通过弛张筛把原料中10mm以下的渣土筛余入库，可用于路面稳定层，避免因为原料含泥量过高，影响后续再生砂浆的品质。

（2）烘干系统环节：增加烘干系统，可以根据破碎后的砂石含水率选择是否烘干，因为原料来料是不可控的，同时建筑混凝土块的蓄水能力比较强，破碎后砂石的含水率正常会比较高，所以需要备选可烘干的流程。

（3）整形制砂环节：简单破碎建筑垃圾再生骨料会出现棱角多、表面粗糙，组分中还含有硬化水泥砂浆，因此要选择比较好的整形制砂设备，尽可能地保证再生砂的粒形好、表面光滑、含粉低的优质再生砂。

（4）精细选粉环节：由于再生砂的生产过程中原料不可控，本身材质因素等原因，生产出来的再生砂含粉会比原生机制砂的含粉多而且比例不稳定，因此需要在成品再生砂之前加一道精细选粉系统，精选出 0～0.15mm 的石粉，然后再按标准比例掺配到再生砂浆里，这样才能确保再生砂浆的施工稳定性。

5　总结

利用废弃混凝土块制造再生细骨料，不仅解决了城市废弃混凝土造成的环境污染、占用土地的问题，并且解决了当地干粉砂浆原材料紧缺的问题，同时降低生产成本，达到企业生产既环保又经济的效果，符合国家发展循环经济政策。本再生砂浆的绿色制备流程可以很好地匹配市场需求：

（1）完善的再生砂浆绿色制备流程，从 600mm 以下的原材料建筑混凝土块再到破碎、制砂、干燥、选粉、干混砂浆 5 个主要环节，层层相扣，节节相连；

（2）明确了制备流程中几个关键环节的把控，阐述了渣土去除、烘干系统、整形制砂、精细选粉这几个关键环节的把控要点及注意事项，为提供生产稳定的再生砂浆护航；

（3）此流程更加明确和具体地阐述了使用废弃混凝土制备再生砂浆的流程，对于后期提高再生建筑砂浆的绿色化程度，发展循环经济具有非常积极的意义。

作者简介

李辉灿，男，1985 年生，工程师，联系地址：福建省泉州市丰泽区高新产业园区体育街 700 号，邮编：362021，电话：0595-28201001、13559076779。